住房和城乡建设部"十四五"规划教材

高等学校土木工程专业系列教材

智 能 建 造 概 论

王 晨 詹朝曦 主编

中国建筑工业出版社

图书在版编目（CIP）数据

智能建造概论 / 王晨，詹朝曦主编. -- 北京：中国建筑工业出版社，2025.8. --（住房和城乡建设部"十四五"规划教材）（高等学校土木工程专业系列教材）.

ISBN 978-7-112-31374-7

Ⅰ. TU74-39

中国国家版本馆 CIP 数据核字第 2025RZ1770 号

本书全面、系统地介绍了智能建造的相关理论、技术应用及发展前景。首先阐述了智能建造的必要性、概念、体系、演变及应用，分析了其在设计、生产、施工、运维等各阶段的具体应用。接着探讨了智能建造在安全、质量、成本、进度、绿色管理等方面的应用，以及智能化健康监测与防灾减灾技术。然后详细介绍了智能建造中的现代智能化技术，包括机器人技术、智能穿戴技术、机器视觉技术、传感器技术、三维扫描技术、无人机技术、智能定位技术、BIM 技术、GIS 技术、物联网技术、数字孪生技术、云计算技术、大数据及知识管理技术、5G 技术、区块链技术、人工智能技术、3D 打印技术等。最后探讨了智能建造中的生物医学技术应用。本书内容丰富、实用性强，既可作为智能建造专业教材，也可供相关从业人员参考。

为了更好地支持相应课程的教学，我们向采用本书作为教材的教师提供课件，有需要者可与出版社联系。

建工书院：https：//edu. cabplink. com

邮箱：jckj@cabp. com. cn　电话：(010) 58337285

责任编辑：赵　莉　吉万旺

文字编辑：周　潮

责任校对：李美娜

住房和城乡建设部"十四五"规划教材

高等学校土木工程专业系列教材

智能建造概论

王　晨　詹朝曦　主编

*

中国建筑工业出版社出版、发行（北京海淀三里河路9号）

各地新华书店、建筑书店经销

北京红光制版公司制版

鸿博睿特(天津)印刷科技有限公司印刷

*

开本：787 毫米×1092 毫米　1/16　印张：15¾　字数：390 千字

2025 年 9 月第一版　2025 年 9 月第一次印刷

定价：**48.00** 元（赠教师课件）

ISBN 978-7-112-31374-7

(45216)

出　版　说　明

党和国家高度重视教材建设。2016 年，中办国办印发了《关于加强和改进新形势下大中小学教材建设的意见》，提出要健全国家教材制度。2019 年 12 月，教育部牵头制定了《普通高等学校教材管理办法》和《职业院校教材管理办法》，旨在全面加强党的领导，切实提高教材建设的科学化水平，打造精品教材。住房和城乡建设部历来重视土建类学科专业教材建设，从"九五"开始组织部级规划教材立项工作，经过近 30 年的不断建设，规划教材提升了住房和城乡建设行业教材质量和认可度，出版了一系列精品教材，有效促进了行业部门引导专业教育，推动了行业高质量发展。

为进一步加强高等教育、职业教育住房和城乡建设领域学科专业教材建设工作，提高住房和城乡建设行业人才培养质量，2020 年 12 月，住房和城乡建设部办公厅印发《关于申报高等教育职业教育住房和城乡建设领域学科专业"十四五"规划教材的通知》（建办人函〔2020〕656 号），开展了住房和城乡建设部"十四五"规划教材选题的申报工作。经过专家评审和部人事司审核，512 项选题列入住房和城乡建设领域学科专业"十四五"规划教材（简称规划教材）。2021 年 9 月，住房和城乡建设部印发了《高等教育职业教育住房和城乡建设领域学科专业"十四五"规划教材选题的通知》（建人函〔2021〕36 号），以下简称为《通知》。为做好"十四五"规划教材的编写、审核、出版等工作，《通知》要求：（1）规划教材的编著者应依据《住房和城乡建设领域学科专业"十四五"规划教材申请书》（简称《申请书》）中的立项目标、申报依据、工作安排及进度，按时编写出高质量的教材；（2）规划教材编著者所在单位应履行《申请书》中的学校保证计划实施的主要条件，支持编著者按计划完成书稿编写工作；（3）高等学校土建类专业课程教材与教学资源专家委员会、全国住房和城乡建设职业教育教学指导委员会、住房和城乡建设部中等职业教育专业指导委员会应做好规划教材的指导、协调和审稿等工作，保证编写质量；（4）规划教材出版单位应积极配合，做好编辑、出版、发行等工作；（5）规划教材封面和书脊应标注"住房和城乡建设部'十四五'规划教材"字样和统一标识；（6）规划教材应在"十四五"期间完成出版，逾期不能完成的，不再作为《住房和城乡建设领域学科专业"十四五"规划教材》。

住房和城乡建设领域学科专业"十四五"规划教材的特点：一是重点以修订教育部、住房和城乡建设部"十二五""十三五"规划教材为主；二是严格按照专业标准规范要求编写，体现新发展理念；三是系列教材具有明显特点，满足不同层次和类型的学校专业教学要求；四是配备了数字资源，适应现代化教学的要求。规划教材的出版凝聚了作者、主审及编辑的心血，得到了有关院校、出版单位的大力支持，教材建设管理过程有严格保障。希望广大院校及各专业师生在选用、使用过程中，对规划教材的编写、出版质量进行反馈，以促进规划教材建设质量不断提高。

住房和城乡建设部"十四五"规划教材办公室

2021 年 11 月

前　　言

当今建筑业，以 BIM、数字孪生、人工智能、物联网、大数据和云计算等为代表的新一代信息技术正与传统生产管理方式形成互助交融之势，也催生新一轮的科研、技术生产管理方式的创新革命。2020 年 7 月住房和城乡建设部等 13 部门联合印发了《关于推动智能建造与建筑工业化协同发展的指导意见》，我国智能建造落地实施的大幕已经拉开。习近平总书记曾指出"中国制造、中国创造、中国建造共同发力，继续改变着中国的面貌"。伴随着基建强国成为中国的名片，中国建筑的品质、建设效率、设备智能化程度也不断地提升，在建筑业贯彻落实党的二十大精神。在此过程中，工程建造技术不断探索与新技术的融合，运用各种先进信息化技术来解决可持续建造中各类问题的尝试越来越多，建造技术多学科交叉融合，实现现代化、工业化、智能化的需求也越来越迫切。急需培养大批从事智能建造的专业人才，智能建造专业的教材建设十分迫切。

本书以智能建造的应用需求为导向、以智能建造的专业基础知识和关键技术为主线进行编写，共分为 31 章。以智能建造相关理论作为依据，介绍了智能建造的基本概念、理论体系、关键技术和智能建造专业人才培养等，以 BIM、GIS、物联网、数字孪生、云计算、大数据、5G、区块链、人工智能和扩展现实技术为基础，融合多种信息技术，从更广阔的科技领域、更贴合的专业角度、更合理的教学培养方式，面向各层级的建筑从业者详细地阐释了智能建造技术。

在本书编写过程中，参考并引用了丁烈云院士、聂建国院士、肖绪文院士和岳清瑞院士等专家的论文、报告，也参考了国内外智能建造相关领域的宣传报道、政策和文献等。由于编者的水平和时间有限，书中不当之处在所难免，敬请广大读者批评指正。

编者

2025 年 1 月

目　　录

第 1 章 绪 论

1.1 智能建造的必要性

建筑工程自动化作为工业时代的产物，在人类社会进入以微电子、计算机、核能、新材料、生物等高技术群为代表的信息社会以后，便被赋予了崭新的使命。以互联网为核心的信息革命走过数十年的历程后，其对科技创新的引领需要新的推动力，而随着人工智能技术的迅猛发展，以仿人自主智能、群体智能、混合增强智能、多感知人机混合智能、大数据认知智能等为骨架，融合多学科领域近年来的前沿发现及发明成果，形成的智能科技大系统则成为信息化的演进和跃升，并使信息化、仿生学和机械化融合，使人类社会产生新的升华和质变。当前，人类社会即将从信息社会向智能社会进行历史跨越，在这一创新浪潮面前，世界各国重新站在同一起跑线上，而这个难得的历史机遇期，也给多年来无跨越性变化的智慧建造与工程自动化带来更多创新发展的机遇和挑战。

2017 年 6 月 29 日在天津举办的世界智能大会上，中国科学院院士潘云鹤指出，人工智能不仅有量的发展，还有质的突破，人工智能已经走向 2.0 时代。这意味着利用网络将很多个体连接在一起形成的群体智能是人工智能目前的新趋势。与此同时，人们对人工智能的需求也有了变化，不仅希望研究一个人的智能，更希望借助人工智能来赋予一个系统智能，这种系统智能能够在更高的水平上提升整体的效率。由此看来，升级版的人工智能科技是智能革命的龙头和主线，将带动工程学科走向繁荣，引发建筑工程技术领域的更新换代，推动人类从工业化、信息化社会向智能社会进行历史跨越。实际上，人工智能具有跨学科、跨界融合的特点，具有广泛的渗透性、交融性和带动性。随着先进计算机、互联网系统、大数据、云计算、包括各种传感器的感知系统、深度学习及认知计算等作为必要的基础平台和手段，人、机器、信息将融合成智慧化研判、智能化操纵的有机系统，建筑工程自动化作为人类创造的巨大工业财富，不可能置身其外。最终，人工智能将是植入建筑工程技术的新基因，智能机器和智能装备将是未来施工技术发展的必然方向。

此外，当前人类面临着比以往任何时候都更加严峻的能源资源挑战，向深海、深空、深地"要资源"已经成为世界各国的共识，而这些区域潜藏的巨大财富却因其施工环境恶劣而难以获取。这些区域人类难以到达，因此高度智能化、自动化的无人施工技术便成为世界各国先进施工企业的新研发方向。相比多年来非常成熟并已趋于固化的常规施工市场，利用人工智能技术开发的深海、深地、深空施工技术则是一个全新的"蓝海市场"，将是未来全球建筑工程新的产值增长点。实际上，智能施工技术不再仅是对未来的预期，智能施工技术的应用对施工质量的改变已经成为现实。在筑路机械领域，利用智能技术对路基、路面压实度进行连续监测的技术已经在高铁路基的修筑中得到应用，并对路基的铺设质量产生了"质变"的影响。以西南交通大学徐光辉教授带领的研发团队为例，该团队采用动力学方法对振动压路机与填筑体相互作用问题进行了长期研究，提出采用填筑体结构抗力作为压实控制指标的动力学方法；并在大量的实践验证工作基础上，提出了钢轮与路基相互作用的连续体模型、离散体模型、碰撞模型、钢轮动力学模型以及相应的求解方法。该方法经过参数识别可以得到填筑体结构的模量、抗力和刚度系数等与压实质量直接相关的控制指标，解决了振动压路机弹跳状态下无法正确识别压实质量这一国外还未解决的问题，并在实践中得到了验证，这为高级智能压实设备的研发奠定了基础。连续智能压实控制技术从 2008 年开始在高速铁路和普通铁路建设中应用，曾先后在哈大高速铁路、京沪高速铁路、成灌铁路和兰新铁路中进行试验性应用。2012 年中国首部连续压实控制标准颁布后，连续智能压实控制技术开始在铁路建设中正式应用，并在沪昆高速铁路贵州段、京沈高速铁路、石济高速铁路、商合杭高速铁路、济青高速铁路、呼准鄂铁路和黔张常铁路等建设中成功应用。

2016 年，美国公布了一份长达 35 页的《2016～2045 年新兴科技趋势报告》。报告中提到在 2045 年的工程领域，机器人和自动化系统将无处不在，随着人工智能的介入，建筑工程将加快其现代化进程，逐步过渡到完全智能化的作业机器人。未来的建筑施工将从局部自动化过渡到全面自动化，并且向着远距离操纵和无人驾驶的趋势发展。在建筑施工产品的不同区域，安装不同类型的传感器（温度传感器、压力传感器、位置传感器等），对外界信号进行感知、分析；在产品上安装控制器，依据大数据中的各种工况，结合现场施工情况，模拟人类大脑的分析，做出准确的决策，自动进行施工，并不断学习与自我完善，达到真正的工程施工人工智能。建筑机器人应用、装配式建筑、智慧建造是"中国制造 2025"重点支持的重大研究领域。建筑自动化与智能化在经历软件应用、专业系统应用、集成系统应用 3 个历史阶段后已经进入第 4 阶段——"互联网＋"与工业化智能建筑系统（Intelligent Building System，IBS）、信息化 BIM 阶段，并且正在进入第 5 阶段——"人工智能 AI"阶段，主要将第 4 阶段中的建筑信息化 BIM 拓展到虚实结合和机器自学习阶段，其载体包括高度工业化的施工机器人和自动化互动式施工控制系统，可与第 4 阶段中的建筑工业化 IBS 实现无缝对接。世界各国都在积极研发基于人工智能的高度建筑自动化技术，比如日本鹿岛建设株式会社为日本宇宙航空研究开发机构（JAXA）开发一种新型自动化建设机器人用于极限环境和无法即时远程操控条件下自我学习决策施工，机器人之间可互动并自动检测避免碰撞和重复工作，无需人工干预。麻省理工学院 MIT CSAIL 的研究人员研发代号 M-Block 的"方块"机器人会互相识别、联络并精确拼接各种结构合体。机器人模块化能模仿蚂蚁的智能组织方式快速修补结构、修复大桥、搭建出建筑脚手架，甚至在紧急时刻搭建工作间。

1.1.1 现代信息技术在建筑领域的应用水平大幅提升

建筑信息模型（BIM）在发达国家工程建设领域的应用较为成熟。据美国咨询机构 McGraw Hill 调研，2007 年美国工程建设行业应用 BIM 技术的比例为 28%，2009 年增长至 49%，2012 年达到 71%，此后一直维持在较高水平。据英国研究机构 National Building Specification（NBS）统计，2020 年英国有 73% 的从业人员正在使用 BIM 技术，是 2011 年的近六倍。BIM 技术在新加坡的应用虽 2010 年才起步，但自 2015 年以来，新加坡建设局要求建筑面积大于 5000㎡ 的项目都必须提交 BIM 模型，BIM 在建筑工程中的应用率达 80% 以上。

此外，云计算、虚拟现实、无人机、3D 打印、人工智能等现代信息技术在建筑领域也有着较为广泛的应用。据英国 NBS 统计，2020 年英国有 42% 的建筑从业人员已开始使用云计算技术，38%使用了虚拟现实技术，32%使用了无人机，30%使用了场外施工技术，未来应用范围将进一步拓展。发达国家的装配式建筑和建筑工业化发展始于第三次工业革命，目前已进入相对完善的阶段。装配式建筑行业规模化、标准化程度高，建筑工业化率基本都在70%以上，其中美国、日本、法国等高达85%以上。从具体国家来看，日本是最早实现工厂化批量生产住宅的国家，相关标准和规划较为健全。法国早在1891年就开始推行装配式混凝土建筑，目前绝大部分建筑都采用装配式框架结构体系，脚手架用量减少50%。瑞典开发了大型混凝土预制板的工业化体系，大力发展通用住宅部件，住宅装配率达到95%。新加坡开发出了15～30层的单元化装配式住宅，通过平面化布局和标准化设计使其装配率达到了70%。麦肯锡2019年发布的研究报告《Modular construction：From projects to products》显示，装配式和模块化施工能将建设项目的工期缩短20%～50%，未来将在美国及欧洲占据1300亿美元的市场份额，减少200亿美元的建设支出。

以研发新技术为主的建筑初创企业不断涌现。一些发达国家的建筑业企业顺应智能建造的发展浪潮，积极进行数字化转型。据美国研究机构JB Knowledge发布的研究报告《2019 Construction Technology Report》统计，82.5%的美国建筑业企业正在或准备开始应用BIM软件，60%设有新技术研发部门，42.6%正在试验无人机等新型设备。同时，有大量以建筑机器人、3D打印、绿色建材等新技术研发为核心业务的建筑初创企业开始涌现。据美国咨询机构Big Rentz统计，这些新型建筑科技初创公司仅在2020年就获得了超过13亿美元的融资，发展势头迅猛。

建筑机器人研发早、种类多、应用难。一些发达国家20世纪80年代起就围绕建筑机器人进行了诸多积极尝试。比如，日本鹿岛建设株式会社设计制造了混凝土喷射机器人，美国斯坦福大学、麻省理工学院等开展了建筑机器人相关的课题研究，法国多个研究机构推进建筑现场移动式机器人的研发等。随着建筑业工业化、数字化发展，越来越多的建筑业企业将目光投向建筑机器人领域，经过多年努力，已形成覆盖生产、施工、运维等各个阶段的建筑机器人产品（表1-1）。建筑机器人在提高生产效率、减少建设成本方面作用显著，但由于工艺复杂、成本较高，多数建筑机器人还停留在研发试验阶段，少部分进入到试产环节，大规模市场化应用尚未实现。

国外建筑机器人主要类别及代表产品　　　　　　　　　　　　　　表1-1

覆盖范围	主要类别	代表产品
设计阶段	勘察测绘	德国SLAM自动测图机器人
生产阶段	生产	瑞典机器人木结构装配式生产线
		日本钢结构焊接机器人、移动式胶囊工厂机器人
	控制与管理	德国预制件工厂混凝土传送机器人、自动化控制机器人
施工阶段	墙体砌筑	美国SAM砌筑机器人
		瑞士In-situ Fabricator砌筑机器人
		澳大利亚Hadrian砌筑机器人
	墙/地面铺装	新加坡MRT地瓷砖铺设机器人
		日本MARK混凝土地面磨光机器人
		韩国Wall Bot外墙施工机器人

覆盖范围	主要类别	代表产品
施工阶段	清拆/清运	瑞典 DXR-301 遥控清拆机器人、ERO 混凝土回收机器人
		日本 SC 土方清理机器人
	3D 打印	美国 CC 建筑物打印设备
		西班牙 Mini Builders 地基、墙体打印机器人
	飞行营建	瑞士空基营建四旋翼无人机
	可穿戴半自动	美国 SRA、SRL 人体外骨骼机器人
	全能	日本 HRP-5p 全自动建筑机器人
	其他	日本钢筋线材编制机器人、壁面喷涂及检查机器人
		美国 Doxel 施工进度管理与预测机器人
运维阶段	检修维护	日本机电设施巡检机器人
		新加坡 Quica Bot 建筑质量检测机器人
		英国建筑物补修机器人

注：资料来源于各产品相关企业官网。

1.1.2 全球范围都在大力发展智能建造

将智能建造提升至国家战略高度进行系统部署。众多工业化发达国家早已将智能建造和工业化发展提升到国家战略高度，发布了一系列政策文件。其中，美国、德国、法国等主要以发展先进装备制造业为重点，英国和日本则是专门提出类似智能建造的概念并将其作为建筑业改革发展的重要方向。

英国从国家战略高度明确提出了智能建造的要求，并建立了较为完善的产业政策体系。自 2011 年起，英国内阁办公厅，商业、创新和技能部等政府部门相继发布政策文件，涵盖智能建造的技术提升、人才培养、产业链发展以及市场扩展等方面。英国技术战略委员会推出了"数字建造英伦"计划，旨在将建筑业转型为成熟的数字经济行业，并建立行业知识库。同时，英国成立了建设领导委员会，通过专家访谈等形式回顾、总结并展望智能建造的阶段性成果。此外，由政府、建筑业企业和剑桥大学共同组建的英国数字建造中心，发布了一系列与智能建造相关的研究报告，明确了发展计划和目标要求，推动数字化英国战略的实施。

日本大力推动建设工地的"生产力革命"，对现代信息技术在施工现场的应用作出了精细化规定。2015 年，日本国土交通省推出了"i-Construction"项目，通过引入信息通信技术（ICT），包括无人机测量、标准化施工和有序管理等手段，提高生产效率和管理水平。该项目明确了智能建造的主要应用场景——施工现场，并为日本未来建筑行业的发展描绘了宏伟蓝图。

以完善的标准体系规范和引领相关技术或平台应用。完善的标准体系是推动新产业发展及新技术研发应用的前提，从发达国家的经验来看，不少国家都是先通过制定相关标准，占领国际研究制高点，再推行技术或平台的应用，成为智能建造领域的先行者与决策者。在技术标准方面，以 BIM 技术为例，美国成立了国家 BIM 标准项目委员会，负责BIM 标准的研究与制定，已发布至第三版，并通过民主投票方式广泛征求各方意见，确保标准的共识性和实用性。此外，美国工务署发布了各领域的 BIM 指南，进一步规范了 BIM 技术的应用。在部品、部件生产标准方面，以装配式建筑为例，早在 1969 年，日本政府就启动了《推动住宅产业标准化五年计划》，并在随后的十年间制定了 115 项有关住宅制品的日本工业标准，推动了装配式建筑的快速发展。在数据标准方面，德国推出了"工业数据空间计划"，专注于数据交换与应用的标准化，目前已有 30 家重点企业参与。欧盟和多个国家（如日本）也在通过合作，推动物联网标准的互操作性和国际数据流通共享。

探索企业联合技术研发模式降低成本、提高效率。发达国家在工程软件、传感器、智能化机械等前沿技术的研发和应用方面具有较大的优势，部分核心工艺和软件经过大型公司多年的研发投入和积累沉淀，已较为成熟，但一些伴随智能建造而生的新技术、新设备仍在不断发展完善中。以建筑机器人为例，尽管许多企业已研发出多种产品，但由于单个企业难以承受研发成本和操作学习成本，日本和韩国通过企业联合研发模式，推动建筑机器人技术的发展。例如，鹿岛建设株式会社、清水建设株式会社和竹中工务店三大建筑企业在建筑机器人领域达成合作，共同研发新型机器人，并共享现有技术。类似地，韩国现代重工集团和现代工程建设有限公司签署了建筑机器人技术合作协议，推动技术的商业化应用。

通过产业互联网构建数字驱动的行业新生态。早在建筑产业互联网提出之前，发达国家已率先开始部署工业互联网，主要有三种发展模式，对我国建筑产业互联网的起步具有借鉴作用。一是以政府为主导、企业积极参与的模式。比如，德国"工业 4.0"计划提出后，德国机械设备制造业联合会、电子电气行业协会、西门子股份公司等共同搭建了"工业 4.0 平台"，成为国家级项目并被列入德国"高技术战略 2020"计划，有序开展研发。二是以大企业为主导、政府鼓励支持的模式。比如，美国通用电气公司率先提出工业互联网概念，与美国电话电报公司、思科公司、英特尔公司等成立了工业互联网联盟，带动更多企业加入工业互联网。三是以行业组织为主导、企业"搭伙做饭"的模式。比如，日本行业组织启动了一项名为"工业 4.1J"的试验计划，吸引了太阳电子株式会社、富士电机株式会社等多家大型制造业企业的加入，通过数据采集、传输与存取、分析与解读将分散在世界各地的工厂串联起来，实现将工业智能化从单一企业延伸到产业整体价值链的目的。

政府、企业、高校多方协同强化人才专业能力。发达国家在发展智能建造过程中十分重视对人才的储备和培养。2016 年，德国提出了与"工业 4.0"相配套的"职业教育 4.0 框架倡议"，包括提升职业教育培训中学生的数字化技能水平、支持企业参与数字化学习网络的构建等内容。2018 年，日本提出了人工智能背景下学校教育应采取的变革措施，要求每年培养 25 万名人工智能相关的管理和技术人才，并将责任细化到不同的政府部门。美国则通过 BIM 软件公司主导，向高校免费开放 BIM 软件，提供技术培训，并通过设计和施工企业的培训，推动 BIM 技术的普及与应用。

1.2 智能建造的概念

对于什么是智能建造，不同专家学者和机构都有不同的理解和诠释，尚未形成统一的定义，目前行业内较多的共识是，智能建造是一种信息化技术、智能化技术与工程建设相结合的新型建造方式。

丁烈云院士提到，所谓智能建造，是新一代信息技术与工程建造融合形成的工程建造创新模式，即利用以"三化"（数字化、网络化和智能化）和"三算"（算据、算力、算法）为特征的新一代信息技术，在实现工程建造要素资源数字化的基础上，通过规范化建模、网络化交互、可视化认知、高性能计算以及智能化决策支持，实现数字链驱动下的工程立项策划、规划设计、施（加）工生产、运维服务一体化集成与高效率协同，不断拓展工程建造价值链、改造产业结构形态，向用户交付以人为本、绿色可持续的智能化工程产品与服务。

丁烈云认为，智能技术的核心是人工智能技术，而人工智能是由"三算"组成。把建筑作为制造业的产品来看待，才能像制造业一样发展。在建筑产品设计方面，建筑是算出来的，而不是画出来的。他举例说，在日本算法生成的住宅 EAST and WEST，就是用 C 语言按照用户需求的 8 条规则进行编程实现的。而在建造生产方式方面，要实现制造建造一体化、自动化、智能化，"像造汽车一样造房子"将成为可能。美国建筑师 Alastair Parvin 创立了 Wiki House 平台，建立开源平台，可以像组装家具一样建造房屋。

肖绪文院士指出，智能建造是面向工程产品全生命期，实现在泛在感知条件下建造生产水平提升和现场作业赋能的高级阶段；构建基于互联网的工程项目信息化管控平台，通过功能互补的机器人完成各种工艺操作，实现人工智能与建造要求深度融合的一种建造方式。

清华大学土木工程系教授马智亮认为，智能建造是基于智能及其相关技术从城市和建筑向工业项目建造过程的延伸，通过建立和应用智能化系统提高智能化水平，减少对人的依赖，实现更好的建筑。在他看来，智能化系统有七大特征。

（1）灵敏感知。其作用是像高级动物一样能够灵敏地感知周围环境的变化，传感器技术可以当此重任。例如，视频传感器可以用于感知并记录周围环境，射频识别（Radio Frequency Identification，RFID）可以用于感知预先特定的对象。在实际应用中，视频传感器可以取代人工监视，RFID 扫描器可以快速感知一定范围内预先特定的物体是否存在，从而采集到相应的原始信息。

（2）高速传输。其作用是迅速传递通过感知采集到的信息，无线网络，特别是移动无线网络技术可以当此重任。例如，通过无线网络，从 RFID 扫描器得到的信息可以迅速传递至服务器，供服务器进行分析处理。在实际应用中，自动传递附着 RFID 的物料的入库信息，并保存在服务器的数据库内，便于进行信息管理。

（3）精准识别。其作用是对采集的原始信息进行识别，确定信息的含义及特定对象的存在，视频识别和音频识别技术可以当此重任。例如，通过对传递过来的视频流进行识别可以快速确定某人是否出现在某个具体场景中，也可以识别提交物中包含的对象是否符合预期。

（4）快速分析。其作用是对大量信息进行快速分析，给出有助于决策的结果，大数据分析技术可以当此重任。例如，可以通过对大量入库信息的分析，发现材料入库规律，如入库量随季节的变化，或已入库的不同材料之间的关联性，并判断当前的入库情况是否符合一般入库规律，如果不符合，立即给出提醒。

（5）优化决策。其作用是针对建造过程中的决策环节，给出优化决策方案及其依据，从而辅助决策人员实现建造过程的最大效能。优化技术，或智能化技术可以当此重任。例如，给出最优化的设计方法，最优化的作业进度计划等，取决于优化目标，可以使设计方案做到全生命期成本最低，碳排放最低，性价比最优等。

（6）自动控制。其作用是利用智能化系统取代人，根据感知到的环境条件，运用优化决策，自动控制生产过程，自动控制技术可以当此重任。例如，可以根据优化后的作业进度计划，自动控制物料搬运，实现物料搬运自动化和无人化。

（7）替代作业。其作用是利用智能化系统替代人从事恶劣环境中的作业，提高工作效率，减少对劳动力的需求，自动化和机器人技术可以当此重任。例如，在建筑工程中，砌砖工作可以应用机器人来完成，从而解决劳动力供应不足、人工成本高等问题。

中国工程院院士钱七虎认为，智能建造首先是全面的透彻感知系统，要通过设备、传感器、信息化的设备去全面感知，摸清情况。第二是物联网、互联网的全面互联实现感知信息（数据）的高速和实时传输。第三是智慧平台的打造，技术人员要通过这个平台对反馈的海量数据进行综合分析、处理、模拟，得出决策，从而及时发布安全预警和处理对策预案。使工程建设的风险更低，施工人员更安全，同时也最大限度地节省材料和减少环境破坏。今后，工程领域的进步要通过数字化向智慧方向迈进。

中国工程院院士肖绪文提出，绿色建造、智能建造、精益建造和国家化建造是中国建造的未来发展方向，这几个建造实质上有内在的关系。首先智能建造是中国建造转型升级的必然途径。中国建筑业作为一个古老的产业，要想像枯树发新枝一样再有更大的发展，必须要用信息化来改造传统产业。智能建造就是建造业转型发展的一个非常重要的方向。原中国建筑第四工程局有限公司董事长叶浩文认为，智能建造是有效拉动内需、做好"六稳""六保"工作的重要举措。智能建造将从产品形态、商业模式、生产方式、管理模式和监管方式等方面重塑建筑业；催生新产业、新业态、新模式，为跨领域、全方位、多层次的产业深度融合提供应用场景；既有巨大的投资需求，又能带动庞大的消费市场，乘数效应、边际效应显著，有助于加快形成强大的国内市场；是当前有效应对疫情影响、缓解经济下行压力、壮大发展新动能的重要举措。

中国建筑科学研究院有限公司董事长许杰峰认为，以"新城建"对接"新基建"，引领城市转型升级，推进城市现代化，就要加快推动新一代信息技术与建筑工业化技术协同发展，加快打造建筑产业互联网平台，研发自主知识产权的系统性软件与数据平台、集成建造平台。他表示，建筑产业互联网需要全过程、全要素、全参与方的重构。对建筑产业链上全要素信息进行采集、汇聚和分析，优化建筑行业全要素配置，激发全行业生产力。围绕研发自主知识产权的系统性软件与数据平台、集成建造平台，研发基于 BIM 与物联网的建筑全生命周期协同管理平台。

中国建筑技术中心工程智能化研究所所长邱奎宁在《智能建造与建筑工业化，推动建筑业高质量发展》主题演讲中表示，数字技术重点在于：感知、替代、智慧，"云、大物、移、智"等信息技术与施工现场生产、管理深入结合，有效提高了施工现场管理水平，并产生一系列智慧工地创新应用。随着物联网、移动互联网等新的信息技术迅速发展，"云＋网＋端"的应用模式正在逐步形成，这一系列应用正在推动建筑业高质量发展。

同济大学建筑产业创新发展研究院院长王广斌认为，建筑业发展的基本范式，是通过用信息化、工业化的深度融合来追求绿色、可持续发展。其中，智能制造是通过大规模定制建造，满足个性化要求的信息化与工业化深度融合的过程。智能建造集成了整个行业供应链和生产活动，包括了产品、企业的信息化，因此，未来的建筑产业中应充分重视智能建造，重视数字化模型技术对技术创新的运用。

清华大学土木工程系胡振中副教授表示，新基建是一个体系，它包含三大方面内容，一是信息基础设施，包括通信网络、新技术和算力及设施；二是融合基础设施，融合不同技术使用新的基础设施，比如智能交通、智慧能源、智慧建筑；三是创新基础设施，就是支撑人们进行创新的一系列基础设施平台，比如产业创新基础设施。在我国，大数据支撑了新基建建设，新基建实施全过程也离不开大数据的支持和其提供巨大的潜力。因此要注重数据挖掘的科学和方法。数据如果挖掘得当，就能提供很好的价值，如果用法不当，数据只是一堆垃圾而已。

毛志兵等学者描述智能建造是在设计和施工建造过程中，采用现代先进技术手段，通过人机交互、感知、决策、执行和反馈，提高品质和效率的工程活动。

樊启祥等学者描述智能建造是指集成融合传感技术、通信技术、数据技术、建造技术及项目管理等知识，对建造物及其建造活动的安全、质量、环保、进度、成本等内容进行感知、分析和控制的理论、方法、工艺和技术的统称。

毛超等学者描述智能建造是在信息化、工业化高度融合的基础上，利用新技术对建造过程赋能，推动工程建造活动的生产要素、生产力和生产关系升级，促进建筑数据充分流动，整合决策、设计、生产、施工、运维整个产业链，实现全产业链条的信息集成和业务协同、建设过程能效提升、资源价值最大化的新型生产方式。

尤志嘉等学者描述智能建造是一种基于智能科学技术的新型建造模式，通过重塑工程建造生命周期的生产组织方式，使建造系统拥有类似人类智能的各种能力并减少对人的依赖，从而达到优化建造过程，提高建筑质量，促进建筑业可持续发展的目的。

国外学者 Andrew De Wit 描述智能建造旨在通过机器人革命来改造建筑业，以达到节约项目成本，提高精度，减少浪费，提高弹性与可持续性的目的。

智能建造是一种有别于传统建造的新的理念，它以项目信息门户为共享平台，以建造技术、人工智能和数据技术为手段，面向项目全生命周期，构建项目建设和运营的智能化环境，通过技术集成、信息集成和管理创新，对项目建设全过程实施有效管理。智能建造是信息化与工业化深度融合的一种新型工业形态，体现了项目建设从机械化、自动化向数字化、智能化的转变趋势。

智能建造需要贯彻可持续发展的理念，保障工程各参与方能够有统一的平台协同合作、信息共享，由 BIM 技术、云计算技术、物联网技术、大数据技术等信息技术手段提供支持，能够实现传统建造手段与信息化技术相结合；智能建造意味着在建造过程中充分利用智能技术和相关技术，通过应用智能化系统，提高建造过程的智能化水平，减少对人的依赖，实现安全建造，并实现性能价格比更好、质量更优的建筑。

智能建造的含义主要有：

（1）智能建造以工程信息平台为基础，集成了建筑工程项目各种相关信息的工程数据模型，可以对施工过程以及各项功能进行智能化实现。

（2）智能建造通过对多项先进技术的互联、集成，把解决建设工程项目各阶段的重难点以及满足业主方的需求作为主要目标。

（3）智能建造是推动建筑业数字化转型的重要途径，随着经济结构模式不断优化，依靠钢筋混凝土等资源消耗、环境污染和劳动密集型的传统建造模式面临着转型升级的压力，智能建造作为新型现代化的建造模式，是建造行业实现跨越和发展的必经之路。

从内涵讲，智能建造是结合全生命周期和精益建造理念，利用先进的信息技术和建造技术，对建造的全过程进行技术和管理的创新，实现建设过程数字化、自动化向集成化、智慧化的变革，进而实现优质、高效、低碳、安全的工程建造模式和管理模式。但是，智能建造的概念不是一成不变的，随着人工智能、虚拟现实技术（Virtual Reality，VR）、5G、区块链等新兴信息技术的涌现并应用至工程实践，将会产生更多创新应用成果，不断丰富智能建造的内涵。

"智能建造"自 2017 年被首次明确提出后，已发展成为一项长期国策，其贯穿了国家建筑业"十三五"及"十四五"规划，并已建设了专业学科，经过近几年的探索和规划，智能建造已进入具体建设阶段。2020 年 7 月，住房和城乡建设部等 13 部门联合印发了《关于推动智能建造与建筑工业化协同发展的指导意见》，其中明确指出要形成以高质量发展为目标，以建筑工业化为载体，形成全产业链融合一体的智能建造产业体系。而与之相近的，国家近年来大力推动智能制造和绿色建造的发展。一方面是因为其有着相同的目标，即提高生产力，形成高质量发展；另一方面是因为这些技术与产业有着共同的发展内核，即研究和应用智能化技术，形成数据驱动下的产业链以及建设产业互联网。

1.3 智能建造体系

1.3.1 智能建造理论体系

福建理工大学的尤志嘉等学者通过建立智能建造系统通用体系结构，以明确系统的基本功能框架、各类组件及其依赖关系、交互机制与约束条件等，为设计开发面向不同工程类型的智能建造系统提供理论依据。

1. 智能建造系统功能架构

图 1-1 为建立的智能建造系统总体功能体系架构，其涵盖建造能力与建造过程两大体系。建造能力包括施工组织、施工技术、建造资源与约束条件，这些因素是构成智能建造

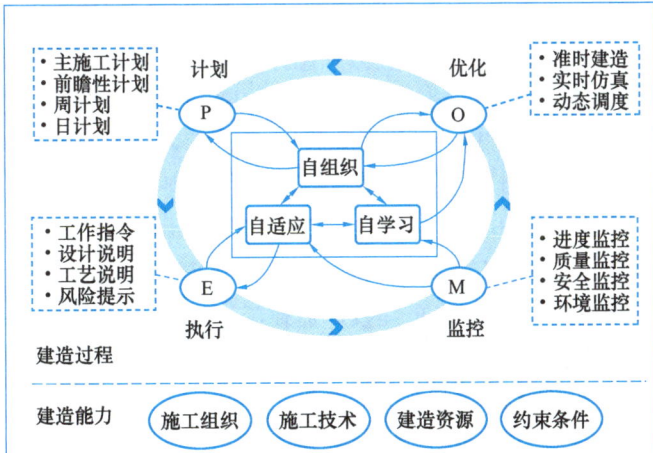

图 1-1 智能建造系统总体功能体系架构

系统的基础。建造过程是一个建立在精益建造理论基础上的"计划-执行-监控-优化"迭代过程，通过各项技术手段使智能建造系统拥有类似于人类智能的自组织、自适应与自学习能力，从而减少建造过程中对人为决策的依赖性。

2. 智能建造系统技术架构

智能建造系统的技术架构建立在物联网、云计算、BIM、大数据以及面向服务架构等技术的基础上，形成一个高度集成的信息物理系统。如图 1-2 所示，物联网通过各类传感器感知物理建造过程，经过接入网关向云计算平台传送实时采集的监控数据。云计算平台为大数据的存储与应用、基于 BIM 的实时建造模型以及各项软件服务提供了灵活且可扩展的信息空间，支持不同专业的项目管理人员在统一的平台上共享信息并协同工作。在信息空间中经过分析、处理与优化后形成的决策控制信息再通过物联网反馈至物理建造资源，实现对施工设备的远程控制以及对施工人员的远程协助。

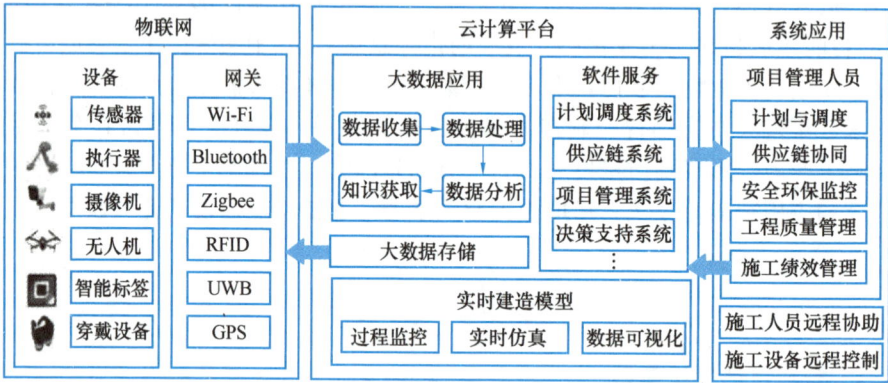

图 1-2 智能建造系统总体技术架构

智能建造系统体系结构的基本特征可以概括为"泛在连接、数字孪生、数据驱动、面向服务、系统自治"五个方面，下面将对其科学内涵与技术实现路径作具体讨论。

1）泛在连接

泛在连接是指通过对物理空间的实时感知与数据采集，以及信息空间控制指令的实时反馈下达，提供"无处不在"的网络连接与数据传输服务。物联网通过不同类型的传感器从施工现场采集实时数据，包括结构的应力和位移、现场的温度与空气质量、能耗以及智能施工设备的状态等。采用 Wi-Fi 或蓝牙（Bluetooth）等技术将施工现场部署的无线传感器连接起来，形成无线传感器网络。预制施工现场组装全过程采用射频识别（Radio Frequency Identification，RFID）技术，通过跟踪构件内嵌入的标签，实时采集数据。室内人员定位可采用 RFID、Zigbee 或超宽带（Ultra-Wide-band，UWB）技术，室外定位则可通过全球定位系统（Global Positioning System，GPS）实现。无人机搭载激光扫描仪获取施工现场点云数据，基于三维重建技术监控施工进度。摄像机捕捉现场施工过程的图像，用于记录和分析施工过程。可穿戴设备集成了传感器、摄像头和移动定位器的功能，以收集现场工人的工作状态并向其反馈信息。

2）数字孪生

在智能建造系统中，将基于 BIM 的实时建造模型作为物理空间中施工建造过程在信息空间中的"双胞胎兄弟"，即数字孪生体，如图1-3所示。对于装配式建筑，通过RFID技术跟踪构件的生产、物流及装配过程，经过装配后的构件信息自动关联BIM设计模型中的构件生成实时建造模型。而对于非装配式建筑，则可采用3D重建技术生成点云模型，再将点云模型与BIM设计模型进行关联，从而生成实时建造模型。

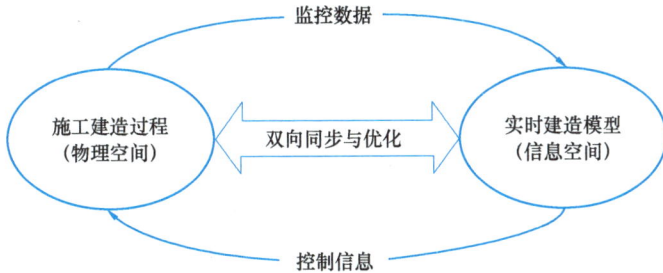

图1-3　数字孪生体

作为在建建筑物在信息空间中的数字孪生体，实时建造模型将监测数据以不同维度展现给项目的参与者，使他们在共同的视角下进行协作。云平台为不同项目参与者提供监控数据查询、追溯、计算和虚拟现实展示服务，支持对项目进度、质量管理、安全与环境监管、绩效评估等方面的监控需求。在建造过程中可通过数字孪生体进行实时仿真分析，验证前瞻性施工计划可行性。如图1-4所示，根据施工现场反馈的进度监控数据更新实时建造模型，计划调度系统基于末位计划者系统理

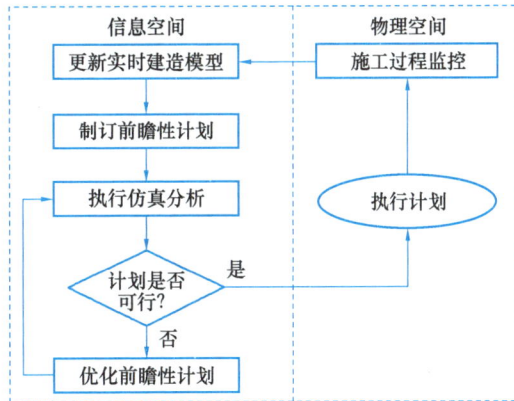

图1-4　基于数字孪生的实时仿真分析

论滚动编制项目的前瞻性计划，即将施工监控系统作为"末位计划者"，根据进度监控与资源消耗量制定前瞻性施工计划。BIM系统基于4D仿真功能在实时建造模型的基础上进行虚拟建造，以验证前瞻性计划的可行性，预测可能发生的异常或冲突，并做出适应性调整。经过仿真分析验证后的前瞻性计划将被细化为周计划或日计划后组织施工。

3）数据驱动

智能建造系统的大数据来源包括来自BIM的设计数据、来自物联网的施工监控数据、业务信息系统数据和历史项目数据等，这些数据中蕴含着丰富的信息或知识，它们对于管理决策至关重要。图1-5为本文所提出的智能建造系统框架中的数据驱动决策支持体系结构，该体系结构由三层组成：数据来源层、数据处理层和数据应用层。多项来源的数据经过融合后将用于知识发现与决策支持，即实现系统的自学习能力。一方面，通过机器学习算法对大数据进行挖掘分析以获取隐藏的知识规则，这些规则将通过知识推理机制为解决工程问题提供参考方案。另一方面，案例推理技术可以从历史项目数据中检索出与当前项目相似的案例，相似案例的解决方案经过调整优化后可作为此项目的参考方案。多源融合数据的推理或统计分析结果以可视化的形式提供给用户，以支持不同的决策需求，包括设

计优化、智能调度、风险预测、绩效评估以及施工设备的故障诊断与主动维护策略等。

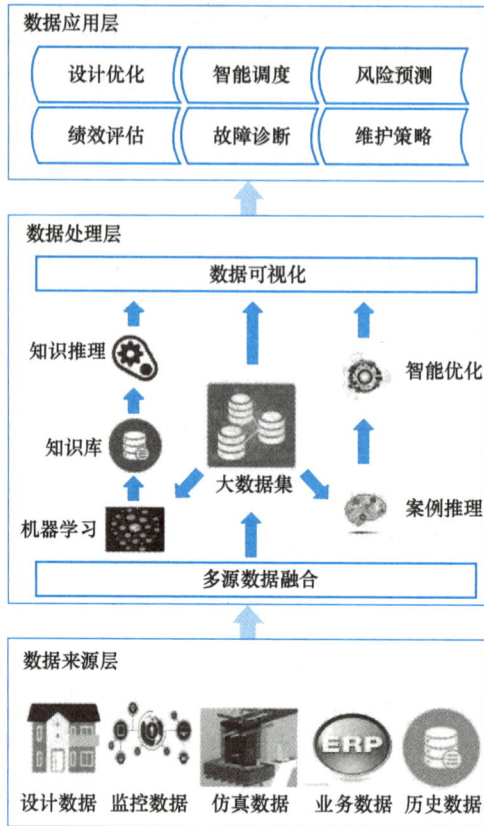

图 1-5　数据驱动决策支持体系结构

4）面向服务

作为集成了多项智能技术的平台，智能建造系统应建立在具有互操作性与可扩展性的技术架构之上。本文基于面向服务的体系架构（Service-Oriented Architecture，SOA）建立智能建造系统的技术架构。如图 1-6 所示，所有软硬件系统均通过建造服务总线（Construction Service Bus，CSB）进行信息交互，构成扁平化且可扩展的体系架构。建造服务总线采用 SOA 架构中的企业服务总线技术，该技术是传统中间件、XML 以及 Web 服务技术相结合的产物。CSB 作为智能建造系统网络中最基本的连接中枢，实现不同服务之间的互操作性。将智能建造系统内的软件子系统封装为 Web 服务以隐藏其内部的复杂性，通过 WSDL（Web Service Definition Language）语言描述所提供的服务信息，并将服务发布到 UDDI（Universal Description Discovery and Integration）注册中心，以供其他服务搜索、访问和调用。对于物理空间中的建造资源，例如建筑工人、智能建筑设备与建筑机器人等，基于分布式人工智能理论将其虚拟化为智能体（Agent）并集成到建造服务总线，以实现智能建造系统的分布式控制功能。

5）系统自治

系统自治是指智能系统独立协调各子系统完成相应功能，并能够根据环境变化而做出相应的反应，即实现系统的自组织与自适应能力。智能建造系统涉及多种分布式的异构建

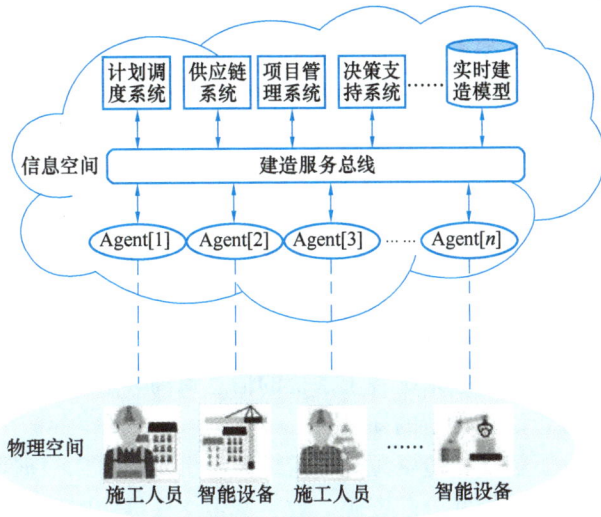

图 1-6　智能建造系统面向服务的体系架构

造资源，既包括施工人员、设备与材料等物理建造资源，同时也包括软件服务等信息资源，如何建立它们之间的协作机制是实现系统自治能力的关键。基于多智能体系统（Multi-Agent Systems，MAS）协同控制理论，通过 Agent 之间的竞争与合作来实现智能建造系统的分布式协同控制机制。如图 1-7 所示，资源 Agent 作为物理建造资源在信息空间中的代理，根据监控数据更新并发布资源的建造能力与实时状态信息，任务 Agent 根据建造需求主动搜索可用的资源 Agent。对于每一个匹配方案采用智能推理机制预测可能发生的冲突，并做出必要的自适应调整，然后再对所有可行的资源-任务匹配方案进行评估，确定最优化的方案作为最终分配方案，并更新建造资源的任务分配列表。最后，资源 Agent 基于任务分配列表将控制信息反馈至物理建造资源，指导其完成施工作业。在计划调度子系统中实现上述分布式协同控制机制，以减少智能建造系统运行过程中对人为决策的依赖，实现系统的自组织与自适应能力。

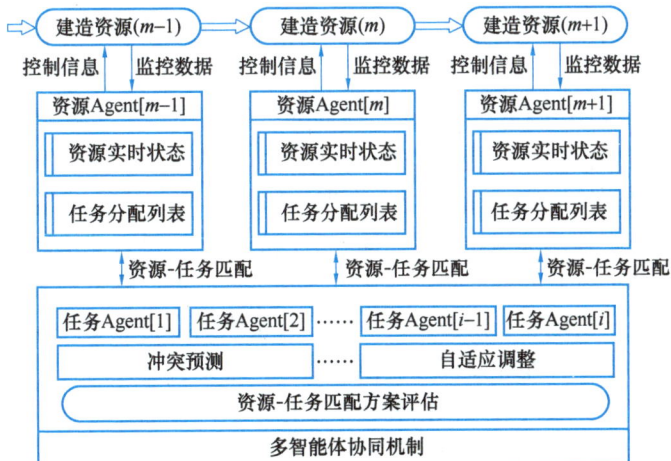

图 1-7　资源-任务多智能体协同机制

13

3. 智能建造系统能力成熟度模型

从技术系统进化理论的角度讲，任何技术系统的产生与发展都是一个循序渐进、迭代优化的过程。智能建造系统的实施与应用也将是一个持续演进的过程，因此，有必要建立合理的能力成熟度评估机制，用以反映智能建造系统的技术演进路径并评估当前系统的能力发展水平。本文将智能建造系统能力成熟度由低到高划分为以下五个等级，具体描述如下。

（1）互联级：实现了物理资源接入物联网，可自动采集监控数据并实时反馈控制信息。

（2）透明级：建立了物理建造资源的数字孪生体，实现"信息-物理"多源数据融合及可视化管理；消除了智能建造系统各子系统的信息孤岛，形成了闭环的信息流；可通过对多源数据进行挖掘分析以获得新的知识。

（3）协同级：建立了智能建造资源的自组织控制机制，可以根据项目实际进度和资源实时状态动态地调整施工计划并分配资源。数字孪生体根据实时监控数据对建造过程进行模拟，为项目管理者提供决策支持。

（4）敏捷级：建立了智能建造资源的自适应控制机制，当建造过程中的不确定性事件发生后，智能建造系统可自动评估事件的影响范围及程度，并及时对施工计划做出适应性调整，自动优化资源配置、作业逻辑和物流路径，以确保项目建造目标达成。

（5）优化级：实现智能建造资源的"即插即用"性，即任何智能资源个体的接入、移除或替换都不会影响项目建造目标和智能建造系统的整体性能。智能建造系统可以根据自身的运行状态及施工环境的变化预测可能发生的冲突或异常，并通过评估已有行为正确性或优良度，自动调整系统结构或参数，优化自身性能。

1.3.2 智能建造标准体系

《中华人民共和国国民经济和社会发展第十四个五年规划和 2035 年远景目标纲要》提出"推进新型城市建设""发展智能建造，推广绿色建材、装配式建筑和钢结构住宅，建设低碳城市"。《国家标准化发展纲要》提出"推动新型城镇化标准化建设""推动智能建造标准化，完善建筑信息模型技术、施工现场监控等标准"。

智能建造是新一代人工智能、信息技术与传统建设的学科融合与产业应用，是以建设领域数据互联为基础的产业链智能协同，是实现碳中和的重要载体。以工业领域 4 大发展阶段类比，智能建造是建造领域"4.0 阶段"。"4.0 阶段"，定义为基于信息物理系统（Cyber Physical Systems，CPS）构建全生命周期智能应用，以转变产业范式、提高产业效率。信息物理系统是覆盖物理空间和云空间的复合系统，以计算、互通、控制为人机融合三大纽带，通过交互接口实现云空间与物理空间的共建。作为建造领域"4.0 阶段"，智能建造将基于信息物理系统构建跨越空间和时间的全产业链智能协同场景，建立新的产业协作模式，提高整个行业的资源集约使用效率和生产效率，降低资源损耗率和能耗。

智能建造总体处于初期发展阶段，产业链具有很强的多行业交叉属性。构建智能建造标准体系，能够有效指导智能建造标准制定与修订，推动智能建造技术成果落地转化为标准，为产业链企业提供有效的行为依据和技术依据，引导智能建造领域规范化发展。

1.3.3 智能建造核心组成模块分析

智能建造囊括设计、制造、施工、运维全流程，以数据、算法和算力为关键生产要素，运用全维度数据体和全场景通信技术以联通各方所用软硬件，运用分布式传感装置、全周期集成算法、云与边缘计算能力进行信息的分类、感知与分析、数据的挖掘与建模、状态的评估与预判、过程的智能优化与决策，通过智能终端与智能设备实现人机协同建设。

从核心组成模块角度剖析，智能建造以全维度数据体为联动物理空间（人员、设备、物料）和信息空间（感知、评估、预测、优化、决策等算法）的数据底座，以全场景架构与通信技术为联动所有硬件的基础设施，以全周期集成算法为建造全流程的软实力，以云与边缘计算为建造全流程的硬实力，以智能化终端与智能化设备为实现施工落地的最终载体。

1.3.4　智能建造领域的国内外标准化现状

全维度数据体是联动物理空间（人员、设备、物料）和信息空间（感知、评估、预测、优化、决策等算法）的数据底座，是实现智能建造的基本解析空间。在国家标准层面，《面向工程领域的共享信息模型　第 1 部分：领域信息模型框架》GB/T 36456.1—2018 由国家市场监督管理总局和中国国家标准化管理委员会发布，于 2019 年 1 月 1 日实施。《面向工程领域的共享信息模型　第 1 部分：领域信息模型框架》GB/T 36456.1—2018 从组件、引用、特性、表现、关系等层面定义了面向工程领域的共享信息模型结构图，规定了每个层面的具体要求和通用属性。《建筑信息模型施工应用标准》GB/T 51235—2017 由住房和城乡建设部和原国家质量监督检验检疫总局联合发布，于 2018 年 1 月 1 日实施。《建筑信息模型施工应用标准》GB/T 51235—2017 规范和引导包括建筑工程在内的各类工程项目施工中 BIM 的应用，支撑工程建设信息化实施，提高信息应用效率和效益。全维度数据体领域的地方标准如表 1-2 所示，全维度数据体领域的团体标准如表 1-3 所示。

全维度数据体地方标准　　　　　　　　　　　　　表 1-2

标准号	标准名称	地方
DB37/T 5221—2022	民用建筑信息模型设计应用标准	山东省
DB22/T 5120—2022	建筑信息模型设计应用标准	吉林省
DB11/T 1982—2022	岩土工程信息模型设计标准	北京市
DB11/T 1845—2021	钢结构工程施工过程模型细度标准	北京市
DB11/T 1610—2018	民用建筑信息模型深化设计建模细度标准	北京市
DB11/T 1069—2024	民用建筑信息模型交付标准	北京市
DB14/T 2317—2021	公路工程建设领域建筑信息模型（BIM）设计交付标准	山西省
DB21/T 3518—2021	建筑信息模型设计审查技术规程	辽宁省
DB21/T 3409—2021	辽宁省竣工验收建筑信息模型交付数据标准	辽宁省
DB21/T 3408—2021	辽宁省施工图建筑信息模型交付数据标准	辽宁省
DB21/T 3177—2019	装配式建筑信息模型应用技术规程	辽宁省
DB50/T 885—2018	工程勘察信息模型制作及交付规范	重庆市
DB50/T 831—2018	建筑信息模型与城市三维模型信息交换与集成技术规范	重庆市
DB42/T 1280—2017	智慧工地信息化管理平台通用技术规范	湖北省

标准号	标准名称
T/BIAS 8—2020	深圳市装配式混凝土建筑信息模型技术应用标准
T/CECS 1139—2022	装配式建筑预制混凝土构件产品信息模型数据标准
T/CECS 1138—2022	建筑信息模型工程造价管理应用标准
T/CECS 1137—2022	建筑信息模型设计应用标准
T/JNXXH 0006—2022	建筑信息模型（BIM）施工应用技术规范
T/CECS 1126—2022	综合管廊信息模型交付标准
T/CECS 701—2020	城市道路工程设计建筑信息模型应用规程
T/JSJTQX 24—2022	公路悬索桥运营期结构设施信息模型编码规则
T/ZZXJX 044—2021	建筑信息模型应用统一标准
T/CECS 984—2021	基于建筑信息模型的综合管廊设备与设施管理编码标准
T/CECS 947—2021	文化旅游工程建筑信息模型应用标准
T/ZBTA 14—2021	房屋建筑工程项目建筑信息模型应用评价标准
T/KJDL 012—2021	物联位置网应用道路信息模型技术规范
T/CABEE 001—2021	智慧建筑运维信息模型应用技术要求
T/CSUS 20—2021	城市轨道交通工程管线综合信息模型设计标准
T/CRBIM 016—2021	轨道交通数字工程认证指南 1.0 版
T/FCEAS 005—2021	福建省建设工程项目信息模型（BIM）应用评价标准
T/ZS 0139—2020	职业技能考评标准建筑信息模型技术员
T/CSPSTC 49—2020	装配式混凝土结构建筑信息模型分类与编码
T/SHJX 011—2020	上海市域铁路建筑信息模型设计应用标准（试行）
T/CNTAC 72.2—2021	毛粗纺智能工厂 第 2 部分：设备单元信息模型
T/CCIAT 0022—2020	建筑信息模型（BIM）智能化产品分类和编码标准
T/JSIC 006—2020	通信信息模型（TIM）建设标准
T/GZJXC 01—2020	贵州省建筑信息模型（BIM）技术建筑施工应用标准
T/CAPE 11001—2019	基于建筑信息模型（BIM）的预制梁张拉及压浆设备施工动态监控规范
T/FCEAS 001—2020	福建省建筑机电工程信息模型技术应用标准
T/CSPSTC 38—2019	城市轨道交通信息模型成果技术规范
T/CWHIDA 0005—2019	水利水电工程信息模型设计应用标准
T/ZSA 69—2019	园区建筑信息模型（BIM）交付要求
T/ZBTA 01—2019	建筑信息模型（BIM）应用等级评定标准
T/SCGS 311001—2019	技术产品文件建筑信息模型（BIM）技能等级标准
T/CSPSTC 21—2019	建筑信息模型（BIM）与物联网（IOT）技术应用规程
T/CSPSTC 20—2019	建筑信息模型（BIM）工程应用评价导则
T/GCZTB 001—2017	南京市建筑信息模型招标投标应用标准
T/SCIIA 2—2019	未来科学城建筑信息模型（BIM）建模标准
T/HSJ 008—2017	智慧社区业务信息模型技术要求
T/SCSS 022—2017	智慧城市建筑信息模型（BIM）规划导则

全场景架构是智能建造场景的主体框架。在国际标准层面，中国联合网络通信集团有限公司、中国电信集团有限公司、深圳市腾讯计算机系统有限公司、中国电子科技集团有限公司、中国信息通信科技集团有限公司编制的国际标准《智慧工地业务需求和功能架构》（Requirements and functional architecture for smart construction site services）获得正式标准编号 ITU-T Y.4478，成为首个系统性定义智慧工地业务的国际标准。在国家标准层面，智能建造全场景架构相关规定较少。全场景架构地方标准如表 1-4 所示，全场景架构团体标准如表 1-5 所示。

全场景架构地方标准 表 1-4

标准号	标准名称	地区
DB11/T 1946—2021	智慧工地评价标准	北京市
DB11/T 1710—2019	智慧工地技术规程	北京市
DB22/T 5053—2021	智慧工地全景成像测量标准	吉林省
DBJ50/T-356—2020	智慧工地建设与评价标准	重庆市
DB37/T 5210—2022	房屋建筑与市政基础设施工程勘察质量信息化管理标准	山东省
DB33/T 1248—2021	智慧工地建设标准	浙江省
DB33/T 1258—2021	智慧工地评价标准	浙江省
DB42/T 1280—2017	智慧工地信息化管理平台通用技术规范	湖北省
DB64/T 1684—2020	智慧工地建设技术标准	宁夏回族自治区
DB13（J）/T 8312—2019	智慧工地建设技术标准	河北省

全场景架构团体标准 表 1-5

标准号	标准名称
T/CIIA 016—2022	智慧工地应用规范
T/CIIA 015—2022	智慧工地建设规范
T/CIIA 014—2022	智慧工地总体规范
T/CECS G：K80—01—2021	公路工程智慧工地建设技术规程
T/SDJSXH 01—2021	智慧工地建设评价标准
T/WHCIA 01—2020	智慧工地集成应用与评价标准
T/JSCTS 002—2021	江苏省航道建设工程智慧工地建设技术标准
T/CCIAT 0021—2020	智慧工地全景成像测量标准
T/ZS 0121—2020	智慧工地评价标准
T/CECS 651—2019	智慧工地管理标准

全场景通信架构与接口是联动所有硬件的基础设施，是实现智能建造场景的互联、反馈、分析的通路。在国家标准层面，《物联网信息交换和共享 第 1 部分：总体架构》GB/T 36478.1—2018、《物联网信息交换和共享 第 2 部分：通用技术要求》GB/T 36478.2—2018、《物联网信息交换和共享 第 3 部分：元数据》GB/T 36478.3—2019、《物联网信息交换和共享 第 4 部分：数据接口》GB/T 36478.4—2019 对物联网应用的架构和技术要求进行了详细规定。《土方机械和移动式道路施工机械 工地数据交换 第 1 部分：系统体系》

GB/T 35484.1—2017、《土方机械和移动式道路施工机械　工地数据交换　第2部分：数据字典》GB/T 35484.2—2017、《土方机械和移动式道路施工机械　工地数据交换　第3部分：远程信息处理数据》GB/T 35484.3—202、《塔式起重机安全监控系统及数据传输规范》GB/T 37366—2019对智能建造的机械与设备的体系、数据和交互进行了详细规定。全场景设备和通信技术地方标准如表1-6所示，全场景设备和通信技术团体标准如表1-7所示。

全场景设备和通信技术地方标准　　　　　　　　　　　　　表1-6

标准号	标准名称	地区
DB11/T 1708—2019	施工工地扬尘视频监控和数据传输技术规范	北京市
DB50/T 831—2018	建筑信息模型与城市三维模型信息交换与集成技术规范	重庆市
DB13/T 2672—2018	建筑工地扬尘治理物联网协议	河北省
DB13/T 5577—2022	公路路基路面智能化施工质量管控技术规程	河北省

全场景设备和通信技术团体标准　　　　　　　　　　　　　表1-7

标准号	标准名称
T/CCSA 285—2020	泛在物联应用智慧工地总体技术要求
T/CCIAT 0021—2020	智慧工地全景成像测量标准
T/CEC 265—2019	智能安全帽技术条件
T/GDJSKB 001—2020	智能建造升降机
T/GDJSKB 002—2020	外墙喷涂机器人
T/GDJSKB 005—2021	智能随动混凝土布料机

1.3.5　智能建造领域标准化现状分析

智能建造标准体系尚未形成，目前集中于建筑信息模型、智慧工地建设与评价和少数智能化机械与设备。智能建造标准体系须以智能建造的核心组成部分为基础，建立全维度数据体、全场景架构、智能设备与通信技术、全周期算法与算力等4大核心组成的体系化标准。智能建造承载的数据信息量、架构闭合度、算法集成能力和计算强度均有待系统性研究和定义。随着智能建造领域的技术发展和产业应用，其标准体系的广度、深度、系统性和联动性将进一步发展。

1.3.6　智能建造的建议性三维结构模型

从系统架构考虑，智能建造可拆分为3大维度，即全生命周期（Life cycle）、物理层级（Physics）和智能特征（Intelligence），可简写为LPI三维结构模型。其中，全生命周期定义为桩基、围护、土方、地下空间、结构、管线、装饰、部品部件、景观等，贯穿整个智能建造流程。物理层级定义为空间、单体、地块、企业、协同，覆盖整个智能建造的物理空间和合作企业。智能特征定义为数据、设备、传感、算法、系统等智能要素。

1.3.7　智能建造标准编制的建议性框架

智能建造标准编制的建议性框架（图1-8），包括基础共性和关键技术两部分。其中，基础共性包括成熟度模型、能力评价标准、标识标准、安全标准，关键技术包括智能数据与孪生仿真、设备与传感、算法、中枢控制、能源与碳测算。基础共性和关键技术两部分标准贯穿智能建造的全生命周期和物理层级。

1. 基础共性标准

基础共性标准用于统一领域内的通用要求和评价，包括智能建造成熟度模型标准、智能建造能力评价标准、智能建造标识标准、智能建造安全标准。其中，智能建造成熟度模型标准规范对象、边界、层级、内在联系，包括参考模型、系统架构、能力建设等；智能建造能力评价标准用于统一认知，全面评估，促进发展；智能建造标识标准包括标识规则、元数据生成、编码管理与解析、传输规则等；智能建造安全标准包括功能性安全标准和网络性安全标准，功能性安全标准用于管控智能建造功能安全性设计、测试和评估，网络性安全标准用于管控数据、设备、传感、系统的安全性。

图 1-8　智能建造标准编制的建议性框架

2. 关键技术标准

1）数据与孪生仿真标准包括结构化标准、细度标准、完整度标准、准确度标准。其数据孪生空间覆盖面包括但不限于土地、材料及其标准化库、构件及其标准化库、节点及其标准化库、体系及其标准化库、坐标、计划、物流、工艺、工序、人员、设备、场地、环境等。

2）设备与传感标准包括特性、分类、感知能力、性能评价、通信协议、接口规范、人机协作等。设备标准覆盖面包括但不限于智能建造全物理空间和全时间流程的智能装备及其 5G 应用。

3）算法标准包括感知、分析、优化、决策辅助、动态演进等完整性与能力性标准。算法标准覆盖面包括但不限于逻辑型和人工智能型。

4）中枢控制标准包括多级计划协同、场布物流动态调配、作业下发与评估、过程优化、异常分析、供应链监管等中控系统标准。

5）能源与碳测算标准包括能源结构、碳因子、计算模型、参考标准、异常管理、可视化等碳足迹动态测算与管理标准，以算法形式集成于系统之中，用于规范智能建造的能源管理。

1.4　智能建造的演变

在我国，计算机技术的应用始于 20 世纪 70 年代末，当时开始用于建筑工程的结构计算；20 世纪 80 年代，计算机辅助设计（CAD）技术被引入建筑行业；到了 20 世纪 90 年代，计算机开始应用于建筑施工管理。作为人工智能的一个分支，专家系统也开始在建筑行业中得到应用；而计算机在建筑运营和维护管理中的应用则始于 21 世纪。广义上讲，当计算机系统具备人类特有的能力，并能够取代或减少对人的依赖时，就可以被称为智能化系统。感知、识别、记忆、理解、联想、情感、计算、分析、判断等能力是人类独有的，因此，具备这些能力的系统可以称为智能化系统。如果这些智能化系统被应用于建造过程中，那么该过程就可以被称为智能建造。从这个角度来看，智能建造可以根据系统与人类能力的对应关系及其智能化程度，分为以下四类。

1. 计算智能类

是初步的智能建造，起源于 20 世纪 80 年代对计算机计算能力的利用，体现为在建筑设计中应用 CAD 技术进行设计计算、分析和绘图。利用计算机出色的计算能力，设计人员可在短时间内针对建筑进行各种分析，大幅缩短设计周期，提高设计质量。

2. 分析智能类

是中级的智能建造，起源于 20 世纪 90 年代对计算机分析能力和判断能力的应用。主要特点是在系统中针对人工录入的信息，按照一定的模型进行分析，其结果用于辅助决策。体现为在企业管理及施工管理中，利用信息系统中已录入的数据，进行数据统计等分析，用于辅助决策，也包括一些自动化设备，如早期的建筑机器人。

3. 联想智能类

是当前较高级的智能建造，起源于 20 世纪 90 年代的地理信息系统（Geographic Information System，GIS）技术，以及进入 21 世纪以来 BIM 技术在建造过程中的应用，这使得计算机系统可以用于记忆带有语义的空间信息，不仅能使系统直观地展示设计结果、生产和施工过程以及运维管理操作空间，而且能使系统进行空间分析和工程量计算。这类应用相当于人的联想和计算能力在计算机系统中同时得到实现，可用于虚拟建造和精细化管理。

4. 综合智能类

是当前较高级的智能建造，起源于过去十多年来对计算机多方面能力的综合应用。信息一般采用传感器自动采集，通过软件系统进行大数据分析，或利用大数据进行人工智能学习，例如机器学习和深度学习。如果包含硬件系统，一般还具有实时控制功能，如施工安全检测系统、施工机器人系统、集成化施工平台等。甚至可以与 GIS 技术、BIM 技术以及三维激光扫描技术相结合，实现更具真实感的人机协同和更高水平的管理。

1.5　智能建造的应用

建造过程一般包含设计阶段、生产阶段以及施工阶段。另外，因为运营维护阶段的维护工作也包含设计、生产和施工等环节，也可将运营维护阶段（简称运维阶段）纳入建造过程。因此，按阶段划分，智能建造可划分为智能设计、智能生产、智能施工以及智能运维等方面。在每个方面都已经形成了一些应用热点。此外，智能装备和建筑产业互联网作为智能化系统，为上述两个或多个方面所共有，并且本身已经成为应用热点，所以在以下应用热点阐述中单独列出。

1.5.1 智能设计

目前，依据设计特征，智能设计的应用热点可分为标准化设计、参数化设计、基于BIM的性能化设计、基于BIM的协同设计以及BIM智能化审图等5个方面。

1. 标准化设计

包含设计元素标准化、设计流程标准化、设计产品标准化。目前有相当一部分建筑类型已经实现或正在实现标准化设计。以住宅设计为例，标准化户型、标准化空间、标准化装修等设计与管理流程的标准化已得到大量应用。

2. 参数化设计

指用若干参数描述几何形体、空间、表皮和结构，通过参数控制获得满足要求的设计结果。在建筑领域，参数化设计应用范围非常广泛。不论是国家体育场、上海中心大厦、北京大兴国际机场等重大项目，还是异形小艺术馆、售楼处等都有应用。

3. 基于BIM的性能化设计

利用BIM模型，建立性能化设计所需要的分析模型，并采用有限元、有限体积、热平衡方程等计算分析能力，对建筑若干方面的性能进行仿真，以评价设计项目的综合性能。主要应用在建筑室外环境性能化设计、建筑室内环境性能化设计、结构性能化设计等设计环节。

4. 基于BIM的协同设计

以BIM模型及承载的数据为基础，实现依托于一个信息模型及数据交互平台的项目全过程可视化、标准化以及高度协同化的设计组织形式。典型应用场景包括专业间协同，即在设计的各个专业之间，通过专业间智能提资进行协同的方式，如建筑结构模型转化、机电管线智能开孔与预留预埋等促进专业间协同。

5. BIM智能化审图

通过智能化系统，自动判别或辅助人工判别BIM模型中的设计信息与国家标准之间的符合情况，以及部分刚性指标的计算机智能审查，通过快速机审与人工审查协同配合，提高审图效率。目前在湖南、广州、南京等地已有实际应用。

1.5.2 智能生产

智能生产是智能建造的核心。其主要任务是通过应用智能化系统，实现相关制造资源的合理统筹，并通过数据技术驱动智能设备，实现建筑部品或部件的工业化制造。智能生产包含以下4个方面。

1. 基于BIM的部品或部件深化设计

进入生产阶段时基于施工图、应用BIM技术所进行的详细设计。部品或部件深化设计的主要内容包括确定安装专业的部品或部件分段分节方案、起重设备方案、安装临时措施、吊装方案等。另外，满足土建专业的钢筋开孔、连接器和连接板、混凝土浇筑孔、流淌孔，机电设备专业的预留孔洞以及幕墙和擦窗机专业的连接等技术要求。

2. 智能化部品或部件生产管理

通过智能化系统将企业的设计、生产、管理和控制的实时信息引入企业的生产和计划中，实现信息流的无缝集成，优化产品数据管理、生产计划与执行控制，提高管理水平。

3. 智能化部品或部件存储与运输管理

主要是在部品或部件从成品库存到施工现场之间，对车辆派送、路线、跟踪、监控等全过程进行专业化、数字化管理，实现物流全过程的自动化、网络化和优化。

4. 无人生产工厂

指全部生产活动由计算机进行控制，生产一线配有机器人而无需配备工人的工厂。这种工厂生产命令和原料从工厂一端输入，经过产品设计、工艺设计、生产加工和检验包装，最后从工厂另一端输出产品。所有工作都由计算机控制的机器人、数控机床、无人运输小车和自动化仓库实现，人不直接参加工作。

1.5.3 智能施工

智能施工主要是通过应用智能化系统，实现施工模式的转型升级。智能施工主要包括智慧工地、智能化施工工艺、装配式混凝土建筑智能化施工 3 个方面。

1. 智慧工地

以一种"更智慧"的方法改进工程项目各干系组织和岗位人员的交互方式，以便于提高交互的明确性、效率、灵活性和响应速度。智慧工地应用包括对工地的人员、施工机具、物料、施工方法、环境的智能化管理。

2. 智能化施工工艺

在满足工程质量的前提下，实现低资源消耗、低成本及短工期，最终获得高收益等目标，主要包括基于 BIM 的钢筋翻样和智能化加工、整体预制装配式机房智能化施工、集成厨卫智能化施工等。

3. 装配式混凝土建筑智能化施工

装配式混凝土建筑是指以工厂化生产的混凝土预制构件为主，通过现场装配的方式建造的混凝土结构类房屋建筑。通过装配式建筑智能化施工，可实现节能、环保、节材的目标，建筑品质好，施工工期短，后期方便维护。

1.5.4 智能运维

智能运维是通过应用智能化系统，进行建筑实体的综合管理，以便于为客户提供规范化、个性化服务。目前智能运维主要包含以下 5 个方面。

1. 智能化空间管理

针对不同的建筑空间，结合具体的需求场景进行立体化、虚拟化、智能化管理与应用，打造与整体建筑可感、可视、可管、可控的立体交互情景，形成一套完整的新型空间管理方式。面向的用户可能为大众，也可能为商户、物业管理方、空间权属方等。例如，针对商超、医院、园区等，已实现室内定位与导航、智慧停车、反向寻车、功能空间电子指引、虚拟全景空间展示等应用场景。

2. 智能化安防管理

安防管理针对防盗、防劫、防入侵、防破坏等方面开展管理工作，为人们创造安全、舒适的居住环境。智能化安防管理通过应用智能化系统，当出现异常或危险状况时，能够自动识别，通知管理人员，必要时进行报警。可高效开展对巡检人员的管理工作，确保巡检人员能够按时、按路线完成巡检工作。

3. 智能化设备管理

设备管理对设备进行全过程的科学管理，提高设备综合效率，以达到设备智能化和设备管理智能化。使设备具备感知功能、自行判断功能及行之有效的执行功能，并通过智能化系统的使用，提高设备管理效率。

4. 智能化能源管理

通过应用智能化系统，支持对楼宇内的所有能源的消耗情况的高效查看、分析，实现对楼宇内能源消耗情况的高效掌握，通过节能设计进行节能改造，降低楼宇内的能耗，为实现设备高效率、低能耗运行提供有效支持。

5. 智能化巡检管理

通过应用智能化系统，支持定期或随机流动性的检查巡视，包括检查建筑、设施设备、人员及环境情况，及时发现异常及问题，及时汇报并处理，实现对巡检数据的采集及分析，以及巡检全过程的可视化、规范化和网络化。

1.5.5 智能装备

智能装备是用于建造过程的智能化硬件系统。与建筑工程相关的智能装备主要包含智能模架系统、3D打印设备、建筑机器人等3个方面。

1. 智能模架系统

我国在20世纪70年代初研制了倒链式爬升模板，20世纪80年代成功开发了液压千斤顶式爬升模板。20世纪80年代末至90年代初，提出并研制了内筒外架整体爬升钢平台模架，成功应用于上海东方明珠电视塔等工程。20世纪90年代末至21世纪初，整体钢平台智能模架装备不断发展，开发了临时钢柱支撑式和劲性钢柱支撑式整体钢平台模架。目前，智能模架装备广泛应用于超高层建筑、电视塔、桥墩、水塔、大坝、筒仓、烟囱等领域。

2. 3D打印设备

该技术于2004年提出。3D打印设备可实现设计与成型一体化，如可以按照设计要求打印不规则墙体结构，与传统建筑物建造方式相比，可降低材料、设备及人工等成本，显著提升建造效率，缩短工期，做到节能减排。

3. 建筑机器人

1982年，日本开发了首台耐火材料喷涂机器人，被认为是首台建筑施工机器人。1994年和1996年，德国分别设计了墙体砌筑机器人和混凝土施工机器人。2014年，新加坡开发了地瓷砖铺设机器人。建筑机器人适用于各种恶劣环境，如安装外墙干挂石材和铺设钢筋混凝土预制板等高危险、重体力的施工。虽然我国建筑机器人研究起步较晚，但在政府、高校、科研院所和企业的共同努力下发展迅速。特别是近几年，大型房地产公司投入巨资研发系列建筑机器人，并取得了显著进展。

1.5.6 建筑产业互联网

建筑产业互联网是以机器、原材料、控制系统、信息系统、产品以及人之间的网络互联为基础，通过对建筑产业大数据的全面深度感知、实时传输交换、快速计算处理和高级建模分析，实现供应采购、协同设计、智能生产、智能施工、智能运维等生产和组织方式变革，对接融合工业互联网，形成全产业链融合一体的智能建造产业和应用生态。按照智能建造主要过程和现阶段平台实际发展应用对象划分，主要包括企业层的智能化协同设计平台、工程造价全过程智能化管理平台、智能化供应采购平台、建造全过程智能化管理平台以及监管层的智能化行业监管服务平台等5种类型。

1. 智能化协同设计平台

以智能化＋大数据＋模型为基础，面向建筑工程全生命周期信息化技术应用，立足于设计阶段的协同工作平台。平台由智能化设计软件、行业大数据信息库、云计算引擎组合而成。平台为基于BIM信息模型智能综合协同设计提供支撑。

2. 工程造价全过程智能化管理平台

支持依托于BIM技术开展全过程造价业务，支持咨询方为建设方提供精细化、智能化、数字化的咨询服务，提高建设方满意度，降本增效，打造新咨询服务能力。

3. 智能化供应采购平台

以大数据、区块链、物联网、人工智能等技术为依托，通过支持供应采购资源的网络互联、数据互通和系统互操作，实现采购供应资源的灵活和优化配置、采购供应过程的快速反应，达到资源的高效利用的目的。

4. 建造全过程智能化管理平台

实现施工全过程、全要素数字化管理，利用区块链"在不充分信任的实体之间建立互信共识机制"的核心价值，将建造全过程的关键数据上链，打通信息孤岛，提高参建各方的协同性和精准性，消除信息不对称，保障各方的利益并规范各方的行为，从而提升工程质量，实现工程建造的提质增效。

5. 智能化行业监管服务平台

在行业监管信息化、数字化管理的基础上，融合大数据、人工智能、物联网、区块链等主流技术，打通建设、勘察、设计、施工、监理、招标代理、造价咨询等全行业相关管理信息系统，以数据驱动赋能推动数字政府转型，实现建设行业互联网＋监管新模式。

1.6　智能建造的发展趋势

总体来看，目前智能建造还处于低水平阶段。随着智能建造的不断实践，必将逐步提升到更高水平。智能建造的发展归根结底是通过智能化系统的发展推动的，而后者需要一定的技术和管理上的突破支撑。一般来说，智能化系统主要可分为技术类智能化系统和管理类智能化系统两类。

1.6.1　智能建造技术方面

1. 满足建筑行业需求的3D打印技术

在现有3D打印技术的基础上，需解决应用体系、打印材料、打印设备等问题。例如，目前市场上可以买到的3D打印设备大多数是实验室用的，一般可打印的体积在$1m^3$以内，而在建筑工程中需要更大尺度的3D打印设备，而研制专门的打印设备需要对材料进行改性使之满足结构部件需求，保证打印的材料层间的黏结力，保证打印精度，优化打印头运动路径以及提高打印速度等一系列问题。

2. 不断发展的行业重器智能装备技术

这样的装备技术对于建筑行业和建筑企业，就如同先进制造生产线对于制造行业和制造企业一样重要。今后建筑行业和建筑企业需要更多满足现实需求、专门的智能装备。另外，这样的设备必须高效，否则利用意义不大。同样重要的是，它能够使大型公共建筑施工更安全，质量更有保证。

3. 更加实用的建筑自动化和机器人技术

在过去 40 多年中，关于建筑自动化和机器人的研究开发从数量上看相当多。但真正成功地应用在实际过程中的占不到总数的 10%，而从研究到实际应用往往会花上几年甚至十年的时间。近年来，BIM、3D 打印、计算机视觉、物联网、大数据、人工智能等新技术的迅速发展，使它们可以直接用于建筑行业的生产过程，同时也作为支撑技术为自动化和机器人技术的发展提供了有力支持。

4. 高度智能化建筑机器人技术

近年来，人工智能技术在认知方面取得了突破性进展。体现在可以用于更好地识别语音和图像。与语音识别相关的技术包括语音识别、自然语言处理等；与图像识别的相关技术包括机器视觉、指纹识别、人脸识别、视网膜识别、虹膜识别、掌纹识别等。与认知相关的综合智能的发展无疑为人工智能在建筑工程中的应用提供了新的可能性，使计算机可以像人一样感知周围环境，形成信息输入，并通过计算智能完成一定的工作，使建筑机器人具有更高的智能。

5. 面向智能建造的模块化技术

建筑工程的智能建造也可以从制造业的智能制造获得启发。建筑工程的施工顺序一般是先进行主体结构，然后进行围护结构，最后进行装修。随着建筑工业化的发展，行业开始分别采用装配式结构、装配式装修等技术。这种做法基本上还是在沿用传统的施工顺序。对比制造业，在技术上提出了更高的要求，即需要各构件之间的无缝衔接，因此在模块设计过程中 BIM 技术的应用必不可少。例如，在实现机电设备机房的装配式施工时，需要利用 BIM 模型，先在模型上尝试并确认将整体拆分成一个个模块，然后按所设计的模块在工厂里进行生产，最后在现场对模块进行组装。

1.6.2　智能建造管理方面

1. 全过程可视化管理

BIM 技术使人们在设计、施工以及运维过程中能将需要面对的对象在计算机中以形象直观的方式显示出来，从而解决人们依靠想象力难以把握复杂事物的问题。例如，在运维管理中，管理人员在 BIM 模型中可以任意切换到所关心的楼层，获得任意设备的信息，启动该设备，或者查看该设备迄今发生的所有维护维修记录。而维修人员在维修一个设备时，通过在 BIM 模型上查询该设备信息，并在维修后更新信息。

2. 基于数字孪生的决策支持

数字孪生既是一种理念和方法，是指对在计算机中建立的实际物体模型，该模型不仅可以反映所对应的物体形状，还可以用于对其物理特性和行为进行仿真，甚至实现虚实互动。目前，尽管数字孪生的概念已经形成，但在实际过程中，数字孪生应用和 BIM 应用两者还没有区别开。实际上，数字孪生应用是更加系统化的 BIM 应用。对于大型复杂工程，往往需要全面甚至实时的数字孪生应用。通过数字孪生应用可更好地进行项目决策，为建造过程带来最佳效益。

3. 基于企业大数据分析的决策支持

随着企业信息技术应用的开展，企业不断积累着越来越多的信息，其中包含企业承包过的工程项目的信息、工程项目管理信息以及企业管理信息等。一方面，这些信息在企业开展业务的过程中发挥着重要作用，另一方面，它们对今后企业的决策也有利用价值。通常使用商业智能（Business Intelligence，BI）工具，不仅支持按指定的数据提取项目自动地从已有的数据库中提取数据，并将其保存到数据仓库中，还提供各种分析功能、可视化功能等，以便于用户针对有用的数据进行用于支持决策的大数据分析。随着 BIM 应用的开展，设计企业会逐渐积累大量的 BIM 设计模型，新数据的加入使人们可期待更有效的企业大数据应用。

1.6.3 智能建造带来的机遇

建筑行业在发展过程中，逐步引入新技术，不断提高生产力水平。过去 40 年，建筑行业引入最重要的新技术包括 CAD 技术和信息化管理技术，极大地推动行业发展。智能建造是工程建设中系统应用新一代信息技术和新兴应用技术的建造模式，可以说，智能建造给建筑行业带来新机遇。

1. 带来先进的科学技术

智能建造有助于提高建筑行业的生产力水平。历史上，机械化生产替代手工劳动，电子系统和信息技术推动了生产自动化，每一次科技进步都带来了生产力的飞跃。智能建造作为新型建造模式，也应发挥类似作用，推动建筑行业的转型升级。在管理方面，智能化管理系统能够提升管理效率，真正实现效益优化。智能化管理系统使企业管理更加高效，企业能够通过信息化管理提升整体管理水平。以施工项目计划管理为例，传统的人工排程依赖于排程人员的经验，而智能化计划管理系统则仅需输入基础信息，系统会自动生成优化的计划，无论排程人员是否有经验，都能确保计划的最佳效果。在制造和施工阶段，智能化装备的应用能够显著提高工作效率、提升施工质量，并降低安全风险。例如，在超高层建筑施工中使用造楼机，工期可缩短至少 20％，同时施工质量和安全性也得到了保障。

2. 可解决建筑行业面临的急迫问题

建筑行业具有工作环境差、较危险的特点，对年轻人就业没有吸引力。据调查，目前劳务人员年龄超过 40 岁的占 60％以上，随着社会经济条件的改善，越来越少的年轻一代愿意参与施工，因此出现用工荒问题，随着时间的推移，该问题将更加严重。智能建造通过智能化系统，可实现完全取代人或少人化，且可改善操作环境、降低危险度。另外，有关资料显示，因施工中错误信息传递导致返工，使建筑工程中存在 30％的浪费。智能建造通过 BIM 等手段，可防止错误的信息传递，或通过信息共享减少甚至去除信息传递，从而避免返工，大幅度减少浪费，为企业带来效益。

1.6.4 智能建造带来的挑战

智能建造虽然美好，但不可能一蹴而就。从智能建造理念的提出，到完全实现的过程中，智能建造需运用一系列智能化系统来实施，而智能化系统需要人们利用新一代信息技术和新兴应用技术来实现。目前已出现部分智能化建造系统，如基于 BIM 的设计系统、造楼机、焊接机器人、3D 打印机、砌墙机器人等，通过利用这些系统，可帮助用户实现建造过程中局部的智能化，但要实现整个过程的智能化，仍存在一些主要挑战。

1. 需不断完善智能化系统

智能化系统刚诞生时需不断改进才能走向成功。以施工现场使用的焊接机器人为例，某机械化施工企业从开发出产品原型到完善使用，经历长达 8 年的过程。当然，若系统相对简单，花费的时间也会短些。

2. 需集成应用新技术开发智能化系统

建筑工程最显著的特性是建造场地的流动性、产品的单件性和多样性。因此，需开发和利用多种多样的系统。目前已存在的智能化系统远远不能满足智能建造的需求。同时，在智能化系统开发过程中，需充分集成应用新技术。因为如人类工作，需综合运用感知、记忆、计算、分析等能力，智能化系统同样需要具有这些能力才能替代人类，而每种能力对应到信息技术中，都有不同的技术与之对应。如对应于记忆能力可以有 BIM 技术、GIS 技术，对应于分析能力可以有大数据技术等。所以，智能化系统意味着多项信息技术的综合应用，不仅带来技术开发的难度，也会增加智能化系统的复杂度。

3. 需大量、有效的资源投入

实施智能建造首先要购入或开发各种智能化系统，但若仅购入智能化系统进行应用，即使能够形成企业竞争力，也很难持久，因为其他企业得知后会很快购入，并迅速获得该竞争力。为此，有条件的企业可自行开发，或与有关厂商联合开发，从而打造企业核心竞争力。但无论购入还是开发，都需企业投入资源。另外，企业为用好智能化系统，还需进行人员培训、应用示范；为加强领导，还需建立相关组织机构，这些工作同样需要投入资源。

1.6.5 企业如何发展智能建造

建筑企业应主动迎接智能建造带来的机遇和挑战，发展智能建造。但同其他事物一样，发展智能建造的前途是光明的，道路是曲折的。企业发展智能建造需把握全局、科学布局、有序推进。

（1）把握全局即深刻理解智能建造的发展历程、与信息化及 BIM 等应用的关系、包含的关键技术等；应结合企业的发展战略和现实需求，理解相关智能化系统现状和发展趋势，企业对实施智能建造的要求；应理解智能化系统开发的原理、步骤和方法等。

（2）科学布局即科学地确定企业的智能建造发展目标和实现路径。在把握全局的基础上，结合企业发展战略和现实需求，制定企业智能建造发展目标，并根据整体规划、分步执行的思路，确认智能建造的实现路径。

课 后 习 题

1-1 什么是智能建造？简要描述其主要特征和目标。

1-2 解释数字化建造在建筑行业中的作用。

1-3 说明人工智能如何在建造领域中发挥作用，并提供一些具体的应用案例。

1-4 智能建造的优势和挑战。

1-5 分析智能建造对项目效率和成本的潜在影响。

1-6 讨论智能建造可能面临的道德和隐私挑战。

1-7 讨论智能建造如何促进可持续建筑实践。

1-8 选择一个实际的智能建造项目，分析其成功因素和面临的挑战。描述该项目中使用的主要技术和工具，并评估其实际效果。

第 2 章　智能建造的教学体系与人才培养

2.1　智能建造教学体系的由来

近年来，我国建筑业发展迅速，据 2019 年统计，建筑业占国内生产总值的比例已超过 7%，成为国民经济重要支柱产业之一，是推动国民经济高速发展的重要引擎，为我国社会发展作出了重要贡献。一方面经过近三十年的发展，我国建筑规模已经超过美国跃升为世界第一，另一方面在重大工程建筑技术领域我国已经位于国际第一方阵，处于领先水平，取得了举世瞩目的成就。但是目前建筑行业总体的工业程度、信息水平、创新能力和研发水平还不高，但劳动强度、资源消耗、环境污染和安全风险却不低，与先进制造、信息技术、节能环保融合不够，智能装备不足。为加快建筑业向数字化、网络化和智能化方向转型升级，改变传统建筑行业粗放式、碎片式建造模式，推动建筑行业高质量发展，打造中国建造品牌形象，培养更多适应国家战略和行业升级要求的复合型人才，智能建造专业应运而生。

智能建造专业基于传统土木工程专业，是融合计算机技术、机械自动化、工程管理等专业而成的一门新生工科专业，"建造"是核心内容，"智能"是实施手段，专业领域涵盖智能规划与设计、智能装备与施工、智能运维与管理等。自 2017 年同济大学作为首所成功申报智能建造专业的高校，教育部于 2018 年、2019 年和 2020 年分别批准了 6 所、17 所和 23 所高校设立智能建造专业，目前全国已有百余所高校开设了"智能建造"专业。

2.2　智能建造教学体系的现状

智能建造专业是 2018 年由中华人民共和国教育部正式批准开设，以土木工程专业为基础，面向国家战略需求和建筑行业的转型升级，融合机械设计制造及其自动化、电子信息及其自动化和工程管理等专业发展而成的新工科专业。专业的培养目标和毕业要求如何确定，开设哪些课程，学生如何培养，尚无成熟经验可借鉴，因此，如何明确智能建造专业人才培养目标和构建毕业要求指标体系，设计出符合智能建造新工科专业人才培养需求的课程体系，是智能建造专业建设亟待解决的问题。

1. 智能建造专业人才培养目标

进入数字化时代，建筑行业要实现高质量发展，必须摆脱传统粗放式建造模式，跟上时代发展，加快智能建造水平的提升。2020 年 7 月，住房和城乡建设部等 13 部门联合印发的《关于推动智能建造与建筑工业化协同发展的指导意见》明确提出，以大力发展建筑工业化为载体，以数字化、智能化升级为动力，创新突破相关核心技术，加大智能建造在工程建设各环节的应用。培养高水平智能建造人才是推动行业变革的重要保障。

智能建造是一个多学科交叉的新兴专业，培养目标是使学生在掌握传统土木工程基础知识的同时，融入计算机科学、机械工程、人工智能、大数据和物联网等前沿技术。因此，智能建造人才的培养不仅注重知识掌握，更侧重能力培养和综合素养提升。基于广泛调研和论证，结合学校定位和行业需求，智能建造专业培养目标为：培养具有坚定理想信念、全面发展、扎实的自然科学、工程科学基础，掌握土木工程知识和智能建造基本原理，具备创新能力、组织协调能力、团队合作精神，能在智能测绘、智能设计、智能施工、智能运维等领域应用现代技术，解决复杂工程问题，具备国际视野的创新型复合人才。学生毕业后经过 5 年左右的锻炼，能达到如下要求。

目标 1：具有良好的人文社会科学素养，能够非常熟练地将数学、自然科学、工程基础理论和专业知识用于解决智能建造专业的复杂工程问题上。

目标 2：具有从事土木工程相关领域的智能测绘、智能设计、智能施工和智能运维与管理等专业技术能力。

目标 3：具有较强的组织管理与协调领导能力，能在解决智能建造专业复杂工程问题中担任技术负责人、项目负责人等重要角色。

目标 4：了解智能建造相关专业国际前沿和发展趋势，具有一定的国际视野、创新意识和终身学习的能力。

目标 5：具有良好的职业道德修养与较强的社会责任感，热爱祖国、身心健康和具有愿为国家富强、民族振兴服务的家国情怀。

2. 智能建造专业毕业要求

目前我国高等教育推行的是工程教育认证理念，"成果导向"是工程教育认证的核心理念之一，其强调的是学生毕业走向工作岗位时应具备什么样的素质和能力使其能达到行业认可的标准，这是遵循工程教育认证理念进行专业人才培养的出发点和考核点。

《工程教育认证标准》T/CEEAA 001—2022 明确提出"专业应有明确、公开、可衡量的毕业要求，毕业要求应能支撑培养目标的达成"。本专业按照培养目标对知识、能力和素质的要求，结合《工程教育认证标准》T/CEEAA 001—2022，提出了全面支撑培养目标的 12 项毕业要求，如表 2-1 所示。并遵循"明确、可衡量、覆盖、支撑"的原则，将 12 项基本毕业要求分解为一系列考查指标点，构建了 12 个一级指标和 34 个二级指标的毕业要求指标体系，如表 2-2 所示。其中二级指标是对一级指标的细化和分解，用于全面系统地评价毕业要求，并据此进行毕业要求达成分析与持续改进。

毕业要求与培养目标的支撑关系矩阵 表 2-1

毕业要求	培养目标				
	目标 1	目标 2	目标 3	目标 4	目标 5
1. 工程知识的掌握及应用	H	M	M	L	L
2. 复杂智能建造工程问题的识别和分析能力	H	M	M	L	L
3. 复杂工程问题解决方案的设计能力	M	H	M	M	L
4. 基于智能建造科学原理和方法的研究能力	M	H	M	M	L
5. 使用现代工具解决智能建造复杂工程问题	M	H	M	M	L
6. 对工程与社会影响的评估能力	L	M	M	H	H
7. 环境和可持续发展意识	L	M	H	M	M

毕业要求	培养目标				
	目标 1	目标 2	目标 3	目标 4	目标 5
8. 智能建造职业规范素养	L	M	H	M	H
9. 个人和团队协同工作素养	L	M	H	L	M
10. 有效沟通和交流能力	L	M	H	M	M
11. 项目管理能力	L	M	H	L	L
12. 终身学习能力	M	M	M	H	L

注：表中 H 代表强支撑；M 代表中度支撑；L 代表弱支撑。

毕业要求指标体系 表 2-2

一级指标	二级指标
1. 工程知识的掌握及应用	1.1 智能建造专业所需要的数学和自然科学知识的掌握和应用； 1.2 智能建造专业所需要的力学基础知识的掌握和应用； 1.3 智能建造专业所需要的专业知识的掌握和应用； 1.4 针对工程问题建立数学模型并求解的能力
2. 复杂智能建造工程问题的识别和分析能力	2.1 应用数学、自然科学的基本原理进行分析的能力； 2.2 应用力学基础知识进行分析的能力； 2.3 运用专业知识识别和表达复杂工程问题的能力； 2.4 运用智能建造基本原理分析复杂工程问题的能力
3. 复杂工程问题解决方案的设计能力	3.1 能够设计满足土木工程特定需求的构件、节点和构造； 3.2 能够进行结构体系及施工工艺流程及方案的设计； 3.3 能够运用新材料、新工艺和新技术，并体现创新意识； 3.4 能够综合考虑相互冲突性的多方面因素影响
4. 基于智能建造科学原理和方法的研究能力	4.1 掌握智能建造专业相关实验的基本原理与方法； 4.2 能够选择科学合理的研究路线，设计相应的实验方案； 4.3 能够构建相关实验系统，正确、安全地开展实验； 4.4 能够对实验结果进行分析和解释，获得合理有效的结论
5. 使用现代工具解决智能建造复杂工程问题	5.1 掌握智能建造专业必需的制图、建模和测量的原理与方法； 5.2 能够选择与使用恰当的技术、资源、现代工程工具和信息技术工具，将其应用于解决复杂工程问题的特定需求； 5.3 能够开发或选用满足特定需求的现代工程工具和信息技术工具，并能够在应用中分析其局限性
6. 对工程与社会影响的评估能力	6.1 能综合有关背景知识理解不同社会文化对工程活动的影响； 6.2 能够充分认识在工程项目全过程中智能建造工程师对公众健康、公共安全、社会和文化，以及法律等方面应承担的责任
7. 环境和可持续发展意识	7.1 理解智能建造专业对环境和可持续发展方面的保障作用； 7.2 能够正确评价工程实践对环境、社会可持续发展的影响

一级指标	二级指标
8. 智能建造职业规范素养	8.1　树立社会主义核心价值观及正确的世界观、人生观，掌握一定的劳动技能，崇尚劳动，养成劳动的良好习惯； 8.2　理解工程职业道德和行为规范； 8.3　理解智能建造工程师的社会责任
9. 个人和团队协同工作素养	9.1　能够处理好工程项目管理过程中个人与团队的关系； 9.2　能够独立或合作解决复杂工程问题
10. 有效沟通和交流能力	10.1　能够就智能建造复杂工程问题进行有效沟通和交流； 10.2　具备国际视野，能够在跨文化背景下进行沟通和交流
11. 项目管理能力	11.1　理解并掌握工程管理基本原理，具有一定的领导能力； 11.2　具备对工程项目进行技术经济分析的基本技能
12. 终身学习能力	12.1　认识终身学习的重要性，具有自主学习的能力； 12.2　具有适应行业发展及创新的能力

2.3　智能建造的专业课程体系

2.3.1　智能建造专业课程体系

毕业要求指标点的达成需要通过课程的达成来进行支持，因此，智能建造专业人才培养是依托建立科学合理的课程体系实现的。专业培养目标和毕业要求明确的是"培养什么样的人"的问题，而课程体系及其相应的课程教学内容、教学方法和考核方式则解决"怎么样培养人"的问题。因此明确了培养目标和毕业要求之后，必须以此为导向来设计课程体系，且课程体系设置必须实现对所有毕业要求的合理支撑。

1. 课程体系的设计原则

1) 符合工程教育认证要求

根据《工程教育认证标准》T/CEEAA 001—2022 的要求，课程设置必须能够支持毕业要求的达成，即整个课程体系要能够支撑全部的毕业要求，实现对毕业要求 12 个一级指标和 34 个二级指标的全覆盖。此外，数学与自然科学类课程学分至少占专业总学分的15%，工程基础类课程、专业基础类课程与专业类课程学分至少占专业总学分的 30%，工程实践与毕业设计（论文）学分至少占专业总学分的 20%，人文社会科学类通识教育课程学分至少占专业总学分的 15%。

2) 培养的学生要具备 T 形的知识结构

丁烈云院士指出，智能建造专业培养的学生要具备 T 形的知识结构，因此专业课程体系的设置既要有体现多学科知识的交叉融合，使学生掌握各种工业化、信息化和智能化的建造手段与新兴技术，拓宽 T 形知识结构中的"一横"，同时，又要使学生具备扎实的土木工程设计、建造和运维知识，培养学生运用多种现代化技术手段有效解决复杂土木工程问题的能力，加深 T 形知识结构中的"一竖"。

3) 多方参与，持续改进

智能建造专业培养的是国家战略实施和行业转型升级所急需的专业人才，因此课程体系的设置必须通过多种方式邀请来自行业和企业的专家参与，听取来自行业发展和企业需求的多方反馈意见，并将其融入课程体系和教学内容的设置中。同时，在学生毕业后将组织实施毕业要求达成分析，并结合对毕业生与用人单位的问卷调查和行业、企业专家参加的研讨会，对课程体系的设置进行持续改进。

2. 课程体系的具体设置内容

根据培养目标和毕业要求，按照上述课程体系的设计原则，智能建造专业课程体系设置如下。

1）数学与自然科学类课程

此部分包括高等数学、线性代数、大学物理、大学物理实验、概率论与数理统计及计算机技术等课程，主要使学生能够应用数学、自然科学的基本原理准确识别复杂工程问题，并将其用数学和自然科学知识加以描述或建模，进而能选择合适的方法进行分析和求解。

2）人文社会科学类通识教育课程

此部分包括思想政治理论模块、大学外语、国家安全、大学体育、大学美育、劳动教育、健康教育及公共选修课等课程，主要使学生树立社会主义核心价值观及正确的世界观、人生观，了解中国国情，培养学生具有良好的道德修养、审美素养和社会责任感，养成劳动的良好习惯。能够充分认识在工程项目全过程中，作为智能建造工程师对公众健康、公共安全、社会、文化、法律及环境等方面应承担的责任。具备一定的国际视野，能够在跨文化背景下进行语言及书面沟通和交流。

3）工程基础类课程、专业基础类课程与专业类课程

本专业开设的学科基础类课程和工程基础类课程有工程力学、数据库原理、机械设计基础、土木工程制图与 CAD 和 BIM 技术基础及工程应用。开设的专业基础类课程有智能建造概论、智能测绘、土木工程材料、土力学与地基基础、结构力学、混凝土结构设计原理、钢结构设计原理、自动控制原理和土木工程试验与检测。开设的专业必修课有房屋建筑学、传感器及智能感知、土木工程智能施工、装配式建筑设计、土木工程概预算和建筑智能运维与管理，开设的专业选修课有云计算与虚拟化技术、结构工程大数据应用、人工智能技术、建筑物联网技术、智能建造机械与装备、建筑能耗模拟分析、工程项目经济管理与法规、结构设计软件、工程结构抗震与智能防灾减灾、高层建筑结构设计、大跨度空间结构、工程地质和弹性力学与有限元。通过上述课程设置，使学生能够掌握扎实的土木工程建造的知识和本领，同时，又能利用多学科交叉融合的新技术、新方法创造性地解决智能建造领域复杂的工程问题。

在上述课程中，遴选出最能体现本专业人才培养能力要求的 10 门课程作为专业核心课，分别为强化土木工程设计和建造能力的工程力学、结构力学、混凝土结构设计原理、钢结构设计原理、房屋建筑学和土木工程智能施工；强化建筑工业化建造能力的装配式建筑设计；强化建筑信息化建造能力的 BIM 技术基础及工程应用；强化建筑智能化建造能力的自动控制原理、传感器及智能感知。所有核心课都设置为 3 学分以上的必修考试课。此外，每门核心课设置 2 个课程训练项目，每个课程训练项目的任务量和形式相当于一个为期一周的课程设计，要求课程讲完一个完整的知识单元后，根据需要布置该训练项目，

学生利用课余时间完成，以答辩形式验收，课程训练项目的成绩计入课程期末总成绩，以此培养学生的设计能力、建模能力、编程能力、团队协作能力及查阅文献和撰写报告能力，从而进一步提高学生解决智能建造领域复杂工程问题的综合实践能力。

4）工程实践与毕业设计（论文）

此部分包括认识实习、智能测绘实习、生产实习、工程训练、毕业实习及毕业设计（论文）。此外，由于一些传统的课程设计已经以课程训练项目的方式融入了课程，因此，在课程设计环节就不再重复设置，利用空余出来的学分开设了3个涵盖多门相关课程的综合类课程设计：房屋建筑结构综合设计（涵盖结构力学、房屋建筑学、混凝土结构设计原理和钢结构设计原理等课程，学时为4周）、BIM 5D施工综合课程设计（涵盖BIM技术基础及工程应用、房屋建筑学和土木工程智能施工等课程，学时为3周）和土木工程概预算与经济评价课程设计（涵盖土木工程概预算、工程项目经济管理与法规和建筑智能运维与管理等课程，学时为3周），通过这些实践类课程培养学生的工程意识、实践能力、创新能力、协作精神，以及综合应用所学知识解决实际问题的能力。

课程体系中的每门课程在教学大纲中均设有明确的课程目标，每个课程目标均有对应支撑的毕业要求指标点（对应到二级指标），所有课程的课程目标可实现对毕业要求指标体系的全覆盖，限于篇幅，文中没有列出各课程对毕业要求指标体系的支撑关系。

2.3.2 智能建造专业课程开设现状

同济大学是第一个获批建设智能建造专业的学校，在随后的3年，获批的院校也逐年增多。其中，在2022年发布的"软科中国大学专业排名"中，智能建造专业共有35所学校上榜，高校智能建造专业开设情况如表2-3所示。

高校智能建造专业开设情况 表 2-3

年份	获批建设智能建造专业的院校
2017	同济大学
2018	北京建筑大学、青岛理工大学、北方工业大学、沈阳城市建设学院、青岛理工琴岛学院、西安欧亚学院
2019	东南大学、华中科技大学、北京工业大学、福州大学、河北工业大学、安徽理工大学、天津城建大学、福州工程学院、内蒙古科技大学、吉林建筑科技学院、沈阳工学院、长春工程学院、福州外语外贸学院、青岛黄海学院、郑州工程技术学院、重庆大学城市科技学院、银川能源学院
2020	哈尔滨工业大学、重庆大学、西南交通大学、沈阳建筑大学、湖北工业大学、河北大学、长江大学、辽宁科技大学、辽宁工程技术大学、福建农林大学、长沙理工大学、皖西学院、长春工业大学人文信息学院、闽南理工学院、南昌工学院、齐鲁理工学院、华南理工大学广州学院、哈尔滨学院、湖北理工学院、武昌首义学院、武昌理工学院、武昌工学院、南京工程学院

经过分析同济大学、华中科技大学相关高校课程设置情况，表明现有的培养方案、开设的课程突出培养学生感知本专业科技前沿的初步能力、利用科学的思维和科学研究的基本方法，获取专业知识、提出问题、综合分析问题和解决问题的基本能力和创新意识与能力；并且课程体系的设置中包含的智能建造专业的基础知识、基本理论和基本技能的课程所占比重还不够高。现有培养体系教育更注重理论化，开设智能建造专业是为了解决现有建筑业难题，以及推动建筑业向数字化、信息化改革，因此需要从实际问题出发，面向建

造行业产生的问题，以实践项目作为依托，重视实践能力培养。

国内一批重点高校相继申请并获批设立智能建造学科，相关专业点数量快速增长，迫切需要针对智能建造专业实施针对性的课程改革及人才培养，建立一个可引领各高校智能建造专业的课程体系。"一流专业"建设与智能建造专业改革双向促进。以推进智能建造专业成为"新工科"一流专业为目标，促进智能建造专业建设；智能建造课程体系成功改革后，可以为专业建设提供参考，成为"一流专业"，为社会培养科技创新型人才。

2.4 智能建造的人才培养

为推动建筑业加快转型升级，住房和城乡建设部等 13 部门于 2020 年 7 月联合印发了《关于推动智能建造与建筑工业化协同发展的指导意见》，指出要围绕建筑业高质量发展总体目标，以大力发展建筑工业化为载体，以数字化、智能化升级为动力，创新突破相关核心技术，加大智能建造在工程建设各环节应用，形成涵盖科研、设计、生产加工、施工装配、运营等全产业链融合一体的智能建造产业体系。打造智能建造产业体系，人才必不可少，目前智能建造人才培养上还存在诸多问题。

2.4.1 传统工程教育模式固化

传统的工程教育模式相对僵化，教学模式变化细微、适应性差，新理论、新技术、新方法等契合行业需求的内容不能及时纳入教学体系中。原因是为保证人才培养的稳定性，传统的土木工程专业教学在培养方案、教学内容、教学计划等往往只做细微调整，变化不大，形成了相对稳定固化的模式，新理论、新技术、新方法更新慢，与实际脱轨严重，而企业运营随市场及时调整，具有短、平、快的特点，对新技术敏感，响应快、时效强。因此，传统的土木工程专业教育难以跟上产业变革和社会需求，学校人才培养与产业实际需求之间存在较大供需差异，现行的高校工程教育模式在现阶段已经难以培养完美匹配实际产业需求的人才。同时，高校科研工作与实际产业需求相对割裂，融合不深、互动不足，科研成果难以转化为产业发展所需的实际成果，实际产业发展的最新理论、技术和知识也难以及时更新到教育教学和人才培养过程中。而新一轮科技革命和产业变革形势下作为新工科的智能建造专业与科技革命和产业变革紧密契合、深度交融，传统的工程教育模式已经不能满足智能建造专业新工科综合素质和能力的培养。

2.4.2 新兴学科交叉融合不足

智能建造专业作为一门新生本科专业，在新一轮科技革命与产业变革背景下应运而生，与新一代信息技术深度交叉融合，要求不仅需要学习传统的土木工程，还要融合计算机技术、机械自动化、工程管理等学科，智能建造要求的学科交叉融合并不是这些学科的简单叠加或者直接拼盘，而是要打破传统的学科界限、突破传统的制度束缚，营造多学科交叉融合的氛围，熟练掌握并灵活应用多学科知识，实现传统土木工程的数字化、网络化和智能化，实现由传统的实物产品到实物产品加数字产品的转变。而目前，土木工程与这些新兴学科的交叉融合明显不足甚至明显缺失，原因在于掌握这些新兴学科知识并能融会贯通的教师较为缺乏，导致懂土木工程的不懂新兴学科，会新兴学科的不会土木工程专业知识，相互割裂的教授不能真正做到交叉融合，影响了学生对智能建造专业知识的深度探究和融会贯通。

2.4.3　学生创新创业能力不高

智能建造专业作为新一轮科技革命和产业变革形势下的新生工科专业，与创新创业关系密切。目前虽然高校对创新创业工作非常重视，宣传力度很大，配套政策也较为齐全，但学生受传统观念的束缚，创新创业的热情一直不高，大多数学生把创新创业作为满足毕业学分的需要对待，创新创业的积极性和主动性明显不足，对智能建造专业创新型人才的培养产生了诸多不利影响。同时，高校创新创业教育师资明显不足，目前高校从事创新创业教育的教师多为非专职教师，无论是创新创业教育理论知识，还是企业创建和风险评估等实践操作方面都与专职教师存在较大的差距，直接影响了学生创新创业能力的塑造与提升。特别是在数字化、信息化和智能化土木工程创新创业方面涉足很少，介入较浅，与智能建造所要求的多学科交叉融合创新还相距甚远，这也是智能建造专业教育顺利实施和有效培养的痛点和难点之一。

2.4.4　数字网络技术影响深刻

当代学生与以往学生截然不同，当代大学生成长于数字化网络时代，主要借助数字技术来认识世界、体验成长，习惯于网络环境搜寻信息、获取知识，是较为典型的虚拟环境学习者，长期浸润于并习惯于计算机控制的虚拟环境，个人感受与现实世界脱节严重，具有虚拟感强的显著特征，与以往学生相比拥有完全不同的认知体系和思维模式。

2.5　智能建造的教学改革趋势

2.5.1　重构课程教学体系

智能建造以"建造"为核心内容，以"智能"为实施手段，针对智能建造专业要求和应用型本科高校特点，在传统的土木工程课程体系的基础上对智能建造的课程体系进行了重新构建，专业核心课程中，原有的土木工程专业核心课程得以保留，如建筑力学、土木工程材料、土力学与基础工程、混凝土结构设计原理、钢结构、土木工程施工、装配式结构设计等，同时增加了信息技术、人工智能等专业的相关课程，如 PYTHON 编程基础、Java 编程基础、物联网与人工智能、云计算和数据挖掘、软件工程等，以确保能以信息技术等手段支撑高质量智能建造的实施。

智能建造属于交叉融合的新兴工科专业，实践课程相对较多。按实践阶段可将实践课程分为学科基础实践、专业核心实践、学科方向实践和综合训练实践等课程；按学科分类可将实践内容分为土木工程、信息工程、机械工程等实践内容。实践环节不是对内容的简单叠加或直接拼盘，而是知识的交叉融合和重新构造，是应用其他新兴学科知识解决新形势下的土木工程问题。

2.5.2　改革传统教学模式

传统教学中采用以"教"为中心的模式，学生的主动性、积极性和创造性难以充分发挥，为充分激发学生学习的潜能，采用以"学"为中心的教学模式，营造以学生为中心的主动教学环境。从传统的被动教学转变为积极的主动学习，从以教师为中心的教学方法向以学生为中心的学习活动转变，从被动接收和记忆信息的浅层学习转变为使用高级认知技能处理信息和构建长期深刻理解的深度学习，激发了学习潜能，提高了学习效果。

信息技术的迅速发展，给传统的课堂教学带来了重大影响，既有机遇也有挑战。基于信息技术的在线教学既有互联网实时、共享、便捷的优点，同时也具有传统课堂当面沟通直接有效的特点，这种混合式的学习方式可以针对学习需求提出解决方法，不受时间和空间限制，节省学习时间，符合当代大学生学习特点，有助于提高学习效果。此外，科技的发展使得虚拟学习成为可能，它集成了多媒体工具，拥有课程资源链接、在线作业与考试、在线实验与研究等多种功能，具有物理环境和虚拟环境相融合的优点。

2.5.3 搭建校企合作平台

企业直接与市场联通，企业研发和技术实力能及时响应市场需求。通过搭建学校与企业合作平台，充分利用企业的资本、人才、软硬件设备、项目、技术和管理，既能解决高校实验设备、实践基地、实践师资或实训项目相对缺乏的窘境，又能将人才培养紧贴产业需求，使学生了解最新的产业动态、趋势、技术等，有效提升新工科复合型人才培养效果，做到按产业需求进行人才培养。

做好校企合作首先要坚持面向智能建造产业和国家发展需求来优选合作企业，实现与建筑产业转型升级紧密结合，做到教育与产业联动发展，为人才培养提供实践训练平台。其次，是要将校企合作贯穿人才培养全过程，从培养方案、课程标准、课程资源、师资队伍、实训基地、教育教学、效果评价等方面做到学校与企业深度融合、联动培养，共同促进智能建造人才的创新创业和职业发展。此外，坚持校企合作优势资源互补，企业以资金、技术、管理等参与学校人才培养、创新创业、社会服务等，学校为企业提供场地设备、研究成果、师资资源等，实现校企合作资源共享、协同发展、双促共赢。

2.5.4 重视创新创业实践

智能建造专业是一个多学科交叉融合的新生专业，与大数据、云计算、物联网、人工智能等新兴学科或热门学科密切相关，契合当下中国制造数字化、网络化、智能化的发展趋势和战略需求，也为创新创业实践创造了宝贵的机遇。创新创业实践不仅需要扎实的专业知识、出色的实践能力、较强的创新意识，还要满足社会实际需求，因此能较好地促进智能建造高素质复合型人才的培养。

高校重视学生创新创业能力的培养，首先应建立创新创业良好体制与氛围，健全和完善创新创业教育的制度和措施，打破二级单位相对封闭隔离的禁锢，形成创新创业良好的氛围，引导和激励广大师生重视和热爱创新创业工作。其次，应加强创新创业师资力量的培养与引入，包括企业导师或专家的引入，缓解创新创业教育专职教师缺乏和能力水平低下的现状。再次，要加大创新创业投入，建设良好的创新创业平台，设立更多创新创业实践基地，为创新创业教育提供良好保障。最后，要紧密契合社会需求开展创新创业教育，无论是实践课程、学科竞赛，还是创新创业项目，以培养适应建筑行业转型升级的创新型人才。

2.5.5 构建育人协同机制

以立德树人为根本任务，构建育人环境协同、育人主体协同和育人资源协同的智能建造人才培养育人协同机制，做到全员、全过程和全方位育人。

坚持把思政教育融入教育教学全过程，特别是社会主义核心价值观教育贯穿于教书育人过程中，弘扬中华民族优秀文化和社会主义先进文化，充分发挥优秀文化的育人功能和引领作用，为社会主义培养合格建设者和可靠接班人。

构建个人-家庭-学校-社会"四维并举"育人主体协同机制，营造师生并肩育人氛围，发掘家长基础保障功能，增强学校监督管理作用，强化社会服务引领，形成多维度全员、全方位的育人主体协同机制。

充分整合学校资源，依托土木学院、机械学院、计算机学院，联合创新创业学院，共同参与人才培养全过程，创新多学科交叉融合与多部门联合的协同育人机制。具体措施包括创建多学科联合实践中心、建立多学科研究团队、开放共享校内实验室、提升教师新工科教育教学能力、开展创新创业教育培训、校外基地专家实践交流、形成多学科多部门合作机制等。

课 后 习 题

2-1 简述机电一体化技术在智能建造应用的优势。

2-2 简述机电一体化技术的发展现状与未来的发展趋势。

2-3 选择一个实际案例分析其机电一体化技术的具体应用。

2-4 简述传感器技术在建筑工地上的使用。

第3章 设计阶段的智能建造

3.1 智能设计概述

建筑行业，尤其是高性能设计领域，长期以来采用基于计算机的性能分析方法，主要用于建筑材料和能源使用的评估，然而，空间效率评估仍不常见。设计规定一定的程序和流通设备的固定百分比，这些总和形成整体建筑体量，而体量与程序分布之间的空间关系相当复杂。

随着第四次工业革命（4IR）技术的融合，全球建筑业正向数字化建筑系统转型，包括网络物理系统、机器人技术、人工智能（AI）和大数据。这些技术促进了智能建造的发展，定义为在建筑中集成自动化和信息技术，以应对成本、质量、安全和可持续性等工程挑战。尽管智能建造技术的概念广泛，但对其定义的意见各异。

智能建造技术的优势包括效率、质量和安全性。然而，环境限制和建筑工地的可变性使得一些利益相关者对其应用持负面看法。提高智能建造技术适用性需满足以下条件：（1）技术应为建筑领域的所有利益相关者提供实用性；（2）开发和使用成本应较低。

从消费者角度开发有效的智能建造技术需进行优先分析，识别当前应用的局限性，并投资克服这些限制。有效利用开发资源降低技术目标的总体开发成本。确定智能建造技术的优先次序，反映客户需求，并确定未来改进方向，满足提高智能建造技术适用性的条件。如果智能建造技术在项目中得到广泛应用，将提升施工现场的效率、质量和安全性。

3.2 建筑设计发展进程

3.2.1 建筑设计范式

1962年，库恩在吸收当时科学史、科学哲学、心理学和社会学等学科最新发展的基础上，批判性地继承了波普尔的观点，提出了"范式"这一科学哲学概念和动态科学发展模式。他认为，科学的发展是常规科学时期"量的累积"与科学革命时期"质的飞跃"交替出现的动态过程，科学革命是推动科学发展的根本动力，其实质是范式的革命。在他看来，范式至少包括四个层次：科学共同体成员的科学思想观念；在这种观念指引下形成的基本理论、概念和定义；在具体工作中使用的方法、工具和实验步骤；以及基于这些的具体解题范例。这些共同构成了范式的基本内容，范式内容的转换则标志着范式的革命。

勒·柯布西耶和布鲁诺·赛维指出，从古典主义到现代主义的转变可以被视为建筑设计的革命，水晶宫的设计和建造开启了这种革命式的转变。勃罗德彭特在《建筑设计与人文科学》一书中提出"范例"一词，强调某一特定时期设计的"范例"包括技术知识、职业技巧、意识形态及典型实例（如柯布西耶的作品）。帕特里克·舒马赫则将"设计研究程式"类比为科学范式，认为其推动了新的概念架构、目标和方法的发展。建筑学的创新伴随着设计研究程式内部的演变而推进，这些建筑学家的研究表明，建筑设计确实存在着一定的"范例"或"程式"，而这些"范例"或"程式"的变革则是建筑设计革命的核心。尽管这些研究揭示了建筑设计的"范例"及其变革的性质，但对其的明确定义及系统框架的构建仍显不足。结合库恩的范式理论，可以将建筑设计历史演进的本质归纳为设计范式的演进，范式的变革标志着建筑设计领域的革命。建筑设计范式的基本内容包括建筑师在某一时期持有的共同建筑设计观念和设计理论、所采用的设计方法、应用的技术工具、具体的设计操作流程以及在此基础上产生的设计产品。在这其中，技术工具的变革，尤其是近年来引发社会历史性变革的数字技术，深刻影响建筑设计者的思维模式、设计交流与表达方式。工具、仪器的使用和操作程序贯穿整个设计流程，深刻影响建筑设计的本质，成为建筑设计范式变革的根本推动力。因此，对数字技术参与下设计方法和流程的系统研究，成为建筑设计范式研究的核心内容。

3.2.2 理性化设计观念的发展与设计方法的早期探索

早在文艺复兴时期，建筑师希望借助古典的比例重塑理想中古典社会的协调秩序，形成了以"古典理性"为核心的唯理主义建筑思想。18 世纪，强调"科学理性"的欧洲启蒙运动出现，其理性本质转向功能合理性与结构真实性。科学理性观念开始影响建筑设计领域。发展至 20 世纪，高迪等建筑师对力学规律有了新的理解，开始采用模型实验方法研究建筑在自然条件约束下的自动构型过程。20 世纪初，现代建筑运动引进以功能主义为核心、以工业化为基础的新的设计秩序，俄国构成主义、荷兰风格派兴起，以科学、理性的方法进行各领域的研究成为趋势，引导了建筑设计科学化发展的新方向。勒·柯布西耶、瓦尔特·格罗皮乌斯、朱塞普·特拉尼等现代派建筑师开始将模块（module）、模数（modulus）等概念应用到建筑设计中。20 世纪 30 年代初至二战结束后，模块化的思想扩展到建造领域，模块化建筑和插件城市等概念出现。富勒的戴马克松住宅（Dymaxion House）在模数化平面的基础上实现了建筑配件预制造、资源自循环，模数化系统向着集成度更高的方向发展。总的来说，这些尝试侧重于对设计观念、建筑技术的革命，缺乏对具体设计方法的深入研究，但可以看作是对理性化、科学化等设计思想的追求和对自动化设计流程的早期探索，为 20 世纪 60 年代建筑设计范式的变革奠定了基础。

3.2.3 数字技术背景下建筑设计范式的演进历程

20 世纪 30 年代，从著名的英国密码破译程序开始，计算机科学研究在军事、航空等工程学领域广泛展开。二战后，社会需求愈加复杂，设计要素不断膨胀，单纯强调功能和技术的方法已难以应对复杂的设计问题系统。以系统论为主要原理、结合近现代数学物理方法与信息科学技术等现代研究工具的系统科学在这一时期广泛传播，为研究复杂系统的性质、结构、功能关系和演化规律提供了新方法。同时，以自动化、信息化和智能化为特征的新兴数字技术在各领域不断普及并开始应用到建筑设计中。剑桥大学建筑学院、哈佛大学和麻省理工学院的城市研究联合中心及麻省理工学院的建筑机械小组（AMG）等建筑研究中心借助以 IBM7090 为代表的计算机进行代数运算、需求分析和交通模拟等多种建筑设计应用研究。这些对计算机的早期研究学习、初步尝试和对计算机潜力的预测深刻影响了这批建筑师的设计观念和思想，为范式的变革奠定了基础。在多元文化交融，科学、哲学和技术不断突破发展的大背景和行业需求的推动下，建筑学科开始对设计方法、设计流程进行深刻反思与全新研究。根据建筑设计观念、方法、工具、产品形式的不同，这一历程可划分为既有继承又有变革的三个阶段。

1. 手工模拟阶段

1960 年起，系统论和信息论让研究焦点从"部分"转向复杂系统的"整体"，并关注系统的非平衡态与自组织。系统的自动化成为核心目标，而流程自动化是实现整体自动化的关键。受此影响，设计观念逐渐向系统化、自动化发展。1962 年，设计方法运动兴起，琼斯、亚历山大、彼得·艾森曼和弗雷·奥托等提出运用计算机技术与管理理论，将设计过程科学化、数学化，构建以问题解决、流程管理为核心的设计方法。他们认为建筑设计应通过系统化的设计过程自我验证，将流程划分为分析、综合、评估和反馈四个环节。

在工具方面，1958 年埃乐贝建筑师事务所首次将 Bendix G15 电子计算机引入建筑设计领域，开启了数字技术在建筑中的应用。1963 年，集数据处理与图形显示功能于一体的 Sketchpad 出现，标志着第一代计算机辅助设计（CAAD）系统的诞生。20 世纪 80 年代，AutoCAD 推出并普及，计算机技术进入从策划、设计到建造的全过程应用，成为 CAAD 发展的历史性转折点。

除了简单的计算机操作外，一些建筑师将数字技术与数学、物理实验结合进行设计研究。1967 年，剑桥大学建筑科学研究中心成立，马奇使用布尔运算抽象建筑结构，标志着数学和计算机在建筑设计研究中的应用。亚历山大基于集合论提出解体合成法，将人的体验纳入模块系统，提出了"模式语言法"，结合运筹学和行为学等方法以探寻理性化设计。艾森曼提出通过"原型"推演发展形式，以准自动化生成建筑形态。奥托借鉴高迪，通过悬挂与反转等方法探求结构材料的合理分布和最优传力路径，以实现自动形态生成。这些方法提升了设计流程中"综合"阶段的自动化，但整体自动化程度仍较低。

传统的建筑设计范式中，设计过程多基于设计师的经验和美学判断，设计师通过"代入"体验推测建筑的使用效果，这种模式往往带有主观色彩。20 世纪 60 年代，数字技术进入建筑设计，建筑师开始应用系统科学、数学及社会学理论指导设计，以期形成量化、图式化和科学化的方法，从而超越个体经验，实现逻辑严谨的设计结果。然而在实际应用中，由于当时计算机的局限性，建筑师主要利用机器的记忆、复制和计算能力，快速生成设计概念。数字技术以高效、精准的优势部分替代了建筑师"手工"操作，提高了设计"综合"阶段的自动化水平。但因计算机尚不具备完整的方案生成和反馈评估能力，设计结果仍需依赖建筑师的判断和决策，建筑设计范式的自动化演进仍处于初级阶段。

2. 参数化生成阶段

20 世纪 90 年代，复杂性科学兴起，分形理论、仿生学等推动系统科学进入新阶段。德勒兹以莱布尼茨的"单子"概念提出"褶子"理论，他对"褶子""游牧空间""生成"等的哲学阐释，为建筑生成、形式推演提供了启发。在复杂性科学和德勒兹哲学影响下，建筑设计从传统的自语性走向混融性、复杂性，深入探索建筑的内部逻辑与生成机制，适应社会对建造效率的需求。这种观念冲击带来了新的建筑美学标准，形成多元化设计趋势。

数字工具方面，三维建模、渲染、数字影像等技术的成熟，使数字技术从辅助设计发展至智能设计。设计平台也在已有软件基础上二次开发，包括 Rhino、Grasshopper 和 Maya 等。21 世纪初，BIM 的出现标志着 CAAD 系统向"基于知识的集成化"转型，将建筑设计、结构、能耗、造价等模块整合为"有机生命体"，并与亚历山大的模块化和自组织思想相通。数字技术极大提高了设计效率和学科协同度，逐步转向具备一定逻辑的自主生成形式的智能工具。

在参数化生成阶段，早期的模块化方法和奥托的模型试验法进一步发展。参数化设计将全部设计要素设为变量，建立关系函数后可自动生成多种设计方案（图 3-1），如扎哈·哈迪德的作品中，几何形状、墙体和家具均服从参数化变化。2008 年，帕特里克·舒马赫提出"参数化主义"，认为奥托是该方法的先驱。参数化设计逐渐在重大工程中被用于绿色建筑方案的设计。以林恩为代表的建筑师结合艾森曼的形式操作，利用脚本生成技术实现模型生成与逻辑控制，将设计师思维转化为计算机代码，大幅提升设计自由度。

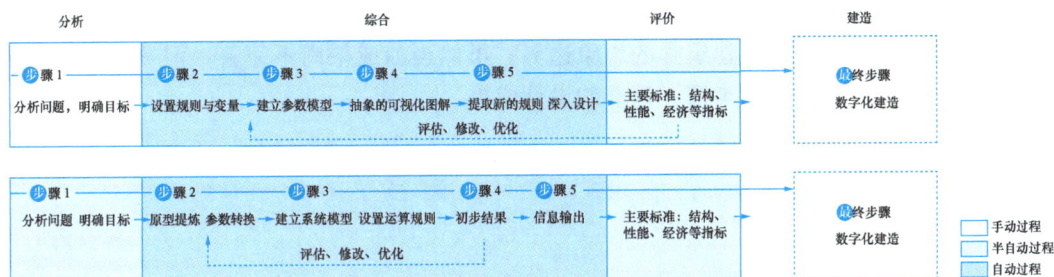

图 3-1　参数化生成阶段设计方法探索中的典型流程

硬件性能提升和编程语言挖掘了计算机在数据分析、信息建模、反馈优化中的潜力，使其深入参与设计建造的各环节。复杂性科学和德勒兹哲学对"生成"等概念的影响，使建筑师的关注从"结果"转向"过程"，将单一确定的"预知设计"转化为开放的"自动生成"。在设定参数后，计算机可依据一定逻辑自主生成设计结果，实现从无到有的突破，并且发展迅速。数字技术由手工制图工具向智能生成工具进化，从模拟建筑师"手的操作"到类人脑功能，甚至产生超越建筑师固有思维的结果。在这一自动化、客观化和透明化过程中，建筑师角色转变为设计流程的调控者，通过数据调整、方案选择控制关键设计节点。建筑设计范式的演进进入了成熟阶段。

3. 人工智能阶段

进入 21 世纪 10 年代，材料科学和环境技术的进步促使建筑设计逐渐聚焦于人类的体验和可持续发展。以机器学习（Machine Learning）为核心的人工智能（Artificial Intelligence，AI）技术现阶段在建筑设计领域的应用前景最为广阔。AI 技术的核心是建立具备人类学习、推理、语义理解和认知等智慧特征的机器。"AI 之父"、英国数学家和计算机科学家图灵提出，"智慧的根本是学习能力"。机器学习主要研究用计算机模拟或实现人类的学习能力，并根据数据或经验自动改进计算机算法，是使计算机具有智能的根本途径。如今 AI 建筑设计相结合的方法研究主要通过四种神经网络算法完成：卷积神经网络（Convolutional Neural Networks，CNN），用于识别和分析图片、提取关键特征；生成对抗网络（Generative Adversarial Networks，GAN），用于建筑平面生成和功能区识别；人工神经网络（Artificial Neural Network，ANN），用于数据结构转译和概括设计；循环神经网络（Recurrent Neural Network，RNN），用于建筑材料性能研究。

在 AI 参与下，建筑设计进入新的思维方式。利用大数据，系统可以自动整理并分析设计信息和限制条件，快速生成多种形式和风格的方案，并进行自动对比、迭代和优化。最终确定的设计数据传输至建造软件，由机械臂或 3D 打印等设备直接实施。这一研究尚处于起步阶段，方向涵盖设计认知、生成和辅助工具等，目标是实现建筑设计流程的智能化、系统化和全周期一体化。当前 AI 应用较复杂的实例如"小库"（XKool），将 BIM 和 AI 结合，以 CNN 分析图像数据，通过 GAN 生成和判定设计方案，反复训练迭代，最终输出最佳设计。通过这种方式，AI 不仅与建筑师共同"思考"，还可积累"类知识图谱"，带来新颖的设计反馈。

AI 带来的变革在于其主动认知和学习能力，不再仅依赖输入条件生成结果，而是通过数据寻找内在规律，从而颠覆传统的建筑设计逻辑。AI 的深度学习模拟人类思维，使设计回归思考，即模拟"脑的学习"能力。经过大量数据学习和总结，AI 可生成多种风格方案，甚至可能超出人类建筑师的想象边界。虽然当前成果尚不完善，但 AI 的理解与创造力会持续提高，产生更丰富、精准的设计成果。

3.3 智能设计层次、内容及系统

1. 智能设计层次

综合国内外关于智能设计的研究现状和发展趋势，智能设计按设计能力可以分为三个层次：常规设计、联想设计和进化设计。

1）常规设计

常规设计，即设计属性、设计进程、设计策略已经规划好，智能系统在推理机的作用下，调用符号模型（如规则、语义网络、框架等）进行设计。国内外投入应用的智能设计系统大多属于此类，如华中理工大学开发的标准 V 带传动设计专家系统（JDDES）、压力容器智能 CAD 系统，日本电器股份有限公司用于超大规模集成电路产品布置设计的 Wirex 系统等。

2）联想设计

联想设计可分为两类：一类是利用工程中已有的设计事例，进行比较，获取现有设计的指导信息，这需要收集大量良好的、可对比的设计事例，对大多数问题是困难的；另一类是利用人工神经网络数值处理能力，从试验数据、计算数据中获得关于设计的隐含知识，以指导设计。

3）进化设计

遗传算法（Genetic Algorithm, GA）是一种借鉴生物界自然选择和自然进化机制的、高度并行的、随机的、自适应的搜索算法，通过进化策略，进

图 3-2 遗传算法的一次运算

行智能设计。如图 3-2 所示，遗传算法是根据设计方案或设计策略编码为基因串，形成设计样本的基因种群，然后基于设计方案评价函数，决定种群中样本的优劣和进化方向。进化过程就是样本的繁殖、交叉和变异等过程。

2. 智能设计内容

智能设计内容主要包括以下几个方面：（1）智能方案设计是方案的产生和决策阶段，

是设计全过程智能化必须突破的难点；（2）知识获取和处理技术基于分布和并行思想的结构体系和机器学习模式的研究，基于遗传算法和神经网络推理的研究，其重点均在非归纳及非单调推理技术的深化等方面；（3）面向 CAD 的设计理论包括概念设计、虚拟现实、并行工程、健全设计集成化、产品性能分类学及目录学、反向工程设计法、产品生命周期设计法等；（4）面向制造的设计以计算机为工具，建立用虚拟方法形成的趋近于实际的设计和制造环境，具体研究 CAD 集成、虚拟现实、分布式 CAD/CAM 系统及多学科协同等领域，它是智能工程与设计理论的结合，发展与两者密切相关。智能工程技术和设计理论为智能设计提供了知识基础。智能设计的发展不仅巩固了设计理论的成果，还提出了新的问题，推动了相关研究的进展。此外，智能设计的应用成果需要在系统建模和支撑软件开发中体现，以满足实际需求。

3. 智能设计系统

1）关键技术

智能设计系统的关键技术包括：设计过程的再认识、设计知识表示、多专家系统协同技术、再设计与自学习机制、多种推理机制的综合应用、智能化人机接口等。

（1）设计过程的再认识

智能设计系统的发展取决于对设计过程本身的理解。尽管人们在设计方法、设计程序和设计规律等方面进行了大量探索，但从计算机化的角度看，设计方法学还远不能适应设计技术发展的需求，仍然需要探索适合于计算机处理的设计理论和设计模式。

（2）设计知识表示

设计过程是个非常复杂的过程，它涉及多种不同类型知识的应用，因此单一知识表示方式不足以有效表达各种设计知识，建立有效的知识表示模型和有效的知识表示方式，始终是设计类专家系统成功的关键。

（3）多专家系统协同技术

较复杂的设计过程一般可分解为若干个环节，每个环节对应一个专家系统，多个专家系统协同合作、信息共享，并利用模糊评价和人工神经网络等方法有效解决设计过程多学科、多目标决策与优化难题。

（4）再设计与自学习机制

当设计结果不能满足要求时，系统应该能够返回到相应的层次进行再设计，以完成局部和全局的重新设计任务。同时，可以采用归纳推理和类比推理等方法获得新的知识，总结经验，不断扩充知识库，并通过自学习达到自我完善。

（5）多种推理机制的综合应用

智能设计系统中，除了演绎推理外，还应该包括归纳推理、基于实例的类比推理、各种基于不完全知识的模糊逻辑推理方式等。

（6）智能化人机接口

良好的人机接口对智能设计系统很有必要，对于复杂的设计任务及设计过程中的某些决策活动，在设计专家的参与下，可以得到更好的设计效果，从而充分发挥人与计算机各自的长处。

2）智能设计分类

（1）原理方案

原理方案设计对降低成本、提高质量和缩短周期至关重要。其过程包括总功能分析、功能分解、功能元求解、局部解法组合、评价决策和选择最佳原理方案，核心是面向分功能的原理求解。通用分功能的设计目录描述了分功能要求和原理解，构成了原理方案设计系统的初始知识库，并支持方案设计的智能化实现。

（2）协同求解

智能 CAD 应具有多种知识表示模式、多种推理决策机制和多专家系统协同求解的功能，同时需把同理论相关的基于知识程序和方法的模型组成一个协同求解系统，在元级系统推理及调度程序的控制下协同工作，共同解决复杂的设计问题。

某一环节单一专家系统求解问题的能力，与其他环节的协调性和适应性常受到很大限制。为了拓宽专家系统解决问题的领域，或使一些互相关联的领域能用同一个系统来求解，就产生了所谓协同式多专家系统的概念（图 3-3）。在这种系统中，有多个专家系统协同合作。多专家系统协同求解，除在此过程中实现并行特征外，尚需开发具有实用意义的多专家系统协同求解的软件环境，其关键在于工程设计领域内的专家之间相互联系与合作，并以此来进行问题求解。

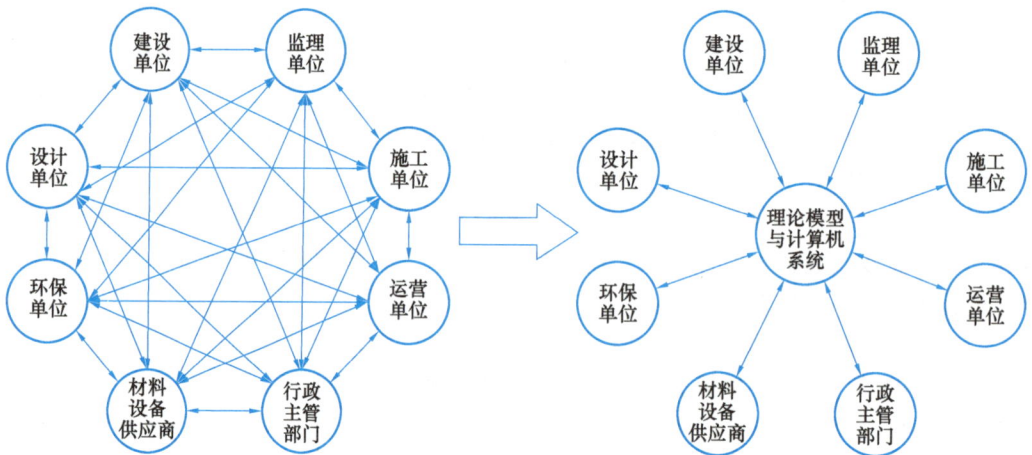

图 3-3　智能设计下工程参与方信息传递方式的理想转变

3）知识获取、表达和利用技术

知识获取、表达和利用技术是智能 CAD 的基础，其面向 CAD 应用的主要发展方向可概括为：（1）基于图形智能自动数据采集，规则生成、约束满足和搜索技术；（2）机器学习模式的研究，旨在解决知识获取、求精和结构化等问题；（3）推理技术的深化，既要有正、反向和双向推理流程控制模式的单调推理，又要把重点集中在非归纳、非单调和基于神经网络的推理等方面；（4）综合的知识表达模式，即如何构造深层知识和浅层知识统一的多知识表结构；（5）基于分布和并行思想求解结构体系的研究；（6）黑板结构模型。映向原理解的映射，是原理方案设计系统的知识库初始文档。基于设计目录的方案设计智能系统，能够较好地实现概念设计自智能化。

3.4 智能设计的应用

1. 数字化辅助设计

数字化辅助策划在策划阶段，借助数字或智能化技术，完成建设条件分析、投资估算分析、项目环境分析等工作，在项目前期提供更精准的指导资料。在设计过程中，借助数字化或智能化技术，实现更好的设计成果、更快的设计效益等良性新型设计技术，包括参数化设计、现实模拟设计技术、模块化设计、BIM协同设计、AI辅助设计等。

2. 数字化辅助审查

施工图审查实施建筑工程二、三维施工图数字化、智能化审查，试点开展基于BIM技术应用的人工智能审图，辅助生成审核报告，对设计图纸进行智能辅助审查。审查专业包括建筑审核、结构审核、机电审核；审核内容包括模型质量和设计质量，其中模型质量包括模型命名、构件命名、构件完整度、构件精细度等，设计质量包括碰撞问题、净高问题、规范问题等。

3. 数字化辅助管理

内容管理平台依托数据库存储管理等数字化技术，通过建立设计过程中构成数字化模型的构件库或构件组库，确保项目中的每位参与者使用相同构件库中创建的数字化模型。协同管理平台依托云计算等数字化技术，通过建立虚拟的项目协作环境，将建筑工程建设中的不同参与主体集中到同一管理平台，保证数据的一致性、协同工作的统一性，提高项目推进效率。

课 后 习 题

3-1 什么是智能设计？

3-2 智能设计内容主要包括几个方面？

3-3 智能设计包含哪些层次？

3-4 简述数字技术背景下建筑设计范式的演进历程。

3-5 智能设计系统的关键技术包括哪些？

第 4 章　生产阶段的智能建造

4.1　智能生产概述

2015 年，在《政府工作报告》中，李克强提出实施"中国制造 2025"，推动我国从制造大国向制造强国转型。"中国制造 2025"旨在创新驱动、提质增效，加快信息技术与制造业深度融合，以智能制造为主要方向，以满足经济和国防建设对技术装备的需求为目标，强化工业基础，提高综合集成水平，推动产业升级，实现制造业的跨越式发展。智能制造的概念最早由日本在 20 世纪 90 年代提出，指在生产中的数据采集、分析和决策环节引入信息技术，以提高生产效率。近年来，随着互联网、3D 打印等技术的发展，智能制造概念不断扩展。我国智能制造的核心是借助新一代信息技术实现制造业向数字化和智能化转型。智能制造的本质在于虚拟网络和实体生产的融合。一方面，信息网络将改变生产组织方式，提升效率，另一方面，制造过程成为互联网的重要节点，进一步扩大网络经济的效应。

智能生产的核心技术包括物联网、BIM 和 3D 打印。物联网通过 RFID 等技术实现信息的采集和传输；BIM 作为"神经中枢"，在设计、生产、运输、安装等环节实现协同设计、模拟施工、碰撞检测，提供多维度信息管理，满足预制混凝土（Prefabricated Concrete，PC）住宅建造需求；3D 打印在建筑业的应用逐步成熟，尤其在混凝土 3D 打印上已有应用，如有建筑企业已利用该技术"打印"出六层别墅。这三项技术的成熟性决定了智能生产在实际建造中的可行性。

4.2　智能生产的特征

智能生产是一个智能化集成制造系统，将建筑构件设计的信息流与生产过程中的数据流结合，实现工业化与信息化的深度融合，具备"人工智能"的特性。智能生产的主要特征包括：

1. 生产数据可视化，利用大数据分析进行生产决策

现代信息技术已深入制造业的各个环节，条形码、二维码、RFID 等技术的广泛应用使得数据不断丰富，对数据实时性的要求也越来越高。这促使企业利用大数据技术，实时纠偏，建立虚拟模型以优化生产流程，从而降低能耗和成本。制造业在工业化进程中领先建筑业的主要原因是其生产设备的数字化和自动化程度更高。然而，传统流水线生产方式不适合预制构件，因为其体积大、可移动性差。3D 打印技术的出现为这一问题提供了新的解决方案。采用混凝土作为 3D 打印材料，PC 住宅的建造迎来了全新的生产方式，将数字化与网络化引入 PC 生产。这一技术不仅能够显著节约人工成本，还可以实现复杂预制部件的生产和个性化需求，从而推动建筑行业的智能化发展。

2. 生产现场无人化，真正做到"无人"

工业机器人和机械手臂的广泛应用，使得无人化制造成为可能。数控加工中心、智能机器人和三坐标测量仪等柔性制造单元，让"无人工厂"变得触手可及。在建筑构件和住宅部品的标准化基础上，设计技术创新引入了数字化 BIM 信息模型系统。该系统利用虚拟现实、计算机网络和数据库技术，支持建筑物的全数字化设计，能够在虚拟环境中并行、协同实现结构和功能的模拟与优化。同时，采用 3D 打印技术预先打印设计模型，有助于识别潜在缺陷，从而提高设计质量和效率。

3. 生产设备网络化，实现车间"物联网"

物联网通过信息传感设备实时采集所需监控的信息，实现物与物、物与人及物与网络的连接。这一技术的应用，不仅便于识别和管理，还优化了控制过程。通过将物联网与 BIM 信息模型相结合，PC 住宅建造的全生命周期各环节及预制构件的协同规划和决策管理得以实现，使整个建造过程迈向数字化、网络化和智能化。智能生产将建筑工业由"制造"提升到"智造"，成为实现我国建筑工业化和产业现代化的重要途径，体现了建筑产业现代化的发展趋势。

4.3　智能生产的生产模式及应用

新型建筑工业化推动传统建筑生产向自动化和数字化转型，通过数字建筑无缝连接 BIM 设计和工厂生产，使 BIM 模型数据直接驱动数控加工设备，促进构件生产的标准化和精细化，从而实现工厂生产线的智能升级。

智慧工厂是一个基于先进技术和信息化手段的制造模式，是现代工厂信息化发展的新阶段。是在数字化工厂的基础上，利用物联网的技术和设备监控技术加强信息管理和服务，清楚掌握产销流程、提高生产过程的可控性、减少生产线上人工的干预、即时正确地采集生产线数据，以及合理的生产计划编排与生产进度，并加上绿色智能的手段和智能系统等新兴技术于一体，构建一个高效节能的、绿色环保的、环境舒适的人性化工厂，是 IBM "智慧地球"理念在制造业的实际应用的结果。下面将具体分析智能制造的关键技术。

1. 物联网技术

物联网技术是智能制造的关键基础技术之一。通过物联网技术，可以将制造环节中的各种设备、传感器和工具等连接起来，实现设备之间的互联互通（图 4-1）。这种技术能够收集和共享实时的生产数据和设备状态信息，为生产过程中的决策提供支持。同时，物联网还可以实现设备的远程监测和控制，提高生产的灵活性和响应速度。经过物联网技术的升级改造，智能建筑将有 6 大特点：

1）智能化

作为管控对象的物本身更加智能化。物内部被植入智能芯片，使其功能发生质的飞跃，由原来的被动静止结构转变为具有能动智能的工具，具备前所未有的感知功能。

2）信息化

物联网实现了整体架构，充分发挥其开放性的基本特点，利用云计算技术实现管理和控制，提供全方位的信息交换功能。传统的楼宇智能化系统是独立封闭的，而物联网则是开放的,具有无限扩展性和连通性。

3)可视化

通过将各种传感器和监控设备网络化,形成建筑"智慧化"大控制系统,用户可以通过数据可视化的形式清晰了解建筑内的状态。

4)人性化

确保人的主观能动性,重视人与环境的协调,使用户能够随时随地控制楼宇内的生活和工作环境。

5)简易化

物联网采用互联网技术,实现互联互通。由于互联网是成熟且应用广泛的网络技术,用户能够享受到各种便捷的功能,工程建设更加简易。

6)节能化

物联网使建筑的能源消耗和碳排放指标得以实时监控和管理,通过收集和分析运行数据,结合云计算和大数据技术,可以实现对能源的高效管理。

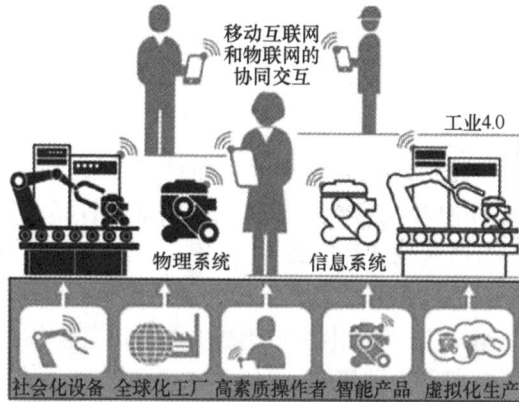

图 4-1 物联网技术与智能制造融合的基本模式

2. 云计算技术

云计算是智能制造的关键技术之一,可实现大规模数据的存储、处理及共享。生产过程中产生的大量数据可以通过云计算进行分析和挖掘,从而优化生产过程。此外,云计算还支持计算资源的弹性扩展,满足生产对计算能力的需求。

3. 大数据技术

数据技术为智能制造提供支撑。它能采集、存储并分析生产中的海量数据,帮助企业理解生产规律,支持决策和预测。

智能工厂运行中产生大量结构化、半结构化和非结构化的数据。大数据技术贯穿整个智能制造体系,支持数据采集、分析与使用。

1)数据采集技术

智能工厂数据分类如下:(1)动态数据生产计划、设备运行参数、产品加工状态参数、产品工序实时加工参数、在制品数量、生产环境参数、库存数量等,数据来源于智能传感器、智能机床、机器人、自动导向车(Automated Guided Vehicle,AGV)等;(2)静态数据人员和设备基础信息、供应商和客户信息、产品模型和生产环境标准参数、生产工艺指导参数、设备校正标准参数等，数据来源于生产系统数据库。

数据采集作为智能工厂的第一步，核心在于动态数据的采集，当前主要采用射频识别、条码识别和视音频监控等技术，传感器、智能机床和机器人为主要载体。

2）数据传输技术

数据传输方式分为有线和无线。有线传输较为成熟，但在连接移动终端上受限，无线传输方式包括 Zig-Bee、Wi-Fi、蓝牙和 UWB。射频识别也是一种广泛应用的无线传输技术，在产品管理和质量控制中表现突出。然而，无线传输存在可靠性和速率问题，为确保传输可靠性，采用重传、冗余、协作传输等机制，以保障智能工厂顺利运行。

3）数据分析技术

工业大数据分析涵盖数学、物理、机器学习和人工智能技术，对设备维护、生产监控等作出判断。大数据分析随着云计算的发展而兴起，将采集的数据转化为有用信息。数据分析呈现的方式对用户体验至关重要，可视化技术如文本、网络、时空数据和多维可视化等形式极大提高了信息理解度。但该技术面临算法扩展、并行图像合成和关键信息提取的挑战。

4. 人工智能技术

人工智能技术是智能制造的核心之一，能够实现生产过程的自动化和智能化。通过机器学习和深度学习，人工智能对生产数据进行建模和预测，优化和控制生产过程。同时，它可以进行产品和设备的故障检测与维护，促进人机之间的互联与协作，真正实现机器智能与人类智能的融合。

5. 增强现实技术

增强现实（Augmented Reality，AR）技术是智能制造的重要组成部分，通过将虚拟信息与物理环境结合，为生产过程提供实时的辅助信息和操作指导。例如，利用 BIM 建立空间模型，结合 VR 技术进行仿真体验，使管理者和作业人员能够在虚拟场景中直观地感受建筑模型，查看每个部件的详细参数，指导现场施工。此技术能够帮助用户深入理解施工阶段及安全事项，提高对潜在安全风险的判断，寻求正确的预防措施以避免安全隐患。

6. 机器人技术

机器人技术是智能制造中的关键技术之一。通过机器人技术，可以实现生产线的自动化和柔性化。机器人可以完成繁重、危险和重复性的工作，提高生产效率和质量。同时，机器人还可以实现生产线的灵活组织和调度，适应不同的生产需求和变化。

7. 即时通信技术

即时通信技术是智能制造中的重要技术之一。通过即时通信技术，可以实现生产过程中各个环节之间的实时沟通和协作。通过即时通信技术，不仅可以加强生产过程中各个环节之间的协同工作，还可以提高生产过程的灵活性和响应速度。

综上所述，智能制造的关键技术包括物联网技术、云计算技术、大数据技术、人工智能技术、增强现实技术、机器人技术和即时通信技术等。这些技术的应用可以实现生产过程的自动化、灵活化和智能化，提高生产效率、质量和创新能力。随着技术的不断发展和进步，智能制造将在制造业中发挥越来越重要的作用。

4.4 智能生产的应用

4.4.1 智能生产

1. 自动流水线控制

自动流水线控制系统应用在生产线运行过程中，通过中控联动模式可实现自动运行，每个工位相对独立工作，能够掌控自动化生产线主要设备的运行状态。系统有紧急停车模块、电气故障报警指示模块、运行模拟模块，确保运行安全。

2. 绿色搅拌站管理

绿色搅拌站管理系统采用双机双控系统集成模拟生产功能，实现无缝式连续生产、送货单自定义绘图、运行参数自动预警和记录、数据库一键还原备份等功能、确保系统稳定运行和过程可追溯。在物料剩余量管理方面，通过网络实时操作对控制室生产界面进行查询。

3. 起重设备智能管理

起重设备智能管理系统利用无线方式对厂区内起重设备关键运行部件和参数进行管控，可查看设备运行状态和排除设备故障，实时监测起重机工况，自带诊断功能、危险状况快速报警及安全控制功能、飞行事故记录功能，自动记录作业时的危险工况，为事故分析处理提供依据。

4. 工厂自动化生产流程管理

基于数字建筑技术，实现工厂生产线的数字化管理。通过集成制造执行系统（Manufacturing Execution System，MES）与企业资源计划（Enterprise Resource Planning，ERP）系统，结合个人数字助理（Personal Digital Assistant，PDA）、RFID及各种传感器等物联网应用，直接驱动数控加工设备完成生产工序和质检，实现信息系统与现场设备的无缝对接。

5. 设计、工厂生产无缝对接

在建筑工业化和数字化背景下，设计生产一体化是装配式建筑行业转型升级的必经之路。通过BIM设计数据的转换技术，工厂生产设备能够直接读取和识别BIM深化设计数据，实现构件生产排产。这一过程包括制定生产计划、计算原材料用量以及更新生产完成情况，从而指导工厂的构件生产管理，确保设计信息与加工信息的无缝对接和共享，优化工厂管控流程。

4.4.2 智能管理

1. 生产信息化管理

在工厂管理中利用MES信息管理平台查看和汇总生产数据，便于管理人员了解生产进度，实现生产数据的实时监控、质量追踪、货物追踪和信息自动采集。

2. 物联网设备管理

结合物联网技术，实现各个设备的通信和控制，远程监控生产状态和控制设备，及时对生产中的问题进行排查。

3. 生产物料智能加工管理

采用数字化加工制造技术，建设自动化钢筋生产线（图4-2）和智能混凝土搅拌站，确保物料的加工质量和生产进度。根据构件生产计划通过算法自动计算钢筋、混凝土等生产物料用量，结合云服务、大数据、物联网、智能控制等核心技术，对物料的生产订单、出入库、废料余料、加工等业务环节进行管理，从而提高原材料利用率，优化物料管理流程，减少管理成本，显著提高物料加工厂的生产效率和可视化、精细化管理水平，为高效、有序生产奠定坚实的基础。

图 4-2 钢筋数控化加工设备

4. 智能堆场管理

利用 BIM、GPS、无线通信等多技术融合，结合构件信息、堆场情况等因素完成构件出入库引导、构件堆场 BIM 模型展示、构件盘存、定位等智能化管理，实现堆场设备的自动化作业，大幅提高堆场的运作效率，降低运营成本，提升堆场的智能化管理水平。

课 后 习 题

4-1 什么是智能生产？

4-2 智能生产应用主要包括哪几个方面？

4-3 智能生产包含哪些特征？

4-4 智慧工厂的特征在制造生产上体现为哪些？

4-5 简述智能制造有哪些关键技术。

第 5 章　施工阶段的智能建造

5.1　智能施工概述

建筑业具有建设周期长，资金投入大，项目地点分散、专业多、参与方多、流动性强等特点。这种产业特点大大增加了运营和管理的难度，也使建筑业很难像制造业一样实现"流水线大规模生产"。建筑业高速发展的现状与相对落后的管理和生产水平之间的矛盾日益突出。长期以来，我国建筑业仍然存在"大而不强"、监管体制和机制不健全、工程建设组织方式落后、建筑设计水平有待提高、企业核心竞争力不强、工人技能素质偏低等问题。具体到施工阶段来讲，主要问题包括资源浪费、环境污染严重、安全保障不足、工作效率低。在新时代科技进步的引领下，建筑业开始以新型建筑工业化为核心，以信息化手段为有效支撑，通过绿色化、工业化与信息化的"三化"深度融合，对建筑业全产业链进行更新、改造和升级，通过技术创新与管理创新，带动企业与人员能力的提升，推动建筑全过程、全要素、全参与方的升级，将建筑业提升至现代工业化水平。具体到施工阶段，智能化设备的大量应用、虚拟化的全过程建造仿真模拟、精细化的全要素管理等为传统施工向智能施工的转变提供了合理路径。

5.2　智能施工的发展特征

5.2.1　虚拟化

虚拟建造是一门新兴学科，其核心技术包括虚拟现实、仿真、建模和优化技术。施工前对全过程进行仿真模拟，并在施工中实时监测安全状况，有助于动态分析和优化施工过程。此外，通过大量计算机模拟，能够提前识别和解决施工中可能出现的问题，为施工方案的调整提供依据，实现效益最优。

虚拟建造技术在建筑施工中的应用是一个巨大而繁重的系统性工程，局限于虚拟建造技术的发展水平、技术程度和成本问题，以及建筑业发展的限制，虚拟建造技术尚未形成体系。但从长远来看，虚拟化必将是数字建造发展的趋势之一。虚拟建造技术在建筑业的应用与发展将显著提高建筑业生产力水平，从根本上改变现行的施工模式，对建筑业的发展产生深远的影响。

5.2.2　智能化

数字施工发展的必然趋势是智能化。充分利用信息化技术，可实现工程建造过程的智能化。例如，在工程施工过程中引进建筑机器人，其工作基本模式是通过与设计信息（特别是 BIM）集成，对接设计几何信息与机器人加工运动方式和轨迹，实现机器人预制加工指令的转译与输出，可以大大提高工效、保证质量和降低成本。除此之外，具有接入互联网能力的智能终端设备，通过搭载各种操作系统，应用于施工过程，可根据用户需求定制各种功能，实时查阅图纸、施工方案，三维展示设计模型，VR 交底，辅助安全质量管理，使施工管理水平显著提升。

5.2.3 产业化

产业化是智能施工的发展趋势之一，基于数字化与工业化融合发展理念，集成建筑部品部件的设计流程、工艺规划流程、制造流程等，在工厂里实现建筑部品部件的仿真、分析、实验、优化、生产加工、检测等一体化流水制造，并逐步向上、下游延伸，构建数字建造产业链，使数字建造的各个环节均达到数字化、精细化、标准化、模块化，实现综合最优。

5.2.4 协同化

智能施工涉及结构、环境、机械、电子工程、建筑环境、给水排水等多个学科领域。从收到客户需求到完成设计方案交底给施工单位进行施工建造，再到项目运行维护管理，业主、设计单位、施工单位、监理单位、供应商等不同单位或部门都不同程度地参与其中，在此过程中，资源整合问题、沟通理解程度、工作协调效率、工作标准问题等在很大程度上影响和制约着工程建造的效率和质量。可见，智能施工是一门跨专业、跨部门的技术体系，智能施工的发展需要社会各行各业的通力协作，呈现出协同化的发展趋势。在发展模式方面，需要有决策层的重视，通过强化顶层设计，整合与共享各类资源、统一质量标准体系、统一工作流程；在技术创新方面，需要充分发挥和利用信息技术的科学计算优势，从环境适用性、材料性能、结构功能属性出发，面向共性和个性用户需求，对建筑全生命周期的各类信息进行分析、规范、重组、融合。

5.3　智能施工技术及应用

5.3.1　BIM 技术应用

BIM 是对建设工程及相关设施物理和功能特征的数字化表述，以三维模型表达建筑设施，实现设计信息可视化。虽然现有 BIM 软件能实现基本应用，但更多扩展功能通常通过二次开发或与其他技术结合的方式实现。本节仅论述 BIM 技术可独立完成的应用点。

深化设计方面，BIM 三维可视化有效解决了二维图纸在结构空间关系表达上的问题，因此广泛应用于复杂构造和节点设计，如钢结构和钢混凝土节点。在装配式结构中，BIM 技术可用于 PC 构件或钢构件的拆分，深化设计成果也能与工厂设备对接，实现数字化加工。此外，BIM 还可用于二次结构施工中的排砖优化、洞口预留和用量统计。

质量控制方面，BIM 模型可通过"按图钉"方式标记质量检查信息，实现信息化管理。依据国家施工验收标准，相关属性可关联到三维元素上，利用算法自动生成验收任务。

安全管理上，BIM 同样可以标记安全风险信息。结合物联网和人工智能，BIM 平台能对人员、设备和环境进行监控，实现安全风险分析和预警。通过建立安全设施模型，指导现场安全设施的设置，施工中的安全风险可通过模拟预判，辅助安全措施的制定。

4D-BIM 的时间维度可用于表示工程项目的进展，将进度计划导入 BIM 数据库，落实到各构件上，进行施工进度模拟和工程进度安排，并通过三维可视化分析计划与实际进度的偏差。

5D-BIM 的成本维度使得 BIM 模型能够进行工程量计算，生成构件明细表和工程量明细表，估算人工、材料和机械用量，从而计算成本。将进度与成本结合，可以分析资源消耗随时间的变化，辅助采购和预算，利用挣值分析研究项目的进度和成本情况。

在施工方案编制中，高精度的 BIM 模型可通过视频或动画展示方案，提高交底效率和准确度。通过建立建筑物及临时设施的 BIM 模型，利用场景漫游和碰撞检查确定现场设施布局，提高施工场地利用效率。基于 BIM 的智慧工地管理系统能自动采集项目数据，结合施工环境和计划，智能决策施工场地布置、机械选型及资源规划，开发可视化管理平台。

5.3.2 GIS 技术应用

BIM 技术主要反映建筑物本身的各种信息，但通常不能反映建筑物周边环境的信息。GIS 作为地理信息数据库，能以直观的地理图形方式获取、存储、管理、分析、显示与地理位置相关的各种数据，可反映真实的地理环境信息，但不能反映建筑物单体的信息。因此，GIS 技术和 BIM 技术常结合使用。BIM 和 GIS 进行集成的方法有 3 种：以 BIM 为平台将 GIS 数据加载到 BIM 软件中，在 BIM 平台中进行各种应用；以 GIS 为平台将 BIM 数据加载到 GIS 平台中；通过另行开发的专用平台，载入 BIM 数据和 GIS 数据，并实现对 BIM 和 GIS 数据的各种应用。由于 BIM 技术以工业基础类（Industry Foundation Classes，IFC）文件为基础，GIS 以 City GML（用于虚拟三维城市模型数据交换与存储的格式）文件为基础，二者数据标准不同，存在 BIM 和 GIS 数据的互通和互操作问题，需要开发专用软件来完成二者之间数据的融合，以避免 BIM 与 GIS 集成应用时数据丢失等问题。GIS 技术在施工中的应用包括 BIM＋GIS 联合应用以及对 GIS 特有的地理信息数据及空间分析等功能的应用。

BIM＋GIS 在工程项目中可用于质量、进度、安全、成本等方面的管理，如施工模拟、进度追踪、安全风险管理、人员管理、设备管理、环境监测等。但与单纯应用 BIM 技术有所不同的是，在进行这些工作的时候考虑了 GIS 提供的地理空间信息，特别是对于与周边地理环境紧密相关的线性工程、水利水电工程、地下空间工程等。施工方案模拟方面，有基于 BIM＋GIS 的隧道施工组织精细化模拟，结合 GIS 城市数据、地质数据和 BIM 地下空间数据进行现场施工模拟等。进度管理方面，结合 BIM 与 GIS 可进行项目本身及项目周围环境的可视化的表达，通过 GIS 模型颜色显示进度信息。安全风险管理方面，GIS 技术已应用于地铁盾构施工安全风险管理系统、大坝可视化安全监测平台、高填方工程监测等。

GIS 可提供工程周围地形、管线、道路、既有建筑物等空间地理数据，并通过空间分析等手段对空间地理数据进行处理。具体应用包括通过 GIS 平台查看 BIM 模型和施工现场影像，展示地形地貌、拆迁范围、周边环境；通过对平整度、地貌、地质等分析辅助选择适合施工的区域，辅助场地踏勘；辅助选择施工临时设施的位置；通过集成 BIM 和 GIS 技术整合施工所需材料和材料供应商信息，从而可视化监控供应链的状态；结合 GPS 和 GIS 追踪大坝工程现场施工人员位置和移动情况，用于人工消耗量的统计；通过地理信息系统查看工程周围已有管道等设施，检查新建工程与既有管线之间的冲突情况，为管线改移等提供参考，减小工程对城市的影响。

GIS 的另一个重要应用是地质信息的管理和应用。在地下空间工程、隧道工程、水利工程等工程中，利用 GIS 中的地质模型信息，可进行施工中边坡安全风险评估、隧道定位、病害查询、地质预报、地质监测、地质剖面的获取和应用等。

5.3.3 物联网技术应用

物联网技术作为"连接物品的网络"，承担着从现实世界收集信息和控制现实世界的各种物品的工作。物联网技术可对施工过程中产生的大量信息进行实时感知和动态采集，并将采集到的数据和信息进行实时传输，实现现场施工过程中产生的各种信息和数据的实时获取和汇总，对施工过程中的各种控制指令进行下达，实现自动化施工设备的实时控制。物联网技术在施工中通常用于对施工现场人员、机械、材料、施工方法、施工环境等要素的在线实时监测和控制。

人员管理方面，通过具有 RFID 芯片的安全帽等可穿戴设备，可实现施工人员身份管理、定位追踪、安全预警等功能。机械管理方面，可实现对机械状态的监控，如追踪机械设备的分布状况和运动轨迹、对塔式起重机结构和作业状态的监控、盾构油液状态的在线监测等。材料管理方面，通过二维码、RFID、无线网络等技术，在预制构件进场、堆放、出堆、吊装等环节实现构件的追踪和管理。通过物联网技术还可实现对施工材料的定位和管理，简化材料的收发和库内盘点。施工方法管理方面，可实现施工风险因素的实时监测，如高支模架体稳定性、边坡稳定性、受施工影响既有结构健康监测、工地非法入侵检测、个人防护装备使用情况等。施工质量监测可实现混凝土施工质量监测、混凝土强度监测、混凝土振捣质量监测、大体积混凝土浇筑温度信息采集等。环境监测方面，通过各种传感器和有线或无线传输技术进行噪声、扬尘等环保监控、远程视频采集、基坑变形监测等。

5.3.4 人工智能技术应用

人工智能技术以智能算法为载体，对施工现场的多源多维数据进行分析，总结数据中隐含的规律，进而实现对施工过程的智能监测、预测、优化和控制。人工智能技术在施工中有以下应用。

进度管理方面，可利用人工智能技术进行施工进度的自动生成、优化和预测，如利用进化模糊支持向量机预测变更引起的生产力损失、利用神经网络-长短时记忆模型估计工程竣工进度、基于图像识别的施工进度的自动识别等。

质量管理方面，人工智能技术可进行施工过程控制和施工质量智能检测。对施工过程进行控制以保证质量，如预应力拉索智能张拉、预测渗透注浆中水泥浆的结浆性能、预测大体积混凝土浇筑时的温度和温度应力变化、混凝土智能养护等。

安全管理方面，人工智能技术的应用集中于安全风险的识别和安全措施的检查方面，如施工机械操作员的疲劳作业检测、施工中不安全行为预警、安全帽佩戴检测、安全风险评估等。

成本管理方面包括施工成本的预测和控制，如工程造价估算、机械数量的合理安排、辅助制定进度计划和资源配置方案等。

人工智能技术可用于辅助现场施工，如塔式起重机的自动化规划、施工过程中变形情况的监测和预测、隧道围岩的自动分级、施工机械位置和姿态的确定、机械工作参数的预测等。

5.3.5 虚拟现实技术应用

虚拟现实是一种计算机仿真系统，可在其中创建和浏览虚拟世界。在土木工程中应用虚拟现实技术时，通常以 BIM 模型等为基础，导入到专用的虚拟现实软件中并制作成动画等形式，体验者通过虚拟现实眼镜等专用设备进行体验。但虚拟现实技术对计算机的配置要求较高，且需要专用软件和专用设备，限制了虚拟现实在土木工程施工中的应用。虚拟现实技术主要在于其沉浸式体验的特点。

施工安全方面，通过建立虚拟现实安全体验馆，基于 BIM 模型呈现逼真的虚拟现实环境，在其中模拟安全事故的情景，并展示安全事故中错误和正确的操作，使施工人员身临其境地感受安全事故的危害，帮助施工人员规避安全风险，提高安全生产和自我保护的意识。

技术指导方面，通过虚拟现实技术可以更直观地对施工操作过程进行展示，可使非专业人员更快地掌握操作要领，提高技术指导的效率。

虚拟展示方面，结合 BIM 技术，可身临其境地查看设计成果、工艺工法等，使体验者获得更加直观的感受。利用施工工艺的精细化 BIM 模型可创建虚拟现实工艺样板，具有不受场地限制、节省施工用地、节省样板费用、可重复利用等特点。虚拟样板间通过建立工程完工后的高精度模型，在模型中进行虚拟漫游，提前体验工程完工后的效果。虚拟现实技术还可用于查看设计成果，在虚拟现实软件中查看 BIM 模型。

协同决策方面，虚拟现实技术可实现更加直观的成果展示，并可多人同时进行查看，便于进行协同工作。虚拟现实可用于施工场地布局规划工作，可进行碰撞检测、施工现场布局场景评估等。通过虚拟现实提供的交互式沉浸环境，项目相关人员可与三维模型进行交互，进行协同深化设计。

虚拟现实技术还可用于施工监控，在虚拟环境中查看不同时间和不同空间中工程的施工进度情况。在虚拟现实环境中查看进度模拟成果和实际施工进度，可直观展示项目形象进度。也可对某一重点施工过程的施工情况进行查看。

5.3.6 三维扫描技术应用

三维扫描技术以激光测距的原理为基础，快速获取物体表面大量而密集的点的坐标等信息，相当于一个高速测量的全站仪，其成果表现为点云数据。三维扫描具有非接触、高速测量、高精确度、高密度、穿透性、全自动等特点。三维扫描可用于建筑物等的逆向工程，通过扫描工程实体获得的点云数据建立三维模型，与由模型通过加工制造得到工程实体的过程相反。与全站仪相比，三维扫描仪可自动化地快速测量海量点的坐标，在常规方法需要较多控制点的异形结构测量中，可大大提高测量的效率。同时，与理想化的设计模型不同，点云模型真实反映了扫描对象的状态，包含了制造误差、施工误差、结构变形等信息。三维扫描技术的应用，主要是对获得的点云数据和点云模型的应用。

深化设计方面，以先期施工的土建等部分的点云模型为依据得到修正的 BIM 模型，进行机电、幕墙等的深化设计，可减少因施工误差引起的碰撞。预制钢构件的点云模型可用于逆向建立构件三维模型，可在虚拟预拼装时考虑加工误差。变形监测方面，通过定期连续的扫描工作可获得被监测结构在不同时间的几何信息，进而获取被监测结构的变形情况。基坑工程中，三维扫描技术已应用于基坑本身的变形和基坑周边建筑沉降等的监测。

质量检查方面，通过点云模型与设计 BIM 模型的对比，可在软件中测量出实际结构和图纸间的误差。应用于预制构件的几何质量检测，施工过程中安装精度的检查，施工误差如平整度和垂直度、预埋件安装位置、幕墙板块安装等的测量。在质量检查的同时，还可利用逆向建模的方法建立与实际结构一致的模型，进行有限元分析以考察结构的受力变化。

进度检查方面，三维扫描技术以其快速逆向建模的特点为快速数量统计提供了有效途径，如施工现场土方量等工程量的统计，还可与 BIM 结合确定各个施工阶段的工作量。通过低精度的 3D 扫描设备可快速建立 4D 竣工 BIM 模型，通过连续的定期扫描检查施工进度。

进行既有结构的改造修复等工作时，三维扫描技术可在设计图纸缺失的情况下对建筑结构进行复原，通过逆向工程的方法得到既有结构的 BIM 模型。

5.3.7 智能装备及建筑机器人

建筑施工的无人化、少人化意味着在施工过程中采用自动化的施工设备和技术。智能装备和建筑机器人可自动执行建筑施工工作，按计算机程序或人类的指令工作代替或协助人完成施工任务。

在预制工厂中，预制构件生产具有制造业工厂生产的特点，生产环境较为简单。智能装备和智能机器人已广泛应用于预制构件生产工厂等场景，实现了预制生产的自动化。然而在现场施工中，建筑机器人通常面临现场计量不完善、公差较大、工件不确定性较大等问题，这与制造机器人十分不同。与制造业另外一点不同在于建筑业施工现场采用产品不动、设备移动的生产方式，而施工现场较为恶劣的环境为智能设备和建筑机器人的移动制造了困难。对于传统的施工过程，建筑机器人的研发需要理解施工步骤背后的物理原理，且不同工序之间施工环境、施工方法、质量要求等存在很大差异，一般需要对不同施工过程研发专用机器人。

在工厂加工阶段，建筑部品部件生产的自动化、智能化程度已大大提高。焊接机器人、智能化钢筋加工设备、混凝土浇筑机器人、混凝土构件加工流水线等自动化设备实现了钢构件、预制混凝土构件等预制部品部件的自动化生产，将部分现场施工的工序转移到了工厂中。

对现有的施工机械进行智能化改造是实现土木工程施工自动化的途径之一。目前已有对推土机、挖掘机、装载机等设备进行智能化改造，增加自动控制模块，结合 BIM、物联网、人工智能等技术，工人无需操作或仅进行简单的操作即可完成相应的施工过程。

已有部分施工工序通过开发专用设备的方式实现机器自动或人机协作的施工方式。在工地测量和测设中，自动化的测量机器人已经较为成熟，可依据移动设备的指令或 BIM 模型，自动指向放样方位或追踪并指导棱镜移动直至到达放样点，已用于地下管线、高层建筑、钢结构工程、水电工程等的放样定位工作，如下为几种类型的建筑机器人。

1. 通用型建筑机器人

以智能升降平台、放样机器人、钢筋智能翻样及下料软件、钢筋智能加工产线、自动场清机器人等为代表，运用一系列工程通用智能施工设备与装备，实现施工工艺自动化与标准化。

2. 结构工程建筑机器人

以吊装可视化技术、自动调垂设备、智能布料机、小型物料提升机、结构拆除机器人、楼板自动整平机器人、砌块砌筑机器人、内墙板安装机器人等为代表，利用传感器技术与智能施工装备，实现上部结构高效安全施工。

3. 装饰装修工程建筑机器人

采用异形结构数字化技术，通过运用抹灰机器人、地坪打磨机器人、地坪漆涂刷机器人，墙、地砖铺贴机器人、腻子涂敷机器人等建筑机器人，实现装饰装修工程数字化施工。

4. 机电工程建筑机器人

通过基于 BIM 的防碰撞自动检查手段，利用 AR、VR 开展模型一致性审查，利用智能定位打孔机器人安装桥架吊杆，实现机电管线精细化安装。

5. 测绘、检测与监测类建筑机器人

以实测实量机器人、土方测绘无人机、安全巡检机器人等为代表，利用双目视觉、人工智能、点云数据处理、智能传感等技术，实现工程快速高精度测绘、检测与监测。

6. 工业化集成型建造装备及系统

以自动化设备集成式造楼平台、造楼机、工厂式既有结构拆除系统等大型施工装备及系统为代表，通过装备集成、智能控制方式，实现工业化智能建造。

7. 远程操控机械装备

通过对传统工程机械设备如挖掘机、装载机、电铲、钻机、推土机等进行智能升级，使之具备远程操控功能。实现危险区域、作业环境恶劣区域的智能化、自动化控制。

课 后 习 题

5-1 什么是智能施工？

5-2 智能施工的发展特征包括哪几个方面？

5-3 智能施工的关键技术及其应用有哪些？

5-4 智慧项目管理有哪些技术应用？

第6章　运维阶段的智能建造

6.1　建筑运维管理的概念

运维管理（IT Operations Management）是一门新义的交叉学科。运维管理也可以称为设施管理（Facility Management，FM），在土木工程中，其本质就是对建筑内的设备进行管理。因为运维管理的定义就是"以保持业务空间高品质的生活和提高投资效益为目的，以新技术对人类的生活环境进行有效规划、整备和维护管理的工作"。这句话也可以作为运维管理的目标，它可以被概括为：（1）将物质的工作场所与人和机构的工作任务结合起来；（2）综合了工商管理、建筑、行为科学和工程技术的基本原理。简单来说建筑运维管理就是在建筑物竣工验收和投入使用之后，对建筑设施、技术等关键资源进行整合。以运营为手段，全面提升建筑物的使用率，减少其经营成本和提高投资收益，并且通过维护尽量延长其使用周期的一种综合性管理益。

在建筑中，需要进行运维管理的设备有很多。比如国际设施管理协会（IFMA）最初定义的运维管理的对象包括八类：不动产、规划、预算、空间管理、室内规划、室内安装、建筑工程服务及建筑物的维护和运作。后来将这八类优化为五类：不动产、长期规划、建筑项目、建筑物管理和办公室维护。

此外，英国设施管理协会（BIFM）认为，运维管理是通过整合组织流程来支持和发展其协议服务，进而促进组织的顺畅运作和提高其基本活动的有效性。澳大利亚设施管理协会（FMAA）认为，运维管理是一种商业实践，它通过优化人的资产和工作环境来实现企业的商业目标。

传统的运维管理就是我们常说的"物业管理"。在物联网通信等新技术发展起来之后，运维管理逐渐带有智能化的色彩，也就是"数字化运维"，即智能运维。

6.2　建筑运维管理的特征

运维管理主要聚焦于四个方面，即设备维护管理，空间和客户管理，能源和环境管理，安全、消防和应急管理。

1. 设备维护管理

设备维护管理（Facility Maintenance Management）主要负责建筑的维护、检测、检验。一般需要专业人员制定设备的维护、管理和检查计划，目的是保证设备的安全并有效地在建筑内操作设备，延长设备使用生命周期，减少故障风险。在计算机诞生并大规模普及之后，计算机和其他辅助设施被应用于建筑中进行运维管理规划，例如预订会议室或者停车场管理。

2. 空间和客户管理

在建筑中，空间是建筑的基本单位，合理布局和安排建筑空间是每个设备能够正常运作的前提。在这个先决条件下，管理者可以提高空间利用效率，缩短工作流程，快速处理数据，提供良好的工作环境，创造人与自然和谐相处的环境。

3. 能源和环境管理

在一些项目中，建筑可以通过一些特殊的构造以及材料的选择进行节能。在运维管理的领域中，可通过科学的管理模式去控制并实现建筑节能的重要内容。

4. 安全、消防和应急管理

在物业管理中，安全始终是一个不可避免的课题。在技术不断创新的今天，物业管理其中包括安全、消防、应急管理三个目标，所有这些目标都是为了维护公共安全。为达成这些目标，需要综合运用现代科学技术，以应对各种危及人民生命财产的突发事件。

6.3 数字建筑与智能运维

传统的建筑运维存在着服务效率低、能耗高、环境舒适度差、建筑资产浪费大、运维数据价值挖掘利用率低等问题，难以满足新形势下人们对工作和生活环境的要求，通过数字建筑把建筑升级为可感知、可分析、可控制，乃至能自适应的"智慧生命体"，通过以虚控实的数字孪生，实时感知建筑实体运行状态，通过大数据驱动下的人工智能，实现建筑及设施运行策略的智能判断，达到自我优化、自我管理、自我维修的状态。同时，数字建筑自适应地感知和预测在建筑空间中人的各种服务需求，提供满足个性化需求的舒适健康的服务。最终数字建筑会将成千上万的建筑空间内各种闲置资源相互连接、互动与发展，形成一个巨大的共享经济社会体，驱动新的共享经济模式的产生。

6.3.1 数字建筑让建筑及设施升级为自我管理的生命体

数字建筑可以更好地让建筑及设施实现从感知到认知能力的升级，通过嵌入式传感器和各种智能感知设备，建筑及设施将成为拥有类似人类的视觉、听觉、触觉和沟通能力的"生命体"。通过与云端大脑的实时在线连接，对实时获取的建筑本体内部设备、系统等运行状态数据与外部环境数据进行分析，通过大数据驱动下的人工智能，实现运行策略的智能判断，进行优化控制和调节建筑内各类设备设施，使各系统间进行有机协同联动，而不是手动控制和人为干预，使建筑发挥最优性价比的运行状态。

针对运行中出现的设备故障问题，可自动触发工单指派给相关维修人员，快速对设备进行维修。基于对设备运行时间、状态、维护维修记录的大数据分析与预测，还可发起预测性维护计划给相关人员，使设备保持良好的运行状态并安全运行，实现设备资产的保值与增值。最终达到自我优化、自我管理、自我维修的状态。

6.3.2 数字建筑让建筑运行更加经济绿色

随着经济发展和社会进步，为了让建筑提供宜人的温度、亮度、湿度、空气质量等环境，建筑物中空调、照明、办公等设备经常处于无效运行状态，缺乏科学有效的运行管理，不仅导致运行成本的增加，而且也使建筑能耗提高，碳排放量大。数字建筑基于对设备和环境的实时感知、智能决策和自我控制，实现建筑的经济绿色运行。

数字建筑通过实时获取建筑内人员分布及工作状态，以及各类设备的运行状态，外部环境的实时数据等，基于海量的能耗数据和环境数据的智能分析，可以生成各种控制系统和设备的运行策略，基于实时感知，实现自我控制，优化和调节建筑内各类设备设施运行状态，并智能化利用自然采光、自然通风等自然条件改善使用空间的舒适度，如自动调节新风系统入风口和排风口开度，根据太阳位置自动调节遮阳板、光伏板角度等，使建筑设备各系统与外部环境进行有机协同联动，降低能源消耗，减少碳排放，减少对环境的不利影响，实现建筑的经济和绿色运行。

6.3.3 数字建筑为人们提供舒适健康的建筑空间和人性化服务

数字建筑可以更好地利用大数据、人工智能、感知设备，以人为本，自适应地感知和预测人的各种服务需求，提供满足个性化需求的舒适健康的各种服务。

基于对建筑所有静态数据和动态数据的云端存储，通过大数据分析技术将所有系统变成一个整体，通过不断地深度挖掘，对环境、用户体验、运行成本等各方面出现的各类问题进行快速建模，向敏锐感知、深度洞察与实时决策的智慧体发展，做出各种智慧响应和决策。如员工进入办公区，自动识别其身份，允许其进入相应的办公区域。当员工在办公区域内办公时，依据员工的体感舒适度、衣着、个人习惯等，调节灯光、通风、温度等，满足员工个性化的环境需求。员工可通过虚拟现实等技术进行会议室预订、预约保洁等服务，大幅提升人们的交互感受，充分体现以人为本的服务理念。

6.4 实现智能运维的发展技术途径

6.4.1 智能运维的应用场景

1. 设备管理三维可视化监控

1）数字化安防管理

与门禁、电梯、火灾报警、入侵报警等系统在 BIM 平台上进行联动；监控建筑内所有门禁设备的运行状态并统计人员通过门禁的记录；一屏了解实时报警情况，并且通过报警分类分级，判断报警紧急程度、应对方案。

2）数字化物业管理

通过手机端 APP 实现远程便捷物业管理，改变传统业务流程，物业报修服务更加便捷、高效；重要报警、工单信息、内部通知都可以 7×24h 随时随地掌握。

2. 能源管理

1）三表集抄

通过统一的集中采集设备和小区专用光纤网络实现计量表数据远传抄表，用户端可快速获取实时三表数据。可实时进行远程控制和故障诊断，分析系统损耗实现对电表、水表、气表等的"抄、算、管、控"一体化、智能化管理。

2）能源监测

通过智能设备对总能源端进行管理。例如，变配电站综合电能管理，监测变压器运行数据，逐时用电及用电概况进行统计查询；对泵站、制冷站的流量、压力、温度、液位仪表设备采集数据，对能源运行情况作出分析和决策，达到节能目的。

3. 数据资产

1）数据存管

应用 Web 技术、分布式存储、物联网集成、BIM 技术、ETL（Extract-Transform-Load）工具等系列技术融合，对建造和运维数据全面标准化采集，对多源异构数据敏捷治理，形成建筑业特色的数据资产管理。

2）数据应用

应用搜索技术支撑数据结构化查找；应用接口组装技术，服务于业务端数据调取应用；应用算法和组件，灵活搭建数据模型，量化指标挖掘和分析数据；应用数据模型全面预测、优化、评价、建造和运维业务。

6.4.2　BIM 技术在建筑运维管理中的应用

1. BIM 在设备信息及资产管理中的应用

传统的资产信息的整理与录入不易保存也不易调阅，而且人员一调整或者周期长就会造成信息丢失或者记录无法查询，从而导致工作效率下降，成本增加。BIM 技术的应用为解决这一问题提供了可能。资产管理信息化建设的核心就是要建立起数字化资产管理体系，结合三维虚拟实体 BIM 技术，使得建筑物内资产位置及相关的参数信息更加明确，新技术的产生使资产管理范围亦由过去重点资产向资产各方面扩展。现代建筑借助 BIM 系统将物业整体房间与空间分割开来，在每一个分割区域内标注资产，当用户需要查看某个房间时，可以在手机上查询这个房间内所有资产的位置坐标，方便用户快速找到所需的物品。

2. BIM 在设施管理中的应用

BIM 技术最初被用于更高效的建模设计与数据收集，被更多应用于设计与施工阶段，建筑师与工程师可以通过初始建模迅速地从中得到准确的规划与图纸变更，进行工作任务检查与材料采购。提高建筑行业收益率信息对设施管理非常重要，且建筑物交付后运维阶段的设施管理需要不同于设计施工阶段。BIM 模型及模型所含数据可以为设施管理人员在建筑决策、设计及施工各个生命周期阶段提供数据支持，因此运维阶段 BIM 技术的开发与应用可以有效降低成本并实现投资收益最大化。

基于 BIM 技术可以向设施管理人员提供详细的空间信息。同时，BIM 借助可视化功能能够辅助跟踪部门位置，勾连建筑信息与具体空间相关信息，并在网页中进行打开与监控，增强空间利用效果。将 BIM 技术应用到空间可视化管理当中，通过对空间利用状态、收入、成本等方面的信息进行分析，对影响不动产财务状况的周期性变化及趋势进行判断，帮助提高空间投资回报率的同时可以抓住机会，规避潜在的风险。

3. BIM 在节能减排管理中的应用

当前国内 BIM 技术以信息整合模式为主，把建筑信息融入三维模型中，数字化、参数化、科学化、可视化统计与分析建筑项目建设功能及设计思路，维护施工过程各个阶段数据信息的高度一致性，高效地考察整个工程实时数据，以 BIM 技术为基础助力绿色建筑运维管理与开发，并对运营效果与工作效率起到实时监管。

在 BIM-3D 虚拟建筑的协助下，可以为业主和建筑师提供可视化立体功能，用于检视设计误差和减少施工冲突，以加强绿色建筑节能减碳活动，从而让业界熟悉项目使用 BIM 技术的发展趋势，真正减少碳排放带来的空气污染、酸雨和温室效应等问题，提升产业能源效率，达到与国际接轨的目的。

建筑师利用 BIM 执行建筑节能设计辅助生成的相关申请文件，将是日后审查过程中建筑师执行绿色建筑设计作业的重要辅助手段，BIM 技术将有助于绿色建筑设计品质及效率的有效提升。

6.4.3 信息技术的应用

1. 应用概述

输入-关系-输出（Input-Relationship-Output，IRO）模型是工业设计中常用的系统理论模型。通常将其应用于建筑运维领域，对输入、关系、输出的内容进行梳理，基于一体化楼宇智能运维相关技术集成一个深度渗透的智能运维平台框架。从整体上看，基于数字孪生技术的智能运维系统可以集成 B-IRO（建筑-输入-关系-输出）模型，包括系统的输入、过程中的环节和最终输出。

输入阶段主要包括使用传感器进行数据收集和手动指令输入。关系阶段是智能系统的"智能"所在，它首先通过物联网准确高效地将数据传输到计算机，然后自动处理数据。处理依赖于高性能的硬件设备和特定的算法。传输过程使用 TCP/IP、全球移动通信系统（Clobal System for Mobile Communication，GSM）、ZigBee 和窄带物联网（Narrow Band Internet of Things，NB-IoT）等嵌入式技术，以及广域网通信技术。以传感器系统为基础，以系统配置为基础，以嵌入式单片机为核心，各种网络通信技术相辅相成，完成信息采集工作。输出阶段将结果可视化，以使参与者更好地了解其含义，并指导他们的下一步行动。主要的显示方式包括 AR、VR、监视器和警示灯等。

2. 不同规模建筑的智能运维应用

由于各国之间的地理和文化差异，不同类型的建筑可以通过不同国家的外观来识别。大型公共建筑是指用于公共活动、政府机构或其他大型组织活动的建筑物。人们根据日常生活中的功能对其进行分类，例如学校、医院、商业中心、展览馆、文化中心、图书馆、会议中心、体育场馆、公寓楼等。虽然由于功能多样，没有统一的标准，但结合我国民用建筑设计统一标准的内容和集成应用，建筑类型可分为五类：（1）低层建筑；（2）高层建筑；（3）超高层建筑；（4）地下建筑；（5）交通功能建筑。

1) 低层建筑应用

大型低层建筑包括体育场馆、商场、物流仓库、公园等。这种类型的建筑通常具有大量的人流，进出人员集中。大型场馆一般采用钢结构，抗震等级高。因此，维护主要集中在监控人员和大空间的节能策略上。

2) 高层建筑应用

高层建筑显示出更多的功能分区，是大型企业办公室的首选地点，是当前智能建筑应用和多学科综合的主要建筑类型。随着人们对室内环境质量的要求不断提高，目前的维护重点是自动化建筑物的各种相关设施。

3) 超高层建筑应用

按照《民用建筑设计统一标准》GB 50352—2019，100m 以上的建筑超过高层建筑的标准。近几十年来，随着城市土地资源的严重短缺，超高层建筑的建设已成为现代建筑的主要发展方向之一。随着这些建筑的不断建设，结构的安全性受到社会各界的关注。超高层建筑在运营过程中，环境影响、设备退化、异常荷载等，都可能导致建筑结构局部区域损坏，积累后必然导致性能退化甚至失效，严重威胁国家和人民的生命财产安全。因此，实施结构损伤识别和结构健康监测（Structural Health Monitoring，SHM）对于超高层结构可及时发现可能的结构损伤，保障结构安全，并对不同类型结构的潜在威胁和劣势进行预警具有重要意义。SHM试图通过测量运行和加载环境以及结构的关键响应来跟踪和评估结构操作过程中的事件、异常、退化或损坏，并在其生命周期的任何时间诊断结构的状态。随着智能和无线传感技术的发展，这些实践已逐渐应用于超高层建筑领域。

4）地下建筑应用

地下建筑是建在岩石或土壤层中的建筑物。它们是现代城市快速发展的产物，对缓解矛盾、改善城市人居环境，以及开辟地下街道、地下商业中心、地铁等人类生活新领域发挥着重要作用。用于商业目的的建筑物通常与其地面结构相匹配，运营和维护与地上部分同步。

5）交通功能建筑应用

通过整合多种交通方式、优化流线设计及多功能空间布局，实现高效无缝换乘与客流组织，同时融合商业服务、防灾应急、景观美化及社区交流等功能，从而提升城市交通效率、促进经济发展并增强社会互动。

3. 应用价值

智能建筑维护系统可以在建筑领域的许多方面产生社会效益。公开数据显示，以我国楼宇运维需求为例进行测算，2030年我国住宅和非住宅物业管理面积分别可达到$2.7\times10^9\,m^2$和$2.0\times10^9\,m^2$，总市场规模1.1×10^{13}元。据公开数据显示，安防监控的市场规模已超过5亿元。而且，数字化智能运维不仅可以完成上述任务，还可以持续采集实时建筑数据，为预测建筑风险、建筑保险、城市能源调度、无人机数据基础等领域提供价值。无论是从经济角度还是从有效性角度来看，应用价值都将大幅增加。

6.5 智能运维的未来趋势与挑战

6.5.1 建筑结构的高精度检测

近年来，精细化检测的概念已被引入建筑行业，以提供更准确，更高效的测试方法，以最少的时间和资源消耗检测与分析建筑结构的安全性和可靠性。越来越多的建筑结构测试方法正在采用新的数据处理技术。然而，精细化检测也面临着一些挑战和困难。例如，精细化检测技术对大型复杂结构无效。由于建筑屋顶结构的多样性、激光雷达点的不规则分布以及相邻点的相互干扰，现有的结构精细化检测技术无法有效处理结构中存在的大量计算模型和复杂的实际模型。由于对精度和灵敏度的要求，建筑结构精细化检测需要大量的数据收集和分析。传感器采集和处理的技术不稳定性和较大的计算负担是建筑结构精细化检测的主要挑战，但是建筑结构精细化检测的趋势越来越突出。

6.5.2 数字孪生中人类行为的结合

尽管数字孪生已经普及，但大多数应用程序都集中在再现物理过程和系统上，而停留在物理状态水平上的人类行为研究较少，例如疏散行为，此外，很少有人研究人类的认知和思维是否可建模，以及数字孪生是否可以用于同步模拟。到2023年初，聊天生成预训练转换器（Chat Generative Pre-trained Transformer，ChatGPT）已经跨平台浮出水面，它是一个具有17亿参数的自然语言处理（NLP）模型，能够对用户输入生成对话式响应。

6.5.3 人机交互

目前大多数应用从传感器收集数据，分析数据进行主要反馈，并具有功能界面，但用户体验研究不足，导致用户无法完全理解和使用智能运维应用。系统变得越来越复杂，但系统需要以更简单、更直接的方式向用户传输信息。目视检查和人工判断是当今设施管理人员日常运维服务活动的基石。数字技术的接入意味着数据可以以更多样化的形式呈现。但是，由于运维人员不是专业研究人员，他们对新技术和表现形式的理解有限。智能运维相关技术的研究人员应考虑到新用户的学习成本，避免给用户带来过多的负担。

Unreal Engine 5、Unity 3D 等主要游戏开发引擎具有强大的 3D 空间搭建和交互设置能力，很多 3D 游戏都给出了很好的反馈，由此可见，交互的优化并不是其他行业的技术难点。智能运维系统，结合 3D 游戏引擎，开发功能，结合引擎中的交互设计理念，大大提高交互性。在智能运维中，室内环境和设备与用户的联系和交互更加紧密，人、机、物之间的信息交换可以通过物联网实现。通过 Wi-Fi 和 ZigBee 的低功耗通信也可以实现局域网。还要不断考虑外观、便利性、人机交互界面的人性化设计。

课 后 习 题

6-1 什么是建筑运维管理？

6-2 建筑运维管理的特征有哪些？

6-3 数字建筑与智能化在建筑运维管理中体现了哪些优势？

6-4 简述运维模式的发展阶段及应用场景。

6-5 简述智能运维的未来趋势与挑战。

6-6 BIM 技术在建筑运维管理中的应用有哪些？

第7章 智能化健康监测与防灾减灾

7.1 智能化健康监测与防灾减灾概述

智能化健康监测与防灾减灾是利用人工智能、传感器和数据分析等先进技术来提高个体的健康管理和应对自然灾害的能力。

7.1.1 智能化健康监测

结构健康监测：通过使用传感器和监测设备来对建筑结构进行实时监测，可以及时检测到任何结构异常和损伤。这种监测可以帮助预防结构失效，并提供及时维修和加固措施，以确保建筑物的安全性和稳定性。

工地安全监测：智能化监测技术可以用于监测工地内的安全情况，例如通过视频监控、烟雾和火灾探测器、气体检测仪等设备来检测潜在的危险情况。

节能监测：智能化监测系统可以监测建筑物的能源消耗。通过收集和分析数据，可以识别能源浪费和低效的区域，并提供相应的优化建议，以减少能源消耗和降低运营成本。

室内环境监测：智能化监测可以用于实时监测室内环境条件，如温度、湿度、空气质量等。这种监测可以帮助建筑物管理人员维持舒适和健康的工作环境，改善员工的生产力和健康状况。

建筑质量监测：智能化监测技术可以用于监测建筑施工过程中的关键参数和质量指标，如混凝土强度、钢筋张力等。通过实时监测和数据分析，可以提供对施工质量的及时评估，并帮助发现和解决潜在的问题，以确保建筑物的质量达到预期目标。

7.1.2 智能化防灾减灾

自然灾害如地震、洪水、台风等给人们的生命财产造成了严重的威胁。通过智能化技术，可以提前预警和应对这些灾害，最大限度地减少损失。

智能化防灾减灾系统利用传感器网络、遥感技术和大数据分析等手段，收集和分析各类灾害的数据，以实现早期预警和及时响应。此外，智能化技术还可以帮助救援行动的规划和执行。利用无人机等智能设备，在灾害发生后进行救援和搜救工作，提高救援效率和安全性。

总之，智能化健康监测与防灾减灾的背景是基于人工智能、传感器技术和数据分析等先进技术的发展，旨在提高个体的健康管理水平和应对自然灾害的能力。通过实时监测和分析个体的健康数据，以及预测和预警自然灾害的发生，为个人提供更好的健康保障和紧急响应。这一领域的发展将为人们的生活带来巨大的改变和提升。

7.2 SHM 系统

SHM 系统提供有关结构中发生的任何重大变化或损坏的信息。结构损伤检测的主要目的是确定损坏的原因、位置和类型，从而测量损坏严重程度并预测结构的剩余使用寿命。导致倒塌的结构缺陷可能是由内部因素（例如腐蚀、疲劳和老化）以及外部因素（例如地震、风荷载和冲击载荷）引起的。由上述因素造成的损坏可能进展非常缓慢，只有在结构损坏相当可观时才变得可观察，有时只能以高昂的成本进行修复。检测结构损坏对于确保结构生命周期内的结构安全至关重要。结构损伤检测目标是评估结构系统在运行中或承受严重载荷下的可计算和定性劣化。有必要从安全和性能的角度监控劣化的位置、发生和程度。正如全球智能结构和材料发展所见证的那样，材料和传感技术的最新进展为改善建筑系统提供了强大的新工具。虽然许多建筑结构的基本形式沿用了几十年未变，但智能化的损伤检测方法有效解决了在建筑结构中实施主动损伤控制的实际问题。SHM 已成为评估整体行为的主要选择，最好是从制造过程到使用寿命结束。

损伤检测是 SHM 中必不可少的考虑因素，如今已经采用了一些技术来预测损坏，例如，通过 SHM 技术对圣佩德罗使徒教堂进行短期和长期监测，以发现温度和湿度的变化。SHM 不仅可以用于现代建筑，还可以用于历史建筑，因此可以使用无损检测（Non-Destructive Testing，NDT）技术监测历史建筑，以预测损坏并观察建筑物的当前健康状况。为了诊断建筑物的损坏，通过采用神经网络（Neural Network，NN）方法，通过应用人工自由振动来预测由于动态负载条件造成的损坏范围和水平，从而评估损坏和未损坏区域。

在 SHM 中，建筑物大部分都受到静态载荷条件的影响。此外，静态载荷的主要参数是位移、应变、温度和加速度。一般来说，静态荷载下的建筑物将使用 1D 或 2D 系统进行监控，但通过采用运动捕捉系统（Motion Capture System，MCS）而不是全球定位系统（GPS），可以使用先进的传感器技术对结构进行 3D 监控。

有限元法（Finite Element Method，FEM）和有限元分析（Finite Element Analysis，FEA）是数值模拟技术，用于通过使用高级软件的分析模型分析实时实验。因此，使用 FEM 技术可以非常轻松可靠地进行复杂的分析，例如刚度和阻尼分析，即使对于多层建筑也是如此，在一项研究中，分析了 15 根柱子后，刚度降低了 1%，整体建筑结构的刚度降低了 67.8%。将有限元用于钢支撑，采用两种方法识别损伤，即基于特征敏感性的有限元模型初始阶段的贝叶斯估计方法和加权最小二乘法。

7.2.1 SHM 的流程

SHM 是土木工程中的自动化系统，借助先进的传感技术和自动数据采集技术，有助于在早期阶段预测结构的损坏，从而进行预测分析。这种预测分析可帮助研究人员确定结构在静态和动态载荷下的性质、标准和承载能力。根据外部和内部相互作用的特征以及结构类型，静态载荷的产生是由于位移、加速度、应变、应力和温度以及基于振动、固有频率、模型识别、时程分析和反应谱的动态载荷。

7.2.2 SHM 中使用的传感器

1. 加速度传感器

加速度传感器用于测量结构物或建筑物在三个轴向上的加速度变化。这些传感器可以检测到结构的振动以及地震或其他外部力引起的动态响应。一般来说，SHM 中使用的加速度计有四种类型：电容式、压电式、力平衡式和基于微机电系统（Micro-Electro-Mechanical System，MEMS）加速度传感器。

1）电容式加速度传感器

从概念上来说，电容式加速度传感器测量两个板之间的电容，一个板可以受质量的惯性作用而移动，另一个固定在传感器的内部外壳上。显然，当传感器受到振动时，受惯性作用的板会移动，改变到固定板的距离，从而导致电容值也发生变化。

2）压电式加速度传感器

用压电材料（通常是晶体）代替两块板产生电流，该电流与施加到材料上的压力成正比。在这方面，压力越高，输出信号就越高。与电容式加速度传感器相比，这种加速度传感器的灵敏度略有降低，不太适合测量低频振动。

3）力平衡式加速度传感器

它由三个不同的部分组成：用于测量地震质量块位移的传感器；计算上述力以将质量块保持在其位置的执行器；以及解码执行器产生的信号并产生所需电信号以具有必要力的伺服放大器。一般而言，其工作原理可以描述如下：由于任何轻微的扰动（力）都可以移动地震质量块，因此致动器（磁铁）需要必要的反作用力试图将质量块保持在其初始位置，这是由放大器产生的，通过根据位移传感器的感测位置，向连接到磁铁的线圈注入电流。需要指出的是，输出信号是被测位置，相当于外部加速度产生的质量块位移。

4）基于 MEMS 加速度传感器

通常由几个微制造的电容器组成，从而减小电容器尺寸。由于基于 MEMS 的加速度传感器共享相同的传感技术，其工作原理与电容式加速度传感器相似。如今它们已成为 SHM 应用中最常用的加速度传感器之一。

近年来，一些现实生活中的结构已经配备了加速度传感器，以测量振动来实现 SHM 方案。民用基础设施，包括行人和交通桥梁、办公室、框架结构、3D 桁架结构也使用压电、力平衡或基于 MEMS 的传感器进行检测。需要指出的是，压电或伺服加速度传感器是单轴的，而 MEMS 传感器通常是三轴的。通常选择单轴加速度传感器来监测现实生活中的结构，因为某些施加激励力的方向未正确激励，因此，即使是最灵敏的传感器也只能采集噪声。

2. 位移传感器

某些应用可能需要使用位移测量来检测可用于损伤或结构识别算法增强的其他特征，例如层间位移比（Interlayer Displacement Ratio，IDR）。在这方面，SHM 方案利用基于电阻的传感器、线性可变差动变压器（Linear Variable Displacement Transducer，LVDT）或全球定位卫星（GPS）来测量民用结构的位移。

1）基于电阻的传感器

由可变电阻器组成，可以是线性电阻也可以是旋转电阻，该电阻具有三个物理引脚。调节引脚直接连接到测试中结构，因为该引脚的变化会改变总电阻值（R1＋R2），因此，电压值也会发生变化。由于实际原因，可将这种传感器视为电位器，以消除温度产生的电阻变化。

2）LVDT

由一个镍铁基磁芯组成，周围环绕着一个初级绕组和两个次级绕组，它们以串联方式连接。当对初级绕组施加电压时，它会感应到次级绕组的电压，因此，当磁芯在绕组上移动时，它将产生两个不同的电压（V1 和 V2），电压大小取决于其到次级绕组的位置。在这方面，传感器的输出信号（V_s）将是 V_1 和 V_2 之间的差值。

3）基于 GPS 的位移测量

其工作原理可以描述如下：一旦找到 GPS 接收器，它就会与四颗卫星连接，每颗卫星发送其位置。通过估计需要在接收器中接收卫星发送信息的时间，可以找到其绝对位置，因此，通过使用基本的三角测量方案，可以估计接收器的位置。需要指出的是，必须使用高精度的受体，以达到测量位移的合理灵敏度。

此外，还有其他类型的传感器如压力传感器、湿度传感器、光纤传感器等也可在 SHM 中使用，根据不同的监测需求选择合适的传感器组合进行结构健康监测。

7.3 使用 SHM 进行建筑物损坏检测的策略

使用 SHM 进行建筑物损坏检测时，可以采用以下策略：

1. 传感器布置

根据建筑物的结构特点和可能出现的损坏形式，合理布置传感器以覆盖关键部位。在传感器布置方面，以下是一些建议。

1）考虑结构特点

根据建筑物或结构的类型、几何形状和材料特性等因素，确定传感器布置的区域和位置。关键部位如主要承重墙、梁柱连接处、地基等通常需要更密集的传感器布置。

2）覆盖关键部位

确定需要监测的关键部位，例如可能发生损坏的位置、容易受力集中的区域等，将传感器布置在这些区域以覆盖整个结构的关键部分。

3）多样化传感器类型

使用不同类型的传感器以获取更全面的信息。例如，应变计用于测量结构的应变变化，加速度传感器用于检测结构的振动响应，声学传感器可以捕捉结构的异常噪声等。通过多种传感器的组合，可以获得更细致的结构健康信息。

4）合理间距与密度

根据传感器的灵敏度和监测需求，设置适当的传感器间距和密度。对于较大的结构，可能需要布置更多的传感器来确保全面监测。

5）数据一致性

在传感器布置时，确保传感器之间的数据收集与处理方式一致。这将有助于确保数据的可比性和一致性，并避免不同传感器之间的差异引起的误判。

2. 数据采集与分析

通过传感器收集到的数据，包括振动、位移、应变等参数，进行实时或定期采集和记录。然后，利用数据处理和分析方法，例如频谱分析、模态分析、统计学方法等，对数据进行处理和解读，找出异常信号和可能存在的损坏特征。

3. 建立基线和阈值

在结构完好状态下，通过监测和分析确定建筑物的基线性能。根据基线信息，设置相应的阈值来判断是否存在结构损坏，当监测数据超过预设的阈值时，即视为异常状态，可能存在损坏。建立基线和阈值是进行建筑物损坏检测的重要步骤。

4. 实时警报与在线监测

建立实时警报系统，当监测数据超过设定的阈值时，立即触发警报通知相关人员。同时，通过在线监测系统实时监测结构物的状态和性能，及时反馈结构变化，并进行紧急响应。实时警报与在线监测是结构健康监测中的关键步骤，它可以及时发现和响应结构异常变化。

5. 长期监测与趋势分析

持续进行长期监测，跟踪建筑物的演化和变化趋势。通过对数据的长期积累和分析，可以发现潜在的问题和损坏迹象，并及时采取修复措施，以避免进一步恶化。长期监测与趋势分析是结构健康监测的重要部分，它可以帮助我们了解结构的演变和性能变化，从而做出合理的维护决策并延长结构的使用寿命。同时，趋势分析还可以帮助我们更好地了解结构的性能和行为，提高结构安全性和可靠性。

6. 数据可视化与报告

将监测数据可视化展示，通过图表、图像或动画等形式呈现给相关人员，便于理解和决策。定期生成监测报告，总结结构健康状况，提供改进建议和维护计划。数据可视化与报告是将监测数据以直观、易理解的方式展示给用户，并提供结构健康评估和改进建议的重要手段。通过数据可视化与报告，可以将监测数据更加直观地展示给用户，帮助他们理解结构的健康状况和发现潜在问题。同时，报告的撰写也能提供全面的结构分析和建议，促进结构的安全性和可靠性提升。

7.4 SHM 中的有限元分析

在 SHM 中，有限元分析是常用的分析方法之一。有限元分析是通过将结构物离散成有限个小单元，利用数学和力学原理进行计算和模拟，来分析结构的应力、应变、位移等参数。在 SHM 中，有限元分析可以用于以下方面。

1. 结构模态分析

通过有限元分析计算结构的固有频率、振型和阻尼比等模态参数。这些模态参数可以帮助评估结构的刚度、稳定性和动态响应特性，为结构损坏检测提供基础数据。结构模态分析是有限元分析中的一种重要技术，用于研究结构的振动特性和固有频率。

在结构健康监测中，模态分析可以用于识别结构损伤、检测结构变形、评估结构稳定性等方面。通过与实际监测数据进行比较，可以及早发现潜在问题，并采取相应措施进行维修或增强。因此，结构模态分析是 SHM 中的重要工具之一。

2. 损伤识别与定位

利用有限元分析建立结构完整状态下的数值模型，并通过与实际监测数据对比，识别可能存在的损伤或异常。根据有限元分析结果，可以进一步定位损伤的位置、类型和程度。损伤识别与定位是 SHM 中的重要任务，旨在通过监测数据分析和模型比较等方法，检测结构中可能存在的损伤并确定其位置。

3. 动态响应预测

基于有限元模型和监测数据，可以进行结构的动态响应预测。通过模拟不同荷载情况下的结构响应，可以评估结构的安全性和稳定性，为结构维护和管理提供参考依据。动态响应预测是 SHM 中的一项重要任务，旨在通过分析结构的动态响应，预测结构在不同工况下的振动行为，及早发现潜在问题，并采取相应措施进行维护和修复。然而，动态响应预测仍然面临一些挑战，如模型参数的准确性和外界干扰因素的影响。因此，在进行动态响应预测时，需要综合考虑多种因素，并结合实际监测数据进行准确性验证。

4. 优化设计和改进

有限元分析可用于优化结构设计，通过模拟不同参数和材料的变化，评估其对结构性能的影响。同时，可以利用有限元分析进行结构改进和修复方案的验证和优化。优化设计和改进是在工程领域中常用的一种方法，旨在通过系统性的分析与优化，提高产品或系统的性能、效率和可靠性，降低成本和资源消耗。然而，优化设计和改进也面临一些挑战，如多目标优化、约束条件的处理等。因此，在进行优化设计和改进时，需要综合考虑多种因素，并结合专业知识和经验进行决策。

需要注意的是，有限元分析需要准确的结构几何信息、材料特性和边界条件等输入参数。同时，对于大型复杂结构，有限元分析可能需要较长的计算时间和高性能计算资源。因此，在实际应用中，需要综合考虑计算成本、模型精度和实时性等因素。

7.5 建筑物损坏诊断

建筑物损坏诊断是在建筑结构工程领域中的一项重要任务，旨在通过分析和评估建筑物的损坏状况，确定造成损坏的原因和损坏程度。以下是关于建筑物损坏诊断的一些关键信息。

1. 损坏类型

建筑物可能出现多种类型的损坏，在进行损坏诊断时，需要准确记录和描述不同类型的损坏特征，并对其进行分类和归因。常见的损坏类型如下。

（1）裂缝：建筑物中的裂缝可能是由于结构受力不均、材料强度不足、地基沉降等原因导致的，裂缝可以分为水平裂缝、垂直裂缝、斜裂缝等。

（2）变形：建筑物的变形通常指结构的非弹性变形或不正常变形，例如，梁的挠度超过设计要求、柱的轴向偏移等。

（3）开裂：开裂通常是指建筑物中出现的破损、断裂或缺口等情况，这可能与材料质量、施工质量、荷载超载等因素有关。

（4）渗漏：建筑物中的渗漏指墙体、屋顶或地板等部位发生水或气体渗透的情况，渗漏可能与防水层失效、管道破裂、结构缺陷等有关。

（5）脱落：脱落指建筑物中的部分组件或材料从整体结构中分离或脱离，例如，外墙瓷砖脱落、屋顶瓦片脱落等。

这些损坏类型可能会对建筑物的结构安全、功能性能和美观度产生不利影响。因此，在进行建筑物损坏诊断时，需要准确记录和描述不同类型的损坏特征，并综合分析其原因和影响范围，以制定相应的修复和维护措施。

2. 检测方法

为了进行建筑物损坏诊断，可以使用多种检测方法和技术。在建筑物损坏诊断中，常用的检测方法包括以下几种。

（1）结构监测传感器：使用结构监测传感器可以收集建筑物的动态响应数据，如振动、变形等。这些传感器可以安装在结构的关键位置，并通过连续监测来获取建筑物的结构状态信息。

（2）非破坏性测试（Non-Destructive Testing，NDT）：非破坏性测试是一种通过对材料或结构进行测试，而不破坏其完整性的方法。常见的 NDT 技术包括超声波检测、雷达测量、红外热成像等。这些技术能够评估材料的性能和结构的健康状况。

（3）图像扫描与激光扫描：图像扫描技术以及激光扫描技术可以获取建筑物损坏区域的详细信息。通过对损坏区域进行三维重建和分析，可以更好地理解损坏的程度和类型。

（4）声学检测：声学技术可以通过分析声波传播特性来评估建筑物的结构完整性。例如，敲击测试可以通过敲击建筑物的表面来判断其中是否存在空洞或裂缝。

（5）化学分析：通过化学分析，可以评估建筑材料的组成、性能和劣化程度。常见的化学分析方法包括取样分析、材料测试和实验室测试等。

（6）环境监测：环境监测可以通过记录建筑物周围环境条件的变化来评估其对建筑物损坏的影响。例如，温度、湿度、风速等环境因素可能导致建筑物的膨胀、收缩或腐蚀。

这些检测方法可以相互结合使用，在建筑物损坏诊断中提供全面的信息。根据具体情况，选择适当的检测方法进行应用，并综合分析检测结果，有助于准确诊断建筑物的损坏原因和程度，为后续的修复和维护工作提供指导。

3. 评估标准

进行建筑物损坏诊断需要根据相关标准和规范进行评估。这些标准可以包括建筑结构设计规范、材料性能标准、耐久性要求等。在建筑物损坏诊断中，评估标准的应用是非常重要的，它可以提供一个参考框架，用于对建筑物的损坏程度和影响范围进行评估。以下是一些常见的评估标准。

（1）建筑结构设计规范：每个国家或地区都有相应的建筑结构设计规范，规定了建筑物在设计、施工和使用阶段的安全性要求。

（2）建筑材料性能标准：建筑材料需要符合相关的性能标准。通过对材料的测试和分析，可以确定其与标准要求之间的差距，进而对建筑物的材料性能进行评估。

（3）耐久性要求：建筑物需要具备一定的耐久性，以保证其长期使用的安全和可靠性。耐久性要求通常涉及建筑材料的抗气候变化、抗腐蚀、抗老化等特性。

（4）结构健康监测指标：通过结构监测数据的分析和对比，可以确定建筑物的结构健康状况。例如，振动频率、裂缝宽度等可作为评估指标，用于判断结构是否达到了设计要求。

（5）安全评估标准：在进行建筑物损坏诊断时，需要考虑建筑物的安全性问题。根据建筑物类型和用途的不同，可以参考相关的安全评估标准，如火灾安全标准、人员疏散标准等。

（6）专业经验和判断：除了以上标准外，专业经验和判断也是评估建筑物损坏的重要依据。建筑工程师和结构专家通过长期实践积累了丰富的经验，能够凭借专业知识对建筑物的损坏情况进行综合评估。

综合应用上述评估标准，可以对建筑物的损坏程度和影响范围进行系统评估，为后续的修复和维护工作提供科学依据。同时，在评估过程中需要充分考虑建筑物的特定条件和环境因素，以确保评估结果的准确性和可靠性。

4. 数据分析

通过对损坏特征和检测数据的分析，可以确定损坏的程度和影响范围。使用数学模型、统计分析或人工智能技术，可以进一步推断出可能的损坏机制和发展趋势。在建筑物损坏诊断中，数据分析是一个关键的步骤，通过对收集到的数据进行分析和处理，可以得出有关建筑物损坏原因和程度的重要信息。以下是常见的数据分析方法。

（1）统计分析：通过统计方法，对收集到的数据进行整理、汇总和分析。例如，计算平均值、标准差、相关系数等，以了解损坏情况与其他因素之间的关联性。

（2）数据可视化：利用图表、图像等方式将数据可视化展示，帮助人们更直观地理解数据的特征和趋势。常见的可视化工具包括柱状图、折线图、散点图等。

（3）模型建立与拟合：根据收集到的数据，建立适当的数学模型，通过拟合数据来预测或解释建筑物损坏情况。例如，可以使用回归分析、神经网络等方法建立模型。

（4）强度评估：通过应力-应变关系和结构力学原理，对收集到的数据进行强度评估。这有助于确定建筑物的结构是否达到设计要求，以及损坏程度的定量评估。

（5）故障诊断：通过分析数据，识别可能导致建筑物损坏的潜在故障点。比如，通过振动频谱分析、频域分析等方法，可以确定结构的共振频率和固有特性。

（6）空间分析：对建筑物的空间分布进行分析，以了解不同部位的损坏情况和影响范围。例如，利用地理信息系统技术，可以将建筑物损坏点与空间位置相关联。

5. 建议和修复措施

基于损坏诊断结果，可以提供相应的建议和修复措施。这可能涉及结构加固、材料更换、维护计划制定等方面，以确保建筑物的安全和可靠性。根据建筑物损坏的具体情况和评估结果，以下是一些建议和修复措施。

（1）修复结构损坏：如果建筑物存在结构性损坏，如裂缝、变形等，需要进行相应的修复工作。可以采取加固措施，如设置钢筋混凝土梁柱、增加支撑等，以提高结构的稳定性。

（2）更换受损材料：对于受损严重的建筑材料，例如腐朽的木材、锈蚀的钢筋等，需要进行更换。确保所选用的新材料符合相关的性能标准，并按照正确的方法进行安装和固定。

（3）加强防水保护：如果建筑物存在漏水问题，特别是在屋顶、墙壁等部位，需要加强防水保护措施。可以采用防水涂料、防水膜等材料进行修补或重新覆盖，防止水分渗入和进一步损坏。

（4）进行维护和保养：定期进行建筑物的维护和保养，可以有效延长其使用寿命。包括清理排水系统、检查电气设备、修复漏洞等，确保建筑物各项功能正常运行。

（5）增加抗震能力：如果建筑物位于地震活跃区域，可以考虑采取抗震措施，提高建筑物的抗震能力。例如，增加结构支撑、加固墙体连接等，以减少地震对建筑物的影响。

（6）注重环境适应性：根据建筑物所处的环境条件，合理选择材料和设计方案，以提高建筑物的适应性和耐久性。例如，在湿润地区使用防潮材料，在高温地区采取隔热措施等。

（7）寻求专业帮助：针对复杂的建筑物损坏情况，建议寻求专业工程师或建筑师的帮助。他们可以根据具体情况提供更详细的修复建议,并制定相应的修复方案。

总之,根据损坏的程度和原因,采取适当的修复措施非常重要。同时,定期的维护和保养工作也是预防建筑物损坏的关键措施之一。请确保在进行修复工作时遵循相关的建筑规范和安全标准,以确保修复工作的质量和可靠性。建筑物损坏诊断在建筑结构工程中具有重要意义。它可以帮助我们了解建筑物的健康状况,预测潜在的问题,并采取相应的维护和修复手段。然而,建筑物损坏诊断也面临一些挑战,如复杂的损坏机理、限制性访问条件等。因此,在进行建筑物损坏诊断时,需要综合运用多种方法和技术,并结合专业知识和经验进行综合评估。

7.6 智能化防灾减灾

智能化防灾减灾是指利用先进的技术和智能化手段来提高预防、应对自然灾害和从中恢复的能力。以下是一些智能化防灾减灾的方法和措施。

1. 智能监测系统

使用传感器和监测设备实时监测地震、洪水、气象等自然灾害的发生情况。通过自动收集和分析数据,可以及时发出预警信号,帮助人们做好防范和疏散准备。智能监测系统是一种利用先进的传感器和监测设备来实时监测自然灾害发生情况的技术系统。该系统通过采集和分析各种数据,如地震、洪水、气象等,可以提供及时的预警信息,以帮助人们做好防范和疏散准备。

2. 大数据分析与预警模型

利用大数据分析和建立预警模型,通过历史数据和实时数据,提前预测灾害的可能发生和影响范围。这样可以帮助政府和相关机构制定更科学有效的防灾减灾策略和应急预案。大数据分析与预警模型是利用大规模的历史和实时数据,通过分析和建立数学模型来预测自然灾害的可能发生和影响范围。

3. 人工智能支持

利用人工智能技术处理和分析大量的数据,快速识别关键信息,并提供决策支持。例如,使用机器学习算法识别潜在的灾害风险区域或预测灾后需求。人工智能支持是指利用人工智能技术来处理和分析大量的数据,快速识别关键信息,并提供决策支持。在防灾减灾领域,人工智能可以发挥重要作用。人工智能支持可以提高防灾减灾工作的效率和准确性,但也需要考虑数据隐私和信息安全等问题,并不断完善算法和模型,以提高其性能和可靠性。此外,人工智能支持应与传统的防灾措施相结合,形成一个综合的防灾减灾体系。

4. 无人机和遥感技术

利用无人机和遥感技术,获取灾区的高分辨率影像和地形数据。这有助于快速评估灾害损失、搜索救援被困人员以及规划恢复重建工作。无人机和遥感技术是在防灾减灾领域广泛应用的一种技术手段,它们可以提供高分辨率的图像和数据,帮助监测和评估灾害情况,指导救援行动,并支持灾后重建和恢复工作。然而,在使用这些技术时,需要考虑隐私和安全问题,并确保合法、透明的操作。此外,还需要加强相关人员的培训和技术支持,以发挥无人机和遥感技术的最大潜力。

5. 社交媒体和移动应用

利用社交媒体和移动应用平台，实时获取公众的灾情报告和求助信息。这不仅为救援人员提供参考，也鼓励公众参与到防灾减灾行动中。社交媒体和移动应用在现代社会中扮演着重要的角色，它们改变了人们的社交方式、信息获取和传播的方式。

综合运用智能化技术可以提高防灾减灾的效率和准确性，但也需要考虑数据隐私和信息安全等问题，并与传统的防灾措施相结合，形成一个综合、多层次的防灾减灾体系。

<h2 style="text-align:center">课 后 习 题</h2>

7-1 智能化健康监测主要分为哪几个方面？

7-2 简述智能化防灾减灾的技术应用。

7-3 简述 SHM 系统在智能化健康监测与防灾减灾的应用。

7-4 分析智能化健康监测与防灾减灾的挑战。

7-5 选择一个实际的智能建造项目，分析其智能化防灾减灾的技术应用，并评估其实际效果。

第8章　安全管理与智能建造

8.1　城市安全管理

城市公共安全监测管理日益复杂，单一数据源和传统空间数据已难以满足事件诊断、发现与预警需求。借助互联网、物联网、社交网络及综合观测系统，现代城市公共安全监控网络由卫星、无人机、地面视频监控、手机和 GPS 设备共同构建，形成立体监控体系。公共安全监测生成的大量时空数据（如视频、图像、轨迹数据等）既蕴含丰富的时空与语义信息，又具有多维、多尺度、多时态及多模态特征。其中，多模态特征使同一时空对象可拥有多种数据描述。不同模态数据在事件诊断与预警中呈现低级特征异质性和高级语义相关性，传统单模态数据检索难以满足需求。实现同一事件的高效跨模态数据检索需深入分析不同模态数据间的关联，建立关联模型，推动准确诊断、快速检测与及时预警。跨模态检索技术的核心在于建立多模态数据的相关性并实现有效检索。尽管近年来跨模态检索技术在普通文本、图像与视频领域发展迅速，但针对时空特征显著、语义信息丰富的多模态时空数据研究仍较少。

随着城市三维公共安全监测网络的不断完善，研究多模态公共安全监测数据的跨模态检索技术，已成为支持城市公共安全事件诊断、发现和预警的关键方向。城市公共安全治理的概念也应运而生。城市是人力、物力和财力最集中的地区，是一个地区经济发展的重要代表。随着城市规模的不断扩大和城镇化水平的不断提高，各种城市公共安全事件对人们的生命安全构成极大威胁。

8.2　智慧城市建设中公共安全机器智能监控系统设计

公共安全是一个非常复杂的系统，实际上，与国家安全、城市安全、社会保障相比，公共安全与人们的日常生活息息相关。换句话说，任何生活在城市里的人都与城市的公共安全有很大的关系。从此前其他学者对公共安全内涵的研究成果可以发现，目前对公共安全内涵的研究主要集中在三个方面：一是法律层面危害公共安全行为的研究；二是专业公共安全工作研究；三是从科学角度对公共安全技术的研究。通过结合其他学者的研究成果和当前公共安全研究的方向，可以定义公共安全。公共安全是社会和公民的安全，从公共行政的角度看，是指公共领域的外部环境、基本价值观、利益和制度能够保持固定的发展方向，并如大家所期望的那样，确保社会和公民的正常生产生活不受相应的威胁。

从经济角度来看，城市是在一定空间区域内相交的经济要素和市场网络；从地理角度来看，它是在合适位置的人和房屋的密集聚集；从社会学的角度来看，城市是一种以第二和第三产业工人为主要人口的社会组织形式。城市是政治、经济和文化元素的综合体，形成了居民特别居住的特殊区域，即相对没有农业生产活动。由此可见，城市安全的关键在于构建一个相对稳定的体系，将各种城市要素聚集在一起。然而，城市本身各个要素的复杂性使其在管理城市安全运行的过程中容易受到各种因素的影响，这反过来又导致公共安全问题的出现。城市安全作为国家结构体系的基本要素，关系到全国的安全，所以城市安全的上层是国家安全，管理好城市公共安全非常重要。这可以概括为，城市公共安全也意味着城市整体的安全，这也意味着城市在发展过程中需要遵循一定的规律和模式，以确保其运行的稳定性，如图 8-1 所示。

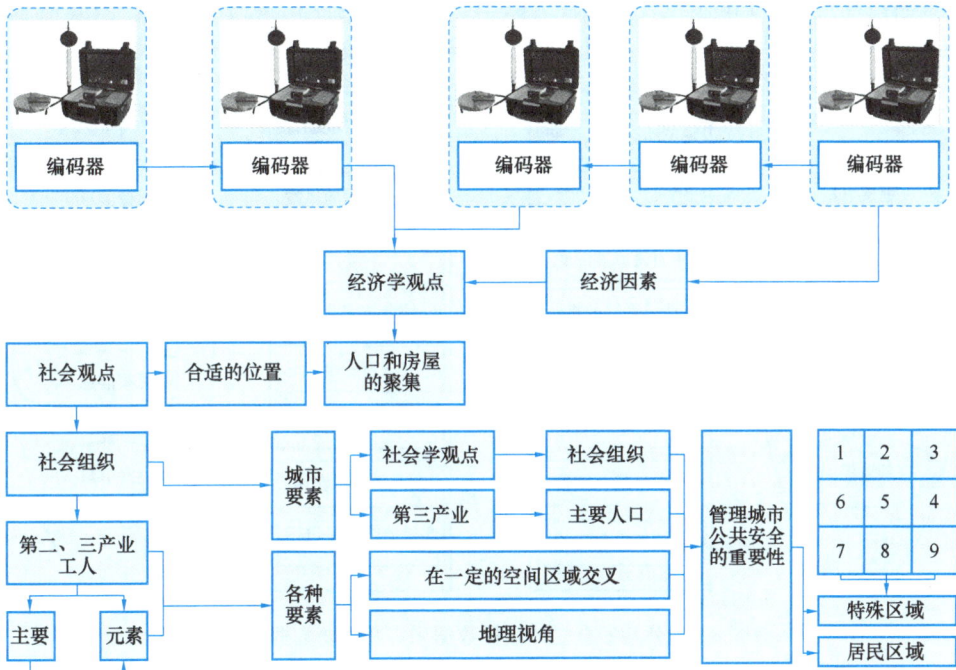

图 8-1　智慧城市建设公共安全机器智能监控框架

城市公共安全事件的诊断、发现和预警依赖不同模态的时空数据支撑，这是一个从粗略查询到精确分析的渐进过程。针对不同阶段需求，需要实现多模态时空数据的高效跨模态检索，既要求快速响应，又需综合时间、空间和语义信息。事件信息更新后，应根据事件类型和级别激活相应预案，组织应急成员及机器人应急小组迅速抵达现场，按预案内容启动救援工作。机器人应急预案需依据相关法律法规，针对不同级别、类型的事故及危险源制定专项和现场应急处置预案，明确各环节责任分工。事件发生时及事后，应补充完善机器人应急预案，使其根据实际情况快速激活。机器人指挥控制系统的预案库应涵盖全面应急预案、专项预案及现场处置计划，为事件应对提供制度化支持，实现高效应急响应。

为解决传统案例仅能查看而无法实际应用的问题，机器人指控系统采用智能流程管理，通过分解流程、分析关键节点并控制其进度，提升计划的实用性。系统提供计划编制模板，用户可输入具体内容并对信息接收、传递、事件响应等关键节点进行过程控制。紧急情况发生时，系统启动并监控计划流程。首先，根据事件的类型、级别与范围，通过关键词匹配最相似的计划并结合实际情况修改内容；随后，分配流程任务及应急资源；最后，实时监控任务执行及资源调度，确保计划有效落实。

通过准确定位城市动态风险演化，推进风险识别与设计，构建城市局部子系统的实时链式应变机制，可提前识别灾害风险并触发系统自动调整，干预应急响应活动，从而形成自适应机制以应对信息差导致的不确定性风险。同时，分析城市系统安全结构表明，扩大安全边际、提升综合承载能力及灾后恢复能力，是保障城市安全的关键路径。如图 8-2 所示，行动阶段根据处置计划内容将具体任务分配至机器人及其他应急实体，并通过地图联动监控任务执行。模型中，贯穿指挥控制系统全流程的信息流（以箭头表示）来源于外部环境，具有及时性、可转移性、依赖性、共享性、可证伪性和实用性特征。因此信息的获取、传输、处理与利用过程需满足更高要求，确保高效支持应急响应和资源调度。

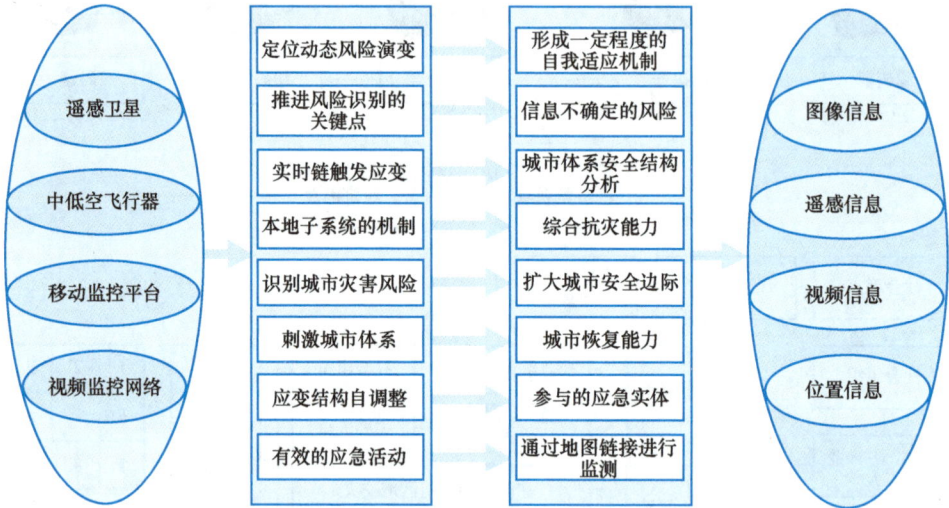

图 8-2　公共安全立体监控数据采集及主要数据类型

与传统空间数据不同，公共安全监控数据不仅具有传统空间数据的海量和非结构化特征，还具有多模态特征。多模态特征是指同一时空对象具有多种不同形式的数据描述，以及不同模态数据之间低级特征异质性和高级语义相关性的特征。例如，如果民警想利用公安监控数据逮捕嫌疑人，民警可以通过视频数据、交通轨迹数据等几种不同模态数据的描述来识别嫌疑人的位置。公共安全监测数据的多模态特性为支持多源时空数据的深度跨模态分析、挖掘和应用提供了可能性。

8.3　公共安全机器智能监控预警方法设计

海量公共数据的关键在于应用，而数据应用的前提是数据开放。由于公共部门技术能力有限，城市引入民间机构为"城市大脑"工程提供技术支持。按照"城市大脑"的逻辑，从数据采集到应用的全链条中，民间机构发挥着主导作用。例如，私营部门可通过道路视频监控获取实时交通数据，利用算法分析与建模，优化匝道和信号控制，缓解交通拥堵，甚至还能基于实时路况预测，为救护车等特种车辆规划最优路线。此外，民间组织可根据需求向相关部门申请数据，获批后进行数据清洗、挖掘与应用，充分发挥数据价值。然而，数据采集、清洗、挖掘各环节均可能存在数据安全隐患。

城市是复杂系统，智慧城市建设涉及跨领域、跨部门的资源与信息共享。建设中应优先选择战略意义重大、需求迫切、效益显著的领域，启动相关项目，短期内取得成果，形成系统模型并总结经验，为后续拓展奠定基础。同时，应优化信息基础设施，制定感知设备、云基础等技术与运维标准，建立应用规范，引导智慧城市建设。通过将项目纳入考核体系并定期评估，确保工程稳步推进，助力智慧城市的高效建设。

智慧城市的顶层设计从整体视角出发，整合系统各层次与要素，协调多方参与者，定义统一目标。建设遵循一体化规划、协同融合、资源整合共享、服务惠民的原则，注重以人为本与城市特色。实现智慧城市需及时、准确获取城市运行数据，而智能基础设施作为信息主要来源，是技术架构的基础层。当前，各业务领域数据分散于独立子系统中，数据量庞大且格式不一，加之数据库架构随软件升级而变动，导致数据转换效率低下，并面临新旧系统接口集成及跨系统接口访问困难的问题。为此，建立统一数据接口可实现高速转换与高效传输。

智慧城市的治理离不开法治、智能化、标准化和社会化。依法治理，以法治思维解决顽疾；智能化是精细化管理的未来，通过信息共享、快速联动及智能管理提升效率；标准化则通过完善标准体系，统一量化各部门管理标准，使其可考核、可追溯；社会化强调多元主体协同，整合社会和市场力量，共同推进精细化管理。城市精细化管理需以人为本，运用精确法规与科学标准，结合智能技术和多元治理模式，提升安全、秩序与舒适性，满足社会各阶层需求。

在公共数据开放方面，并非所有数据都可无条件向私营部门开放。涉及公民隐私、政府机密或商业机密的数据需严格管控，否则可能引发私营部门滥用数据牟利等问题。公共数据应按保密性和重要性划分为可见且可用、仅可见及不可见数据，并在此基础上细分开放范围。同时，明确政府、业务部门及专业机构职责分工，合理配置视频资源应用权限。中心需组织专职技术团队与业务研发人员协作，保障视频监控在建设、管理、应用和维护中的有效运行。通过强化监控建设和深化应用效益，推动智慧城市视频资源价值最大化。

课 后 习 题

8-1 简述安全管理与智能建造对于维护城市公共安全的意义。

8-2 简述公共安全机器智能监控预警方法设计流程。

第9章　质量管理与智能建造

"十三五"期间，建筑业在我国国民经济中的支柱作用不断增强，发展态势良好。工程施工作为复杂的"人-机-环"系统工程，因环境复杂、质量与安全管理难度大，正逐步引入人工智能、数字孪生、物联网、区块链等数字技术。2020年，住房和城乡建设部等13个部门联合印发《关于推动智能建造与建筑工业化协同发展的指导意见》，提出以数字化、智能化升级为动力，创新突破相关核心技术，加大智能建造在工程建设各环节应用。智能建造以技术创新为基础，成为工程建造产业转型升级的重要手段，推动全产业链智能建造体系逐步成型。该体系覆盖研发、规划设计、施工装配到运营的全过程，推动产业生产方式从粗放型、碎片化、劳动密集型向精细型、集成化、技术密集型转变。智能建造交付的不仅是实体工程，更是实物产品与数字产品相融合的复合产品，体现了建筑业向高质量发展的迈进。

9.1　基于数字孪生技术的工程质量安全管理研究现状

数字孪生技术通过虚实双向映射，实现物理系统与数字表达的动态交互与实时联系。在建造业工程质量安全管理中的应用，旨在利用先进感知、仿真与计算技术，实现建造全过程的可控与可计算，推动工地质量与安全管理的数字化。数字孪生技术的核心应用包括工程智能感知、计算分析方法及工程数字孪生技术。作为调度管理平台的核心，数字孪生功能层是实现系统目标功能的关键环节，如图9-1所示。该层在获取数据处理层提供的调度数据后，基于多物理、多尺度的项目建模仿真技术（B技术），结合人工智能算法优化调度方案，确保虚拟施工模型与实际施工系统的实时同步与动态调整，全面提升施工管理的效率与精度。

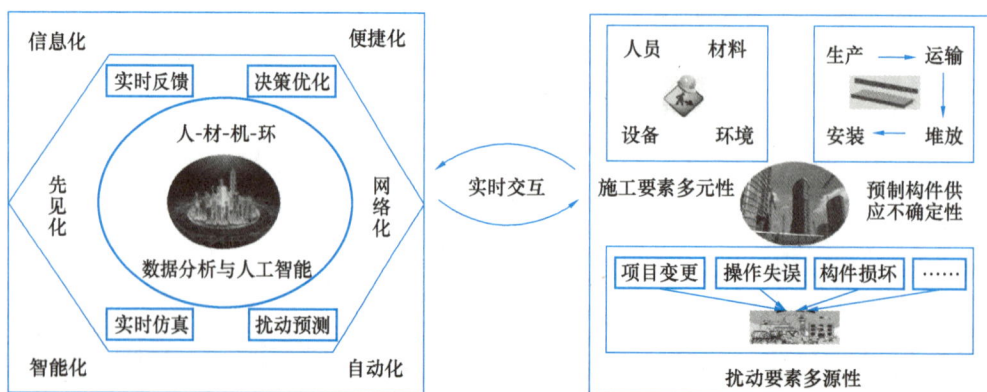

图 9-1　数字孪生与项目调度融合示意图

人机交互层是调度管理平台与管理者的直接对接层级，主要功能是为平台使用者与数字孪生项目调度管理平台提供可视化、直观化、可操作化的交流通道。作为直接面向平台使用者的窗口，人机交互层通过 3D 虚拟映射的方式，集成视觉、听觉、触觉、重力感知等，帮助使用者了解和掌握物理施工系统的属性和实时状态，通过人机交互层沉浸式的调度方法展示，使用者可以便捷地向管理平台系统下达决策指令，从而实现对物理施工系统的数字化管控，如图 9-2 所示。

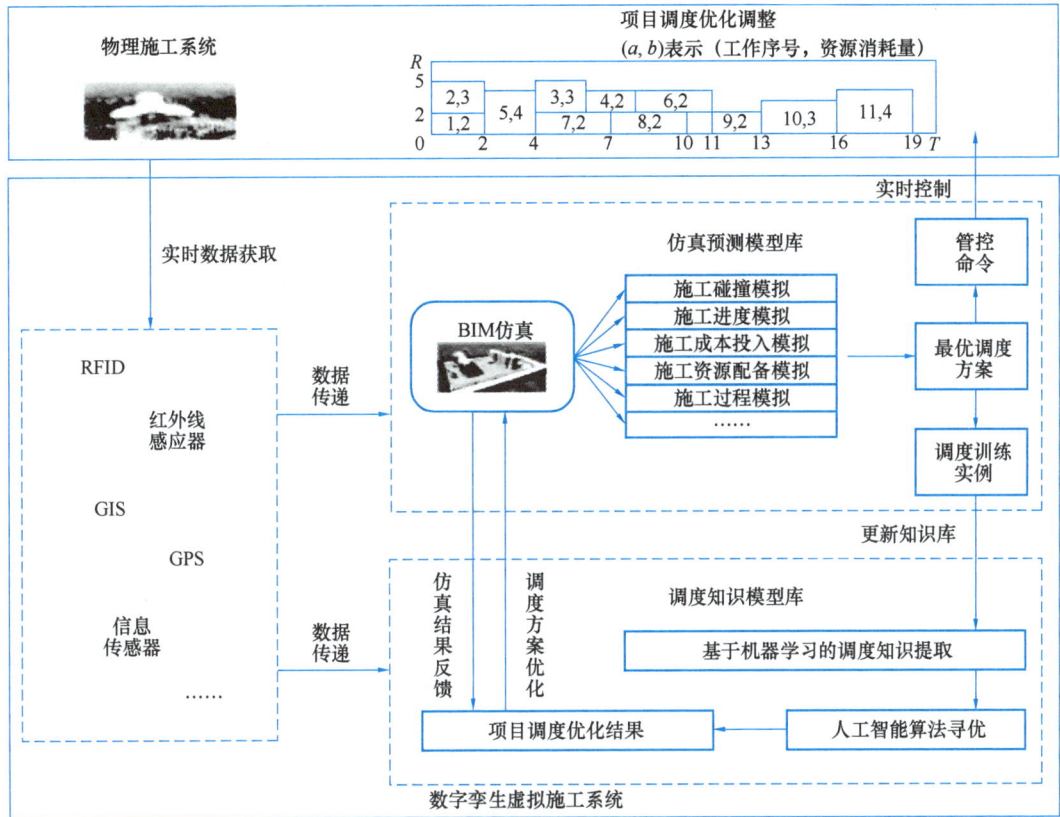

图 9-2　数字孪生驱动的项目调度优化架构

当前，数字孪生技术主要应用于工程建造项目的运行维护阶段，如图 9-3 所示。例如，在建筑工程中，可通过楼宇数字孪生模型搭建资源和能源消耗的可视化监测平台；在基础设施工程中，桥梁数字孪生模型可用于预应力混凝土桥梁的损伤评估、安全监控及养护管理。部分研究还尝试在施工阶段构建数字孪生模型，通过跟踪检测筒仓类型、填充材料和位置等信息，优化材料供应流程，并基于阈值制定补货策略，避免材料耗尽。此外，面向个人的数字孪生模型也被提出，用于信息驱动的个性化认知和决策支持。

数字孪生模型的更新方式与频率是其应用的核心问题。为确保模型反映物理对象的真实状态，需持续更新模型信息。虽然手动更新更加直接，但效率低，因此主要采用传感器数据更新模型。当数据来源和种类较多时，需要采取混合更新策略，如城市灾害数字孪生模型的数据更新方式包括遥感、社会感知、众包数据等。实时更新的方式不一定适合所有场景，在部分场景反而会造成资源浪费，因此选择模型数据更新方式需要综合考虑技术和经济因素。

数字孪生技术对基于数据驱动的工程质量安全管理决策具有重要价值。数字孪生已在建模、信息物理融合等方面取得了一定进展，通过对项目全要素物理和功能特性的数字化表达，使得传统文件级数据管理转变为更为精细的构件级数据管理。

建筑施工领域数字孪生框架以传统物理施工现场为基础，从几何、物理、行为、规则四个层面建立虚拟施工模型，物理模型与虚拟施工现场之间的数据进行实时交互。同时将物理施工现场和虚拟施工模型数据上传至云端，形成孪生数据平台。孪生数据平台按照人员、设备、材料、工法、环境的维度对数据进行分类处理，以马尔科夫、决策森林、BP神经网络、支持向量机、深度信念网络等算法为驱动，实现进度成本估算、安全风险预测、质量控制等服务。基于该框架可以大大提高施工过程的信息化水平，加强了对施工过程的控制，提高施工效率，减少施工中的风险，保证施工质量。

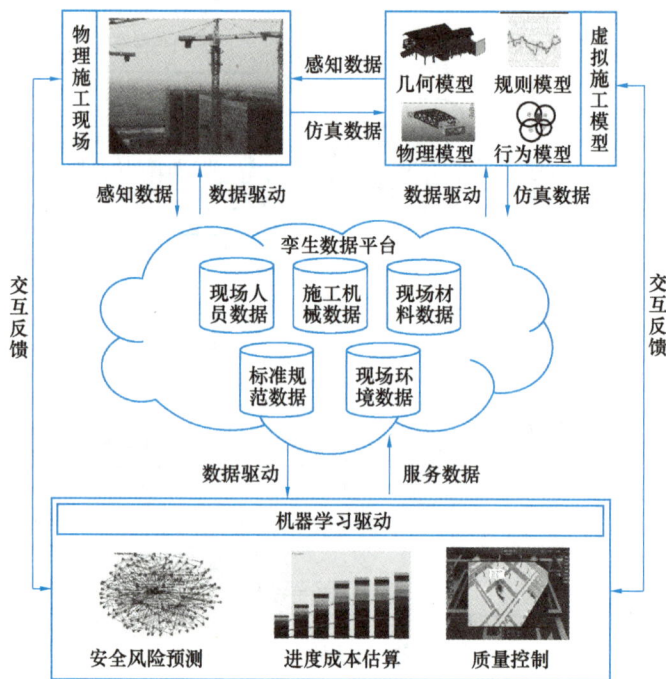

图 9-3　建筑领域的数字孪生框架

9.2　新一代智能建造质量安全管理与控制体系

新一代工程智能建造质量安全管理与控制体系（图 9-4），利用数字孪生技术将"人、机、料、法、环"等工程要素虚拟化和参数化，利用智能算法实现智能化设计及工程质量安全状态智能感知与分析；据此进行工程质量安全治理与动态监管，实现人与系统之间、系统与平台之间、平台与设备之间的智能互联互通，实现面向施工质量安全的建造过程泛在感知、实时分析和智能控制。

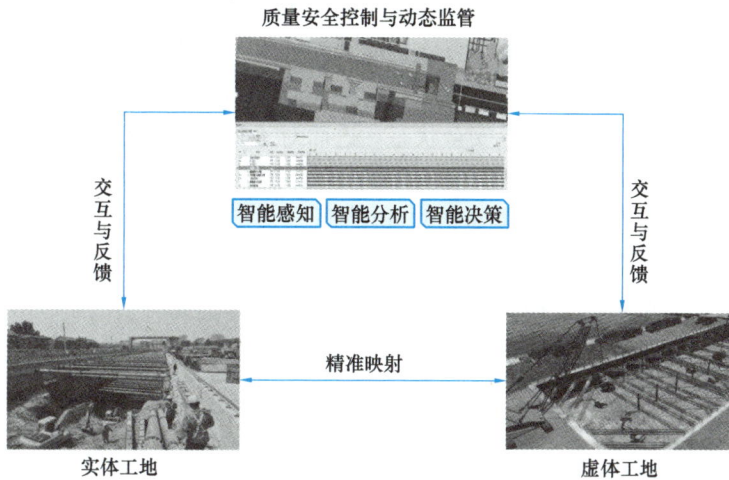

质量安全控制与动态监管

智能感知 智能分析 智能决策

交互与反馈 交互与反馈

精准映射

实体工地 虚体工地

图 9-4 新一代工程智能建造质量安全管理与控制体系

9.2.1 面向质量安全控制的产品智能设计

1. 以质量安全为导向的智能设计

运用项目外部环境的数字孪生参数模型和设计方案库数据，根据用户需求及偏好，结合项目特征、地理位置、地质情况、容积率等参数，针对项目质量与安全管理目标，实现智能建造设计，自动推算出符合要求的产品设计方案。

2. 用户有效参与设计

技术发展促进了创新形态转变，现阶段的设计理念更加重视以用户为中心。用户体验是用户对期望使用的产品、系统或服务的认知印象和回应，包括情感、信仰、喜好、认知等方面。传统工程质量安全管理以满足相关标准规程为目标，用户参与较少；在新技术条件下，应将用户使用体验作为检验工程产品质量可靠度的最终目标，这将是企业核心竞争力的体现。同时，将持续改进质量管理的理念融入前端设计环节，充分考虑后续施工与使用环节的便利性和可靠性；将用户意见、反馈与需求纳入设计需求，面向用户需求提供定制化的工程服务，为用户提供高质量的产品。

3. 产品质量持续改进

基于数字孪生技术条件，在工程建设之前，运用仿真镜像，通过数字化设计和仿真出完整的数字档案，包括产品结构、功能、材料、工艺流程等，实现工程安全质量追溯；在工程进行过程中，通过传感与监测技术，实现实体与虚体之间的相互投射与校核，捕捉工程偏差并进行及时纠偏；积累大量工程质量安全问题数据，形成质量安全通病库，对特定的工程建设项目进行质量安全风险评估，并在虚拟条件下进行调整与验证，根据工程建设进展进行持续的质量改进。

9.2.2 工程质量安全状态智能感知与分析

1. 面向工地安全的工程物联网网络布局

从"人-机-环"安全状态相互作用机理出发，在施工现场布置面向工程质量安全监控传感器，如视频监控、定位传感器、位移传感器等；集成 5G、传感网、云边协同计算方法，建立基于 5G 的智能工地安全物联网技术体系，实现对工程实体数据的实时监控。

2. 工地泛场景下的施工安全状态智能感知与计算方法

利用机器视觉、传感器、深度学习等智能感知技术，采集施工过程中人的工作状态与位置、机械设备运行轨迹、场景环境状态实时数据，提取施工现场中"人-机-环"风险要素，识别人的不安全行为和物的不安全状态，进而对工程中可能产生的质量安全问题进行预测与干预。

3. 面向质量安全的工程数字孪生语义建模

分析主要工程要素数据的结构化语义表征，将数据中包含的语义特征进行分类和结构化编码，以便进一步的数据利用；将点云、图像、文本等不同类型的工程数据转化为跨模态的工程数字孪生动态模型，通过从现场状态图像到数字语义表征的自动识别与转化，提高数据的可交互性与可操作性。

9.2.3 工程质量治理与动态监管

1. 基于区块链的工程质量可信大数据

在数字孪生环境下，构建覆盖建筑业的工程质量安全信息可信管理体系与平台，一致可靠地记录海量数据与信息。通过高效的数据采集和有效的信息整合，提升工程质量安全监管的针对性和有效性。通过建立数据的集体维护和共治机制，确保工程质量安全信息的公开、透明、不可篡改，进而形成工程质量安全监管的数据基础、丰富行业治理能力的手段。

2. 基于诚信的动态评价

在数据公开、透明的条件下，运用数字孪生技术产生的各类工程质量安全动态数据，通过自动化整理与分类，形成责任主体诚信行为数据集，更好接受来自社会、政府机构、相关利益主体的监督。通过数据挖掘和机器学习，建立基于数据，具备科学性、可比性和可操作性的诚信动态评价体系，改善传统评价方法的主观性和滞后性。对市场主体的诚信状态进行实时的计算与排序，激发工程质量安全责任主体与个人的能动性，形成全社会广泛参与、基于诚信动态评价的建筑市场运作机制，保证工程建造的质量与安全。

3. 基于质量的激励机制

在公开透明的工程质量安全数据管理体系以及涵盖相应责任主体、岗位、个人的诚信动态评价体系基础上，运用基于质量的激励机制可以激发建筑业参与主体在提升质量安全水平与绩效方面的积极性。由政府主导形成基于最高诚信评价的评标机制，推动实施基于工程质量安全的奖励制度，使得诚信评价越高、质量安全表现越突出的主体能够获得更多收益。

9.3 新一代智能建造质量安全管理与控制体系发展建议

9.3.1 管理方面

1. 构建开放共享的工程建造质量安全信息环境

工程建造质量安全管理应建立在大数据的基础上，包括市政设施、企业经营等相关数据。构建开放、数据共享的工程建造质量安全信息环境，打破部门之间的数据壁垒，为工程质量安全信息的调取、分析与决策提供充分便利。

2. 建立透明的工程建造质量安全信用体系

工程建造质量安全事关国计民生，数字孪生技术打通了物理实景信息与数字虚拟场景之间的界限，网络系统也逐渐由封闭向开放转变。在新技术背景下，工程建设质量安全的责任主体也应建立健全的工程建造质量安全信用体系，通过信用档案建设，将企业乃至个人与工程深度连接，形成责任信息链，促进企业内部及个人对工程建造质量的管理。

3. 打通建设管理业务的关键环节

将智能化的工程质量安全管控技术应用于相关管理部门的实际监管流程，保证信息及时性，减少人为操作。运用数字孪生技术连通虚拟与现实，将施工现场数据与管理平台管理模块对接，减少重复手工劳动及中间环节，支持工程项目管理的提质增效。

9.3.2 技术方面

1. 可操作性强的远程人机交互

数字孪生技术强调物理对象与虚拟对象之间的交互，可将目标系统的机构、机理、运行流程、状态、健康情况、变化趋势等动态映射到虚拟空间，使管理者与虚拟体之间可以沉浸式交互。

2. 集成数字化基础设施

借助数字孪生技术，对城市基础设施进行集成和数字化呈现，支持构建数字城市，实现城市管理智能化和运行有序化。通过虚拟空间和城市实体的联动，指引和优化物理城市的交通管控、设施运维、生态环境建设，协助处理突发事件及紧急情况，助力智能化、数字化城市建设。

3. 深度结合平行系统

平行系统和数字孪生技术均随着 AI 和物联网等技术的进步而发展，通过数据驱动与物理实体构建虚拟系统，并对其进行试验、分析、解析和优化。数字孪生技术在工程建造中的建模往往忽视了开放环境的影响，其与环境的单向交互特点使得对环境的感知滞后于实际变化。而在平行系统中，通过智能体等手段将人员和环境在人工系统中建模，并通过内在认知过程映射实际系统，以实现对社会环境的反馈。建筑行业除了应用数字孪生技术进行建筑物的实景仿真外，还需集成人员、机具、材料、方法和环境等多维信息，构建整体复杂系统模型，以研究复杂系统的演变规律，进而指导建筑建造过程。

课 后 习 题

9-1 分析数字孪生技术在建造质量安全管理中的应用需求。

9-2 简述数字孪生技术的建造质量安全管理研究现状。

9-3 探讨新一代智能建造质量安全管理与控制体系发展的局限与展望。

第 10 章　成本及采购管理与智能建造

建筑智能化工程涉及学科广泛，综合了计算机、通信、自动控制和网络等技术，使得建筑物内的电力、空调照明、防火、防盗和运输等设备协调工作，实现楼宇自动化、通信自动化和办公自动化，是信息技术的综合应用和体现，其建设过程涉及多个专业领域，是一个综合的系统集成工程。建筑智能化工程是一个逐渐发展完善的全新概念，当前从事这方面的专业技术人员较少，能同时具备技术、施工管理和工程造价的复合型人才极其缺乏，因此造价管理工作有一定难度。除此之外，建筑智能化工程项目在设计管理流程、各阶段的设计深度和设计参与者等方面与土建、安装等工程存在较大差异，这些因素的存在，使得智能化工程的造价管理尤为困难。

10.1　智能化工程造价管理的主要特点

智能化工程造价管理的特点与智能化工程设计程序、特点具有紧密联系。智能化工程设计程序主要分为：需求分析、方案设计、系统设计、优化设计和深化设计。目前，一般大中型智能化工程的设计程序的需求分析、方案设计、系统设计、优化设计阶段多数由设计院来完成，或由设备供应商和系统集成商来协助设计院完成。大部分情况下前 4 个设计程序的正确性、完善性、符合性对造价管理至关重要，直接影响后续造价管理工作的成败。而深化设计在这一程序基本上是由系统集成商来完成，或由设备供应商来协助系统集成商完成，只不过是从设计院输出设计结果的。建筑智能化工程具有专业技术强、设备变化快等特点，使得智能化工程造价管理具有以下主要特点。

（1）智能化工程系统的辅助系统和辅助设备种类繁多而且设备的更新换代周期比较短。

（2）不同厂家生产的设备性能和设备品牌存在巨大差异，即使同一生产厂家的设备型号也存在差异，价格上具有明显的差异。

（3）系统供应商家是系统的设计和生产方，因此主要承担设备的更新换代技术，主导设备系统的技术供应。

10.2　当前智能化工程造价中存在的问题

1. 项目投资决策阶段存在的问题

（1）由于智能化的认识不足，而且项目投资的重任主要集中在没有专业经验的施工建设单位，所以在实际的项目决策阶段，极易出现大量的漏洞和不足之处，影响后期的项目施工和建设。

（2）由于管理经验相对欠缺，所以对项目的可行性分析比较片面，缺乏科学理论作指导，同时对于资金的预算评估不到位，常常与实际资金输出存在较大偏差。

2. 项目设计阶段存在的问题

（1）项目设计人员主要负责项目设计任务，但是由于设计人员对施工场地不了解，对施工建设的情况不了解，所以具体的设计工作存在偏差，质量相对较低。

（2）设计人员受到专业知识的限制，过于重视设计稿件的整体实用性能和审美性能，而对重要的经济性能没有达到足够的重视。

3. 招标投标阶段存在的问题

（1）招标的具体合同拟定和招标条款的制定主要依靠招标管理部门内部人员完成，由于经验欠缺，而且招标任务期限比较短，所以招标文件的基本条款不全面，常存在重大的条款漏项等。

（2）项目的评标专家通常是施工单位在数据库中随机抽取的，由于缺少相应的针对性，所以专家对具体的智能化工程评定不了解，另外，受到专家技术素质的制约和业务能力限制，对招标的项目审核能力低，而且缺乏逐一检查的工作热情。

（3）由于管理有缺陷，目前存在着投标单位恶性竞标，招标单位与投标单位相互勾结的现象，所以部分没有实际竞争力的施工单位鱼目混珠，竞标成功，而真正对智能化工程相对理解的单位，常失去真正的竞标机会。

（4）当前在招标投标的过程中存在着不合理竞争。部分内部招标人员常利用自身权力，以权谋私，利用职务之便扰乱招标市场秩序。

4. 施工阶段存在的问题

施工单位在实际的施工建设过程中，出于对经济成本的考虑，可能相应的内部调整施工工艺和施工程序等，这将严重干扰到工程的造价工作，使二者存在重大的偏差。

5. 竣工结算阶段存在的问题

（1）智能化工程的设备大多是电子产品，该类产品的性能差异大，价格差距大，而且型号和使用标准等存在较大差异，所以对其的价格评估与实际购买存在一定的矛盾，需要造价人员具有一定的工作经验和对市场观察的敏感度。

（2）缺少专业的智能化工程的审计人员，缺乏对整体智能系统的认识和理论知识，使得工程结算价不能真正反映工程造价。

10.3 智能化工程造价管理的策略分析

智能化造价管理工作是一项贯穿于项目施工各个阶段的复杂工作，它需要建立完善的体制，并在实际进行过程中进行多方协调，具体包括以下几个方面：项目投资决策阶段、项目设计阶段、招标投标阶段、施工阶段、竣工结算阶段。

1. 项目投资决策阶段

（1）做好基础资料的搜集工作，项目决策的科学制定需要决策人员进行大量的数据收集，并对数据信息进行系统地分析和评估。

（2）认真进行市场研究。组织一批具有工作经验的专家，针对招标市场进行系统地市场调研和分析，并进行多方会谈，趋利避害。

（3）做好方案优化工作。设计人员应具备相关造价专业知识，通过优化方案，合理选择设备。也可让项目造价跟踪审计人员提早参与介入。

2. 项目设计阶段

（1）加强对项目设计质量的监督，严格审查设计图纸，充分发挥图纸审查部门、技术和经济专家的职能作用，以求提高设计质量。

（2）开展优化方案征集。吸引社会上经验丰富的设备集成商，为设计单位的优化设计出谋划策，以完善设计、减少施工过程中的变更和缺陷。

3. 招标投标阶段

（1）给招标文件、工程量清单的编制人员充裕的编制时间。设计单位、建设单位人员要相互充分沟通，注意加强对招标文件、清单的审查。

（2）不断提高评标人员的业务水平和评标的质量。评标技术、经济专家需要更加细分，让真正的智能化专业专家参与智能化工程评标。合理低价中标的评标标准下，要特别警惕投标单位的不平衡报价。

（3）评标时，建议在以合理价格中标的基础上进行综合评分，建设单位不要一味追求低价。

4. 施工阶段

（1）建设单位、监理单位要及时掌握、记录施工过程中的真实信息，尤其在施工过程中，针对隐蔽工程，要为工程结算提供准确、翔实的依据。

（2）施工过程要严格按照合同规定的章程进行，并保证按时完成项目施工，尽量减少突发状况对工期的影响，以保证智能化工程的造价管理质量。

5. 竣工结算阶段

（1）竣工结算工作要全面，不仅对施工单位提交的各种有利因素进行分析，还要对存在劣势问题进行汇总，以保证竣工结算工作的全面和系统。

（2）审计人员必须协同建设施工单位的具体人员进行实地工作审核，走出数据的制约，综合实践结果。

（3）合理审计设备价格。设计要全面、分层次、有重点，必须以国家的标准物价为标准，同时还要适当借鉴市场的实际价格，以及同类商品的不同性价比等因素。

（4）审计人员要充实智能化方面的专业知识。审计人员只有不断提高自身的专业知识，才能保证造价管理工作有序展开，因此，需要组织审计人员进行定期的学习和深造，以加强对新设备和新技术的掌握能力。

10.4 智能建筑工程成本控制面临的问题

智能建筑工程包含众多的智能系统，而智能系统的设计方案、施工图设计以及具体工程施工大部分由设备供应商和系统集成商来进行，或者依靠其协助设计来完成，这使得智能建筑的工程成本控制出现很多不可避免的问题。

（1）建设单位对智能建筑工程项目决策存在误区。很多建设单位缺乏相应的专业人才，不能明确智能建筑的要求，对于智能系统的定位和功能选择不清楚，智能建筑项目未经过充分调研，在论证阶段进行项目决策时就求全贪大，盲目接受各种先进技术。这样产生的结果就是建成的智能化系统不能充分发挥所具有的功能，系统的利用率低下。造成智能建筑流于形式，导致巨大的资金浪费，资金的使用效率受到严重影响，工程中智能系统的造价失去控制，成本也难以管理。

（2）对智能系统的设计缺乏深度规划，导致智能系统的投资成本不明确。在对整个工程项目的设计过程中，多数项目智能化工程设计都滞后于建筑的设计。在准备施工图设计时，智能化系统设备的选择尚未确定，再加上相关专业的智能建筑设计人员的不足，往往造成设计人员不能充分理解具体工程的要求，设计图纸与建设单位功能需求不相符，大多数的方案工作留给系统集成商去完成，在智能系统二次深化设计时解决，往往造成前期设计方案不能满足现场施工的要求，从而出现智能系统设计上的缺陷，施工过程中经常出现返工、浪费现象。

（3）智能建筑工程中招标投标的不合理，给工程成本结算带来很大问题。由于智能建筑的系统型号选择和设备材料选择的不确定因素，造成智能化系统的各种不同配置的方案、不同的品牌、不同的型号之间的设备材料采购单价有很大出入。这样就造成低价中标的单位在具体施工过程中会随着工程的进行，以设计不能满足实际需要为由，提出对原有设计进行变更，使得建设单位在智能系统的投资上不断加大。

（4）由于智能建筑工程专业的预审人员不足，导致工程结算不能准确地反映工程的成本。预审人员对智能系统整体系统认识的不足和专业知识的限制，经常出现工程结算审核时出现很多矛盾和争议。监理单位、建设单位现场监管不严，施工单位偷工减料，给工程质量埋下隐患。

10.5 加强智能建筑工程成本管理的措施

为了有效地控制智能建筑的工程成本，提高资金利用率，建设单位要充分培养与配备自己的专业人才，发挥其主导作用。还要加强对智能建筑工程全过程的跟踪审核，落实到各个具体阶段。针对上面阐述的具体问题，制定出符合实际的管理办法和制度规章，使得对智能建筑工程的成本管理能够有序有效进行。

1. 项目决策过程中的成本控制

相关人员在项目决策进行阶段就要参与其中，在项目开发建议书和项目可行性研究报告阶段就要多方面地收集相关资料，做出详细的需求性分析。同时依据智能建筑物的性质、功能和具体使用情况提供准确的需求方案，给决策层提供参考，精确地进行投资与收益的分析。依据建筑物的具体使用情况配置相应的智能化子系统设备。这样不仅能最大程度地发挥智能化系统的功能，而且可以充分地发挥资金的利用率，减少和降低项目的投资风险，在源头控制智能建筑工程成本，为后面的工作打下良好的基础。

2. 项目设计过程中的成本控制

智能建筑设计对整个项目的功能、造价都起到关键的作用，设计方案的优化对工程成本的变化有着重大影响。决策层通过专业人员的具体需求分析，要求设计人员的设计在适应需求的前提下，最大程度地深化设计，依据智能建筑性质的定位来决定系统技术水平的定位、设备的性能选择和设备种类的选择，以及后面设备安装时的工程费用。使智能建筑的功能定位、整体设计方案、各种子系统方案的设计更加合理，从而尽量减少图纸修改、返工误工现象，达到控制工程成本的目标。

3. 项目招标过程中的成本控制

在制定招标文件时应明确建筑智能系统招标的范围、设备型号、关键材料品牌及质量要求等。智能建筑是一个复杂的系统集合，不能仅以报价的高低作为选择中标单位的依据。不同的施工设计方案，不同的设备材料选择将导致评标人员从报价上无法鉴别投标方的实力。智能建筑的评标应该采取综合评分法，在评审过程中除了要考虑技术方案、报价高低，还要考虑智能建筑的特殊性与复杂性。评标人员除了严格控制招标过程外，还要预留活口，避免在结算时造成重大成本偏差。

4. 项目施工过程中的成本控制

和普通建设项目一样，建设单位要及时掌握智能建筑工程施工过程中的详细信息，引起工程成本变化的设计必须由施工单位提出报价，经建设单位核定后才可实施，避免施工单位事后的漫天要价。施工过程中的隐蔽工程必须及时签证备案，做好相关经济、技术信息的处理，在工程结算时提供准确的信息。对于工程设计变更引起的费用增加、工期延误要进行必要的索赔。这些手段对控制工程成本起着显著作用。

5. 项目结算过程中的成本控制。

结算是建设单位控制工程成本的最后关口，除要求预审人员具有较高的智能建筑专业水平外还要有良好的职业素养，以严谨、细致、认真、负责的态度把握好这最后关口。针对智能建筑工程中复杂的设备和施工的特点，仔细做好工程量的审核，需要时同施工、监理单位深入现场核实其准确性。其次要认真做好智能工程设备材料价格的审核，坚持原则，以相关职能部门的价格信息为依据，同时参考市场调研价格。

目前我国智能化建筑的市场前景十分广阔，涉及智能工程成本的问题也日益增多。因此，建设单位必须紧跟智能领域的每一项技术革新，培养本单位具有较高水平的专业人员，加强对工程各个阶段成本的管理，准确控制工程成本，以"低成本、高质量"完成施工任务，达到"低耗高效"的目的。

课 后 习 题

10-1 简述智能化工程造价管理的主要特点。

10-2 简要分析当前智能化工程造价中存在的问题。

10-3 探讨如何加强智能化工程造价管理。

10-4 简要分析智能建筑工程成本控制面临的问题。

10-5 简述加强智能建筑工程成本管理的措施。

第 11 章　进度管理与智能建造

在建筑项目各方面都提升的时代，对建筑企业的要求也在提高，需要丰富的施工经验、先进的施工设备、过硬的施工技术、先进的管理系统和方式、证明企业综合实力的荣誉奖项和资质证书等。但是对建筑项目承建企业最关键的要求，就是建筑项目的进度。如果建筑项目进度控制不合理将会带来众多问题，严重时影响工程竣工时限，从而面临巨额赔偿款，在施工中也会带来工序衔接不当、材料供应管理失衡、设备应用衔接受到影响等。

11.1　建筑项目管理的进度控制概述

随着项目管理理念的不断深入，进度计划技术得到快速发展，支持项目进度管理，并给项目带来极大效益。目前常用的进度计划技术工具包括甘特图、关键路径法、计划评审技术等，其发展概况如图 11-1 所示。建筑项目管理中进度管理非常重要，但是控制项目进度却有很多阻碍。建筑企业提前拟定的施工计划是建筑项目进度控制的主要依据，在控制项目进度的过程中，通过科学的管理方法对施工环节进行安排，包括资源的分配、施工任务指派等，根据建筑项目管理的指导，施工现场才能够有序开展，同时才能够对建筑项目进度控制得更细致。在建筑项目管理的进度控制中，应该有合理的核查机制，随时检验计划与实际施工进度，是否能够步调一致。当建筑项目管理的进度控制不当时，需要分析施工影响因素、材料因素和人员因素。根据遇到的问题，选择对应的处理方案，进行部分调整，才能够保证建筑项目管理进度控制顺利进行。

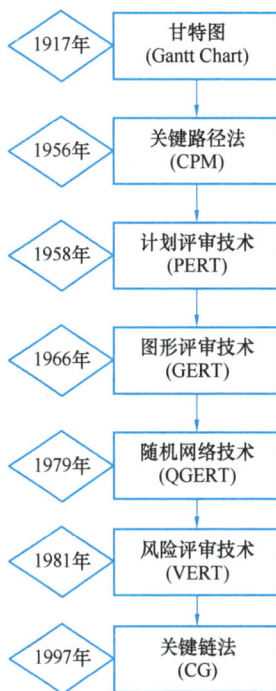

1917年	甘特图 (Gantt Chart)
1956年	关键路径法 (CPM)
1958年	计划评审技术 (PERT)
1966年	图形评审技术 (GERT)
1979年	随机网络技术 (QGERT)
1981年	风险评审技术 (VERT)
1997年	关键链法 (CG)

图 11-1　进度计划技术发展概况

11.2　建筑项目管理的进度控制方法

建筑项目质量标准越来越高，建筑工程施工过程中需要处理的技术难题也随之增多。从当前建筑施工所遇到的问题来看，对施工项目的管理不够重视，是建筑企业普遍存在的现象。社会对建筑质量、高度和外观等的要求越来越高，建筑项目施工的难度和技术性要求也更高，这就需要更先进、科学的建筑项目管理，才能够保证建筑施工进度得到更好的控制，整个工序衔接更有序，工程质量也得到保证。在建筑项目管理过程中，积极控制每个施工细节，也是减少各种风险出现的有效手段，使建筑项目在工期内交付。建筑企业只

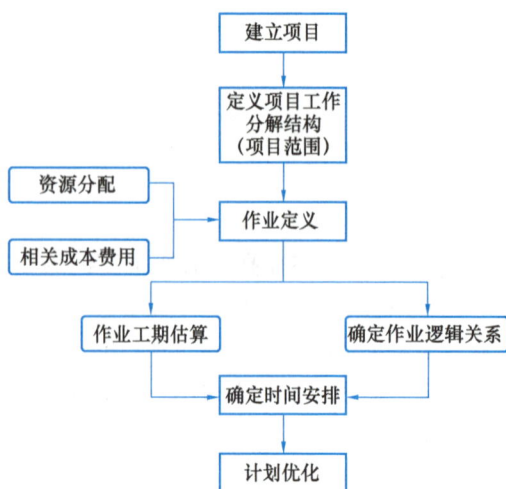

图 11-2　项目计划编制的一般流程

有控制好建筑项目的进度，才能够从最基本的条件下显示出企业的能力，在后续的建筑项目招标投标竞争中，不受到影响，同时也是企业建筑能力的证明。建筑项目进度管理存在建筑项目管理力度不强、制定施工计划缺乏实际勘查、项目施工人员安全意识不足、各方面资源配置管理不当等问题。编制项目进度计划，能够合理安排项目的时间，确保项目目标的达成，它是施工过程中项目进度控制的依据，能够为资源调配、时间调配提供依据。项目计划编制的一般流程如图 11-2 所示。

因此建筑项目管理的进度控制，已经成为建筑企业生存竞争的重要条件，做好施工进度控制有着积极的现实意义，常见进度控制方法如下。

1. 平行与交叉工作法

建筑项目管理中对施工环节进行划分，再结合每个任务区域的特征，完成工程项目，就是平行与交叉工作法。这种对庞杂的建筑项目进行分工的方式难度是较高的，需要具有专业知识和经验，才能完成整个分组任务。但是如果有分组不当的情况，就会带来众多问题，影响工程的顺利施工，甚至带来建筑安全和质量隐患，让建筑项目管理的进度失控。

2. 关键路径法

在建筑项目管理的施工过程中，采用关键路径法的核心是根据工程施工的关键工序对应的网络图，分别标注工程施工的进度，根据几条工序组成的路线活动历时，进行对应的相加，从而确定关键路径为最长的路线。关键路径上的施工工序组是主要的施工活动关键，每个工序称为关键节点，在关键路线图上标注。通过控制关键活动的进度，从而控制整个建筑项目进度，也通过关键路径从而做好建筑项目管理的进度控制。

3. 创新促进法

当前科学技术已经成为时代发展的主要动力，建筑项目的施工中，也需要重视在工序中采用科学技术，保证施工质量的精度，同时还能够科学合理地节约成本，让项目进度控制能够更有效，这也符合时代发展的需求，跟上行业发展的趋势。

4. 其他进度控制法

在建筑项目的组合划分过程中，可以通过组织措施法，结合建筑项目工程组织进行合理管理；结合建筑项目管理的施工进度，对施工人员和管理人员通过经济措施法进行惩奖结合管理；用合同约定的方法，进行建筑项目管理的进度管理，比如在分包合同中明确规定施工单位的施工进度和行为；在建筑项目管理的进度控制中，可以通过法律措施进行严格的规范等。

建筑项目管理的进度控制是有多种方法可用的，不应该墨守成规，而是应该因地制宜、与时俱进，才能够更好地达到建筑项目管理进度控制的目的。

11.3　建筑项目管理的进度影响因素

1. 业主方因素

业主方对建筑项目的要求，是建筑项目承建单位需要引起重视的关键点。在建筑工程施工过程中，项目施工中建筑功能的实现，是业主对建筑项目进度要求的决定因素。业主方对建筑功能的需求，就是建筑项目施工方作业的主要目的。在建筑工程施工中，承建方的经验和专业知识是丰富的，但是业主方却往往缺乏专业的建筑知识，容易造成进度延缓或者资金投入不畅等问题，影响建筑项目的施工。各种方面的影响因素，都会造成建筑项目难以顺利地根据计划完成任务。

2. 施工人员因素

在建筑项目管理的进度控制过程中，施工人员是整个建筑项目技术操作的关键，其职业素养对建筑项目的施工进度影响最直接。施工人员的经验，对建筑项目的施工细节影响非常大，在某些重难点工序中，技术掌握不熟练的施工人员，大大影响了建筑项目的进度和质量。因此，在建筑项目管理的进度控制过程中，应该重视建筑施工人员的职业素养，在施工单位分配人员时，就应该考察施工人员的操作步骤，是否达到施工标准，整个过程是否科学，否则后期施工过程中，如果影响了建筑质量，将会带来更多问题。

施工人员经验技术不足，导致建筑项目施工技术不能满足建筑质量要求，从而使施工进度受到影响。有些小的承办施工队伍，由于使用的设备没有及时更新，从而带来落后的技术，低效率完成施工项目的任务，造成施工不当，延误整个建筑项目的施工进度。在施工过程中，如果不能对施工图纸掌握到位，就容易导致施工过程中发生错误，从而影响整个施工进度。

3. 材料因素

建筑项目管理的进度控制还会受到原材料影响，当原材料的质量不达标时，整个建筑施工都受到影响。这就带来后期建筑施工安全风险中的材料问题，导致后期建筑工程质量因为材料出现裂缝甚至塌陷，从而带来人身安全问题。在材料供给过程中，因为工程材料供给不及时或者不足，就会造成建筑工程施工间断，导致建筑项目管理的进度控制滞后的情况。

在原材料的仓储管理过程中，也需要对应的技术要求，如果存储技术缺乏，会使原材料质量受到影响，从而影响施工进度。建筑项目管理的进度控制受到多种因素影响，需要从整个项目的各个细节上着手，才能够顺利完成建筑项目。

11.4　建筑项目管理的进度控制措施

1. 科学的项目管理措施

随着经济的迅猛发展，我国建筑行业也在发展，劳务工价的上涨，大量的务工人员加入建筑行业。在建筑项目管理的进度控制过程中，应该先做好建筑项目管理，在与劳务公司合作过程中，应该优先选择技术和素质较优质的劳务人员，才能够提升建筑项目的质量，从而带来建筑效率的提高。在劳务公司选择前，应该先进行调查，选择口碑较好的，在技术施工队伍合作中，施工队伍应该选择技术较好的工人，进行优先建设任务安排，才能够保证建筑进度，而经验缺乏的工人，做基础简单的工序。

在建筑项目启动后，管理人员都要重复检查安全优化措施，对各个细节安全管理检查到位，管理重心应该在施工项目的不安全因素上，重视风险高的工序。对各方面的安全因素提出对应的防护策略，进行合理的管理，从而避免高风险作业进行过程中，发生安全风险问题，从而影响进度，采用动态监控的方式，随时对危险区域实时监控，才能够避免更多安全问题，保证人身安全，项目施工管理人员也应该监察到位。

2. 建筑项目进度计划制定措施

在建筑项目管理的进度控制过程中，最重要的是编制项目工程的施工计划，只有完整、详细的施工计划，才能够在后期建筑项目管理的进度控制过程中，起到确实有效的指导作用。完整的施工计划，还可作为工程索赔和竣工的参考依据。在进行施工计划编制的过程中，应该根据实际情况进行，从建筑项目整体出发，从上到下，不能忽视任何一个细节，包括原材料的供应和采买的时间等，都需要考虑，并且要从整个工程项目的利益出发，才能够做出一个可行的项目计划。

在建筑项目计划编制中，从施工工序上调控的因素包括资源、时间和空间等，施工现场的时间、次序等实际施工的协调，都需要井井有条，不能出问题。繁复的施工计划的编制过程中会遇到各种问题，需要编制人员了解建筑项目的真实情况，才能够对建筑项目每个阶段的目标有所了解。

此时，建筑单位可以采用 BIM 技术进行施工计划编制，在建筑项目的设计图纸完成后，通过 BIM 软件的导入方式，进行导入操作。系统自动切换施工数据和形成建筑的模型。建筑项目的管理人员根据系统数据，导出施工量，还可以检查设计图纸的设计，进行微调。在建筑项目管理的进度控制过程中，使用 BIM 技术不仅能够对施工设计图纸进行检查，及时对设计进行合理的整改，避免后期项目施工出现更多问题，同时还能够对施工进度计划，给予合理的计划和安排，提高任务安排的有效性。

3. 动态控制项目进度

通过动态的建筑项目管理的进度控制管理方式，包括跟踪、反馈，都需要根据实际情况进行，才能够发挥施工进度计划的作用。在现场施工过程中，管理人员对设备、材料等分发控制，对施工人员管理，都需要根据计划结合现场情况进行动态调控，依次制定制度，才能够更好地将制度落到实处，让建筑项目管理更科学化、制度化。

11.5　进度管理中常见的问题分析

11.5.1　组织管理不到位

1. 各参建方工作意识不到位

在项目建设工程管理中，不光施工单位会对施工进度产生影响，涉及的建设、设计、监理等相关单位也会对工程进度产生影响。

（1）建设方局部功能需求不明确。在建筑物施工阶段，存在局部功能需求空白、局部需求变更或增加特殊需求功能，需要与后期的设备提供方沟通，造成设计优化进度慢，出图慢，甚至造成建筑物已完成的分部分项工程不能满足使用要求，出现一次或多次返工的情况，影响工程整体进度。

（2）设计方的设计人员在建筑工程的设计过程中没有勘查现场。设计时，没有考虑到现实环境等要素的影响，导致设计存在过多的局限性，并且在设计时内部各专业缺乏沟通，增大了后期进度管理的难度。

（3）施工方管理人员忽视进度管理，具体施工管理人员素质不高。导致相关岗位人员的进度管理方面素质不强，不能充分发挥其专业作用，不利于进度管理的有效实施。管理人员缺乏专业性和实践管理经验，容易影响建设项目的施工质量，造成工程延误，给企业造成损失。

（4）监理方缺少主动性工作。监理单位在工程质量控制上起着重要的作用，而在进度控制上却缺少主动性。开展进度控制工作依据合同和理论进度，忽视施工现场情况，结果在施工过程中出现进度控制指令不一致的情况。

2. 施工关键工序管理不到位

施工方在面对重点建设工程项目，工期要求十分紧迫，工程进度压力巨大时，盲目赶工期，不能正常有序地施工，对关键工序把控不严，有可能出现施工安全隐患和质量问题，直接影响工程的质量和成本，进而造成工期延长。

11.5.2　物资供应不及时

材料和施工设备是项目建设施工过程中最基本的物资保障要素。在施工过程中，设备出现故障或短缺，施工所需材料供应不及时，则不利于施工的顺利进行，并最终影响施工质量。如 2021 年 6 月期间，因钢材价格上涨过快，价位居高，造成项目成本过高，某些项目因此停工。

11.5.3　资金管理不善

在资金管理方面，施工方和建设方都存在管理的风险。管理不善，不仅会增加工程建设成本，也会严重影响施工进度。

（1）施工方面对建设方管理资金不到位的情况。应拨付的工程资金受到建设方和投资方的影响而难以到位，或者支付拖拉，以致项目施工无法正常进行，所有的施工进度计划被打乱，最终影响项目交付时间。

（2）建设方（或投资方）面对施工方管理资金不到位的情况。建设方拨付的资金被施工方内部调度使用，不能立马推动建设方的项目，造成项目建设进度缓慢。

11.5.4　现场环境因素不利

现场环境对建筑工程施工工作影响巨大，能够影响施工工艺和施工方案的选择，在分部分项施工过程中造成进度停滞不前。如气象方面，大风、暴雨、强降雪不可抗力，造成停工；水文地质方面，施工场地靠近河流、湖泊，或基础施工在暴雨时段桩位成孔困难，频繁出现塌孔，增加施工难度，并导致工期延后。

11.6　智能建造在进度管理方面的应用

11.6.1　无人机的应用

无人机技术在建筑行业的应用日益广泛，它们以其小型轻便、低噪声和节能的特性，为项目管理提供了新的视角。无人机能够多角度拍摄，协助监测现场安全防护、高处作业和施工进度，为施工管理提供准确、实时的信息支撑。

面对建筑从业人员素质参差不齐、安全意识不足的问题，无人机搭载高清视频设备进行现场巡视，可以有效监控施工人员的行为，尤其是在高层建筑施工现场。无人机能够从不同高度、不同角度对现场进行航拍，将视频和图像资料实时回传给操作人员，通过软件收录和分析，将整个施工现场的全貌展现在管理人员面前，便于管理者及时开展现场管理，并根据施工情况及时调整工程策略，优化施工流程。无人机还能近距离接触施工现场，及时发现施工中存在的质量问题和安全隐患，便于管理者开展隐患排查和工程质量检查工作。与传统的人工巡检相比，无人机巡查现场的时间大大缩短，节约了人力成本，提高了工作效率。

此外，无人机还能进行施工现场的环境监测和数据采集工作。随着建筑企业越来越注重施工过程中的环境保护，无人机搭载的高清视频设备和数据采集装置能够有效监测施工现场的空气质量，采集粉尘、PM10 和 PM2.5 数据值，为施工人员营造安全、文明的工作环境，推动绿色施工和文明施工。通过无人机多角度、多部位对不同施工阶段实时记录影像，监督混凝土表面是否出现蜂窝、麻面、漏筋、孔洞等通病，发现问题及时整改，促进工程质量提升。同时，留存的原始资料还可以为以后项目验收结算提供依据。

11.6.2　BIM 技术

BIM 技术基于建筑工程全周期数据信息构建建筑信息模型，通过精准数据分析和模拟仿真，为建筑决策和实施提供依据。它以数字化方式表达设施的物理与功能特性，形成实时共享、海量存储、及时传递的知识体系。在设计阶段，BIM 技术利用可视化和动态模拟优势，使项目运行更透明直观，并通过碰撞检查技术发现并修复设计问题，提升工程效率。施工阶段，BIM 技术关乎项目质量、安全、进度和成本控制，其可视化为施工进程指导和进度规划提供基础。通过建立 5D 模型，BIM 技术精细计算工程量，实现 4D 可视化模拟，结合进度管理理论和技术，弥补传统管理不足，构建基于 BIM 的进度管理应用框架体系，如图 11-3 所示。

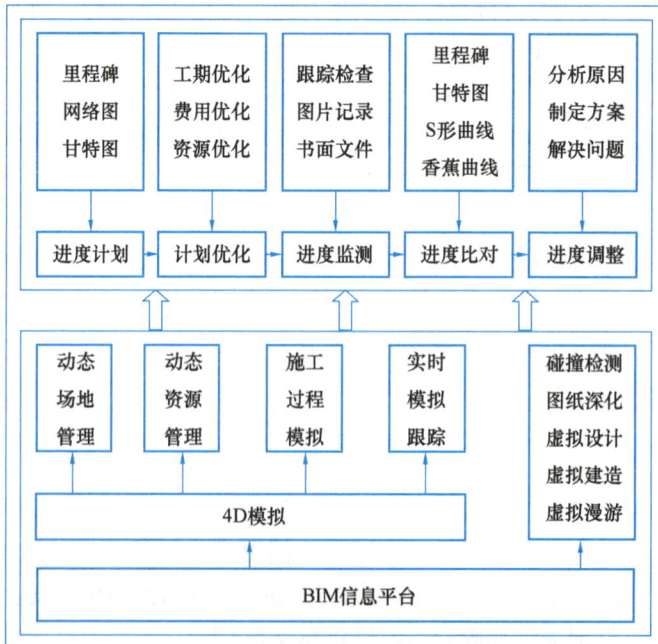

图 11-3　基于 BIM 的进度管理应用框架体系

11.6.3 三维打印和胶合技术

三维打印和胶合（Three Dimensional Printing and Gluing，3DP）技术是一个典型的快速成型创新技术，其核心在于利用既定的数字模型有序铺层不同结构体所需的原材料，在最短的时间之内完成打印与生产。在开展建设工程施工的过程中，3DP 技术得到了广泛的应用，能够完成水泥、塑料、金属等不同类型粉末的逐层打印，有效提升了建筑工程设计规划、管理运维、建设施工的自动化、高效化、信息化以及智能化程度。在应用 3DP 技术后，建筑工程有着更为灵活的设计、更为丰富的用料以及更为奇特的建筑结构。3DP 技术能够让相关人员在进行设计的过程中有着更为丰富的结构方案选择，利用计算机将建筑物构造设计方案样本打印出来，并结合实际考察情况来确定设计中的各类关键参数，进而对方案进行可行性验证。

11.6.4 物联网技术

在建筑施工过程中，实测是质量检测的重要环节，直接关系到产品的合格性。利用物联网技术开发的应用系统，可以实时检测施工现场的质量。工程负责人登录系统后，能够通过图片和其他数据全面了解工程质量，及时发现问题并采取措施，确保施工质量可控。工程质量受多种因素影响，温度、湿度、地质等是关键因素。通过对噪声、扬尘等环境问题的监控，物联网可以及时将环境变化传递至处理中心，根据风险情况向管理人员发出警示，有助于采取有效措施降低环境风险。同时，物联网技术可通过传感器监控建筑安全设施，如消防通道、感温探头等，实时收集数据，并通过智能采集、云计算、边缘计算等技术，将整理后的信息传输到云端监控中心，为消防管理人员提供精准决策支持。

课 后 习 题

11-1　什么是建筑项目管理的进度控制？

11-2　建筑项目管理的进度控制内容有哪些？

11-3　简述建筑项目管理的进度控制的意义。

11-4　智能建造在进度管理方面有哪些应用？

第 12 章　智能建造与绿色可持续性

建筑行业是我国能源消耗量较大的产业之一，目前我国生产的资源已经不能满足建筑行业需求，影响了建筑行业的可持续发展。智能化绿色建筑是一种新型的建筑，实现了建筑信息技术、节能技术与建筑装饰技术的结合，节约了较多资源，同时减少了环境污染、资源浪费，对缓解我国能源紧缺现状具有很大作用。

12.1　智能化绿色建筑的实现

我国智能化绿色建筑仍面临诸多问题，如思想观念滞后、新型材料和设备的观望态度、资金紧张、后期维护困难和使用年限限制等。然而，随着社会和科技的发展，具备可持续发展战略意义的智能化绿色建筑将逐渐展现其重要性。随着社会经济和科技进步，自动化设备和电子技术的应用催生了"3A 建筑"即楼宇自动化（BA）、办公自动化（OA）、通信自动化（CA）。办公自动化系统、建筑电气自动化系统、通信自动化系统已成为现代建筑的重要组成部分，这些智能系统不仅节能环保，还为民众提供了智能停车、网络缴费、智能门禁等便捷、高效的用户体验。图 12-1 展示了楼宇自动化控制系统。

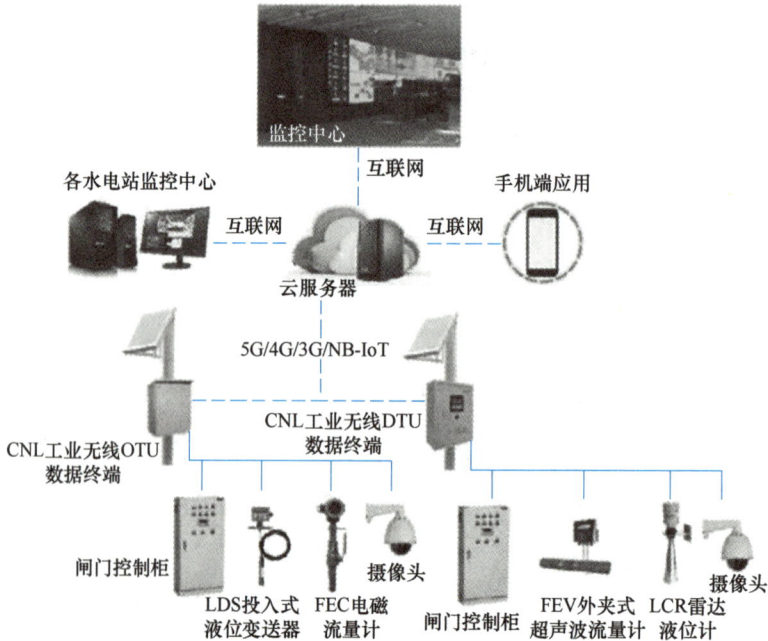

图 12-1　楼宇自动化控制系统

绿色与健康、环保、节能、吸声、净化空气、涵养雨水等联系在一起，现在人类对其密切相关的环境，尤其是居住环境提出了更新的要求，为了实现更好的绿色建筑的效果，现在绿色建筑在原来传统庭院绿化、屋顶花园系统的基础上，增加了绿色竖向设计，让绿色设计不局限于平面、室内，而是延伸到立面、建筑本体上，真正可以为建设森林宜居城市而献力。智能化绿色建筑的智能及绿色概念具有一体性，两者相辅相成，密不可分。正是因为其难度大，对科技、人员、资金、施工工艺、维护养护等提出了更高的要求，这也是智能化绿色建筑发展必然会经历的一个从量变到质变再对其进行巩固的必然发展阶段。

12.2　当前我国智能化绿色建筑所面临的问题

1. 建筑行业工作人员职业素质整体偏低，未充分了解智能化绿色建筑产业

智能化绿色建筑的发展正从萌芽阶段逐步走向成熟。目前，我国智能化绿色建筑行业面临的人才储备不足问题十分突出，与行业快速发展的需求存在较大差距。现有从业人员虽然具有较强的建筑专业知识，但整体职业素质较低，对智能化绿色建筑的认识和理解还不够。因此，针对智能化绿色建筑领域的人才培养，需要开展职业培训和考核，确保从业人员具备相应的专业技术能力，并建立专技人员持证上岗制度，以满足产业需求。

2. 管理方法不合理

许多企业管理人员对智能化绿色建筑的认识水平较低，认为其只是一个旗号或口号，导致对其产生质疑。要实现绿色建筑工程管理的有序推进，需要依托相关制度和标准为管理工作提供支持。同时，应完善监督与管理制度，确保各项监管措施落实到位，从而提升绿色建筑工程建设的整体质量。

3. 管理制度不完善

若要实现建筑工程管理工作的有序进行，就需要有关制度和标准为工程管理工作的有序进行提供支撑。但是在实际的建筑工程管理工作当中，还存在管理制度以及标准不完善问题，现有的管理制度也很难达到工程管理的有关标准。加之绿色工程管理与实际的工程管理工作并未整合在一起，导致建筑工程实际施工与绿色建筑理念不符。同时监督与管理制度的不完善，使得各项监管制度和方法难以落到实处，从而为绿色建筑工程建设和管理工作带来一系列问题，不利于工程建设整体质量的提升。

4. 评估系统有待完善

有效的评价机制能够对工程建设进度和质量进行评估，确保整体工程的建设质量以及按期竣工。如果工程管理工作中的评价机制不完善，将会影响工程施工的整体进度，管理人员也很难及时发现工程建设过程中存在的问题，从而为后续的工程建设埋下严重的安全隐患，会对建筑工程的整体发展产生影响，不利于工程建设进度的有序推进。

5. 绿色管理模式有待更新

绿色施工是时代发展的一种新型建筑理念，具有较强的科学性，需要施工人员拥有专业的技术和能力，掌握施工现场周围的实际环境和能源损耗情况，通过有效的措施提高工程管理质量。针对绿色工程管理工作来说，需要管理人员掌握足够的绿色施工知识以及施工工艺，但是管理人员多数由施工人员选拔而来，其自身知识储量和技术能力存在不足，在进行绿色工程管理时很难以应用绿色管理模式开展相关工作，也难以利用自身知识对管

理模式进行创新，不利于绿色管理工作的有序进行。

6. 管理水平有待提升

目前，工程管理中并没有专业的人才开展相关工作，尤其缺乏具备绿色管理经验的专业人才，使工程管理质量难以提升，在实际的管理工作当中时常出现问题。加之现有管理人员没有全面认识绿色管理理念，企业过于重视自身利益，通常会在材料购买上控制成本投入。同时也没有认识到绿色生产的价值，并未对施工现场进行全面的监督与管理，使施工现场实际上出现粉尘污染和噪声污染等现象，造成环境污染，影响了居民的正常作息，违背了绿色建筑施工的初衷。

12.3 智能化绿色建筑发展的趋势与意义

12.3.1 智能化绿色建筑的应用

在当代建筑发展过程中，智能化绿色建筑是实现建筑可持续发展的重要途径之一。智能化绿色建筑应建立完整的信息数据收集管理系统，采用集中收集、整体分析和自动化管理控制等方式，有效利用各子系统功能。绿色建筑的智能化，节约大量资源的同时减少了能源的耗费，实现了现代化信息技术、自动控制技术与电子技术等的应用，并利用现代化技术加强了建筑的管理，不仅减轻了工作人员的负担，同时引领建筑行业开始向全新的方向发展。

智能化绿色建筑不仅要求多应用新型技术，还要鼓励创新，给建筑提供较大的发展空间。例如可以将变色玻璃、太阳能发热能力、自然光导系统及空气对流设计等先进的技术应用到实际施工中。总之，智能化技术与建筑的结合，可实现建筑设备的统筹管理，同时还可以营造良好的生存环境，实际应用意义较大。

12.3.2 智能化绿色建筑的发展意义

随着经济的发展，人们的生活质量得到大幅度改善，人们开始对赖以生存的建筑提出较高要求。现阶段，从国内市场情况来看，国内已经成功借鉴并将国外很多智能化绿色建筑科技及新技术成功应用到国内建筑市场中，利用网络技术、可再生技术及新材料处理等技术满足了绿色建筑发展要求。从建筑发展理念上分析，智能化绿色建筑实际上是大力发展绿色建筑所作出的设想，主要目的是减少能源消耗，给人们营造绿色、低碳环保的生活方式。随着智能化绿色建筑的提出，不仅改变了人们对居住环境的认识，同时向人们普及了绿色发展理念，给人们创造了精神与物质双重提升的高品质生活。现代化建筑已经不是简单地生产高质量或具有较强艺术感的建筑，而是积极汲取传统建筑智慧，给建筑赋予生命力，实现人与自然、自然与建筑和谐生存的新型建筑方式。

12.4 BIM 技术的应用

在实现绿色设计、可持续设计方面，BIM 的优势是很明显的：BIM 方法可用于分析包括影响绿色条件的采光、能源效率和可持续性材料等建筑性能的方方面面；可分析、实现最低的能耗，并借助通风、采光、气流组织以及视觉对人心理感受的控制等，实现节能环保；采用 BIM 理念，还可在项目方案完成的同时，计算日照、模拟风环境，为建筑设计的"绿色探索"注入高科技力量。BIM技术在智能绿色建筑设计中的应用大致有两种途径，一是在BIM模型中增加相应信息，通过统计功能判定是否达到《绿色建筑评价标准》GB/T 50378—2019（2024年版）相应条文的要求，二是借助第三方模拟分析软件，根据计算分析结果判定是否满足《绿色建筑评价标准》GB/T 50378—2019（2024年版）相应条文的要求。BIM技术在绿色建筑中的应用方向主要有6个方面。

1. 工程管理

绿色建筑设计包括大量的定量分析计算，不同工程之间，在计算时互相影响，如相邻建筑对设计建筑日照采光遮阳计算的影响，所以在软件设计时，必须尽可能利用已有数据，因此须对工程项目进行管理，将所涉及的工程项目纳入整个区域管理的数据库，以便提取相关信息。

2. 规划设计

该阶段对某区域进行规划，一些绿色建筑评价指标如人均居住用地指标、建筑楼层、高度、外轮廓尺寸、建筑位置等作为设计成果表现在设计结果中，对规划的任何建筑物都应记录这些参数，其中一些数据也是绿色建筑评价和设计阶段详细分析需要使用的数据。为工程管理提供重要的整体性信息，为热岛分析和室外风环境计算提供必要的边界条件。

3. 建筑设计过程

该阶段是建筑设计的实施阶段，涉及建筑、结构、水、暖、电多个专业，该阶段的BIM技术应用比较直观，建筑信息模型就是描述建筑及其相关各专业的模型信息，为今后施工图设计、运营维护提供原设计数据。设计阶段侧重于建筑单体的各种功能和性能。所有性能化设计计算包括日照分析、节能设计、自然通风设计、给排水计算分析、暖通空调设计计算、绿色建筑评价等都与建筑本身信息模型数据紧密相关。

4. 绿色建筑评价

在设计阶段可以随时计算查看绿色建筑的单项指标，也可以通过相应的菜单，对整个建筑物进行绿色建筑综合评价。此阶段可以根据规划目标，确定具体项目定量数据，对项目进行打分评价。

5. 施工阶段

在绿色建筑设计中，应尽可能考虑施工过程的材料就近取材，涉及材料种类、材料使用量、可再利用建筑材料使用量，所以此阶段的信息模型强调预算工程量、详细材料使用量、材料统计规则、目前绿色建筑评价标准中还没有突出施工组织与材料运输和施工过程的能源消耗，但从长远角度考虑，应考虑施工组织等施工过程的信息，描述方式将会更加复杂。

6. 运维阶段

按照目前绿色建筑评价标准，强调的重点在垃圾废弃物管理、物业管理体系的建设等方面，以定性内容为主，从长远角度考虑或从业主方考虑，能耗监测和设备维护管理应是比较关心的问题，从真正运维考虑，信息模型较为复杂，需要继承设计阶段的系统描述，又要考虑监测系统和计量系统设置、设备维护期、设备运行状态和设备维护运行费用。

12.5 建筑节能管理中物联网技术应用

12.5.1 能耗监测系统

在开展建筑节能相关工作时，对建筑进行全面的能耗监测是节能管理的前提条件，基于物联网具有的感知、互联、智能处理等技术手段，对各种能耗数据进行远程采集和计量（图12-2）。通过进行科学监测定制相应的能耗分析和展示界面，对历史数据进行综合分析，对异常数据进行报警或执行相应指令，对特定的数据进行范围设定、超限报警等，并提供相关的解决方案。确保在数据处理中对其进行科学应用，科学地制定能源利用目标，实现能源效率的持续改善，进一步保障节能效果。

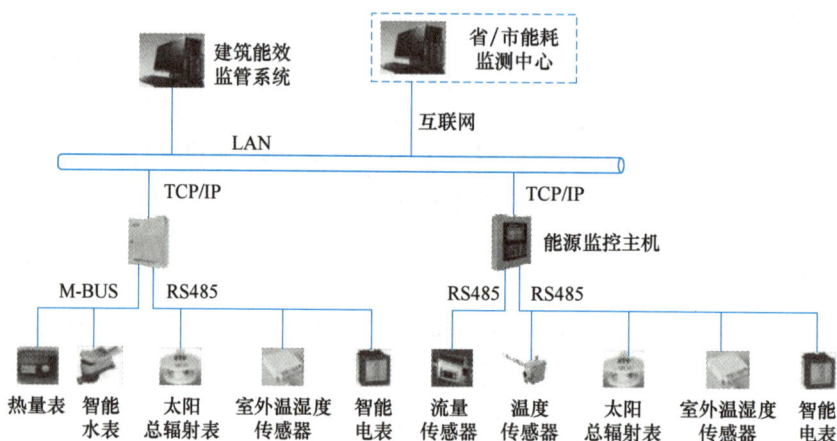

图 12-2 能耗监测管理系统架构

12.5.2 建筑设备监控系统

在我国早期建筑行业发展过程中，建筑设备监控系统具有较高的独立性，数据无法进行有效共享，同时其应用程度和功能有限，我国目前普遍应用的信息化模式中不同系统之间实现了一定程度的集成，但是城市建设与运营无法在日常运行管理中实现科学融入。通常建筑设备监控系统，能够对建筑内的机电设备进行有效设备监控和管理，同时对其进行节能控制。建筑设备监控系统基本构建了各机电设备和系统的物联形态，但在平台呈现和科学节能应用融合上还有进一步的拓展空间。

12.5.3 公共节能管理平台

相较于发达国家，我国节能工程建设起步较晚，尽管建设标准和相关制度已有一定完善，节能意识仍有待提高，运营管理水平普遍较低，且缺乏成熟的节能服务市场。因此，我国需要进一步探索节能管理路径。物联网技术的发展为我国智能建筑带来了新机遇，促使相关人员的思维方式发生巨大转变。通过应用互联网技术对建筑进行实时监控和有效管理，能够确保节能管理的统一性和有效性。

基于物联网技术的公共节能管理平台，主要针对智慧城市的智能化、信息化和数字化管理体系，能够一体化实现应用服务、监控数据和信息采集，提升管理智能化水平，并实现信息共享，支持节能服务机构、行业协会、园区和主管部门的管理工作。该平台能够采集多个楼宇的能耗信息，通过互联网技术和无线传感器集中处理，确保节能管理高效性。从微观角度看，平台能够严格监管和科学控制楼宇能源应用；从宏观角度看，有助于相关人员对能源进行更科学的统计、分析与决策，确保策略在制定前能够进行初步分析，评估节能效果、经济效益和环境效益，及时发现并解决可能的市场障碍和问题。

课 后 习 题

12-1 什么是绿色建筑？

12-2 简述当前我国智能化绿色建筑所面临的问题及对策。

12-3 简述智能化绿色建筑发展的趋势与意义。

12-4 选择绿色建筑案例，分析建筑节能管理中智能化技术的应用。

第13章　工程中智能建造的实例应用

13.1　工　程　概　况

本虚拟案例项目总建筑面积 170000m²，地上建筑面积 120000m²，地下建筑面积 50000m²，配备地下车库、生鲜超市、母婴室、高端写字楼、员工餐厅等功能分区。项目建成后将重点引进高能级区域总部和高新技术产业，逐步成为"高技术、高成长、高附加值"的科技"桥头堡"、创新"新高地"。

本虚拟案例实施的智能建造技术应用主要包含 BIM 全生命周期应用、智慧工地应用、装配式应用、特色应用四个部分内容。其中，智慧工地应用包含环境管理、人员管理、安全管理、进度管理、质量管理、材料管理等应用；BIM 全生命周期应用包含土建 BIM 应用、机电 BIM 应用及相关技术应用；特色应用包含软件平台、设备研发、建筑机器人应用。

13.2　智慧平台

1. 智慧工地云平台

智慧工地建设是一个数据高度集成的过程，以采集前端子系统的数据为基础，集成各个子系统的应用，最终在云平台上完成集成，并通过互联网进行便捷访问。将施工现场的施工过程、安全管理、人员管理、绿色施工等重点环节，通过智能硬件进行实时采集，实现工地业务数字化。云平台及终端聚合了先进的计算机智能判断和分析策略功能，有效帮助管理者聚焦关键问题，主动规避风险，优化执行操作，从而将管理水平上升到一个新的智慧境界。

2. 智慧展厅

建立项目指挥中心，实时掌握项目状态，对项目进行指挥和调度。包含智慧工地大数据中心、VR 安全体验、AI 安全帽识别、全息投影、互动滑轨、全景三维漫游体验、装配式吊装操作教学等，兼具项目监控管理、成果展示、安全教育培训及体验互动等多种功能。

13.3　环境管理

从扬尘监测到降尘控制，从过程无记录到自动计量，从节水循环到预警提醒，绿色施工通过体系化的数字设计，对绿色施工的各个环节进行全面的自动化控制，确保自然、绿色的理念贯彻在工地的每一处。

1. TSP 扬尘噪声监测

TSP 是指空气中悬浮的粒径小于 $100 \mu m$ 的所有液体或固体颗粒物，其来源包括地面尘土、建筑施工扬尘、燃烧烟尘等。TSP 监测可以通过采样器收集空气中的悬浮颗粒物，然后通过称重、计数等手段进行定量分析，以了解空气中颗粒物的数量和组成，如图 13-1 所示。

图 13-1　TSP 扬尘噪声监测

2. 智能水电管理系统

智能水电管理是指通过智能化的手段，对水电系统进行监控、管理和维护，以实现资源的优化配置和能源的高效利用。具体来说，智能水电管理包括以下几个方面。

（1）实时监控：通过传感器、数据采集器等设备，实时监测水电系统的运行状态，包括电流、电压、有功功率、无功功率、漏电保护器温度等参数数据。

（2）数据处理和分析：对采集到的数据进行处理和分析，以了解水电系统的运行状况和能耗情况，为决策提供数据支持。

（3）能源管理：根据实时数据和历史数据，对能源的使用进行预测和管理，以实现能源的合理分配和高效利用。

（4）故障预警和维修：通过数据分析，及时发现水电系统中的故障和隐患，进行预警和维修，避免因故障造成的能源浪费和设备损坏。

（5）优化建议：根据数据分析结果，为管理者提供优化建议，例如调整设备运行参数、改进能源使用方式等，以提高能源利用效率和降低运营成本。

3. 自动喷淋控制系统

工地专用喷淋智能控制系统以智能化控制为核心，能够自动监测并调节施工现场的喷淋操作，如图 13-2 所示。系统根据环境条件自动调整喷雾器的角度和喷雾强度，以适应不同施工需求。同时，通过监测大气污染物和颗粒物浓度，实时调整喷淋器的工作状态，确保工地周围空气质量达标。此外，系统还支持远程操作和监控，便于管理人员进行实时管理和数据分析。

4. 塔式起重机喷淋

塔式起重机喷淋是一种新型的工地降尘设备，主要利用塔式起重机旋转臂预设的喷水系统，对施工工地进行立体式全方位喷雾降尘，如图 13-3 所示。塔式起重机喷淋的工作

扬尘检测　　　　　雾炮　　　　　喷淋系统

图 13-2　扬尘降尘喷淋联动

原理是，通过高压水泵将水加压到一定压力，然后通过塔式起重机臂上的喷头将水雾喷洒出来。由于喷头的特殊设计，水雾颗粒非常细小，可以很好地吸附空气中的粉尘和颗粒物，使它们沉降下来，从而达到治理扬尘的目的。

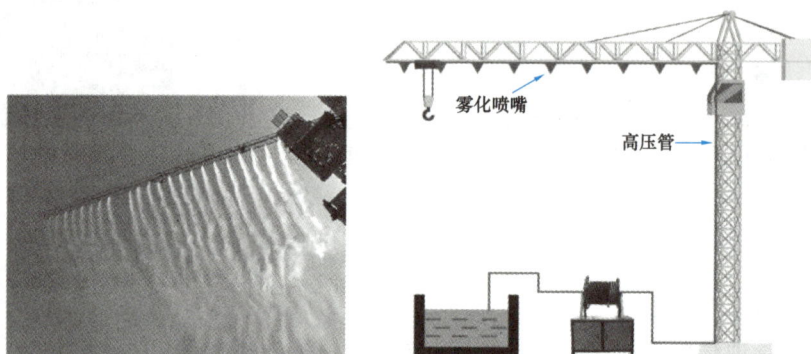

图 13-3　塔式起重机喷淋

5. 污水排放管理

通过安装在三级沉淀池中的监测设备，对污水的 pH 值不间断测量，当污水酸碱度不达标时将及时报警，如图 13-4 所示。

图 13-4　污水排放管理

13.4　质量管理

从结构安全的主材、养护、检测切入，关注过程管理和质量验收，提供可追溯、可检测、可量化的质量管控措施。

1. 智能标养室

智能标养室是一种新型的养护设备，主要应用于建筑、混凝土等行业的标准养护。它具有自动调节温度、湿度等功能，可以满足各种试件的标准养护要求（图13-5）。智能标养室通常由以下几个部分组成。

智能标养室

产品价值：远程实时温度、湿度数据监测，异常提醒。

温湿度变化曲线图

试件信息

预警信息

图13-5　智能标养室

（1）控制系统：控制系统是智能标养室的核心部分，它可以自动调节温度、湿度等参数，确保试件在恒定的环境条件下进行养护。控制系统还具有数据存储、查询等功能，方便用户随时了解养护情况。

（2）加热系统：加热系统主要用于调节标养室的温度。智能标养室通常采用电加热方式，可以快速、准确地调节室内温度。

（3）湿度调节系统：湿度调节系统主要用于调节标养室的湿度。智能标养室通常采用超声波加湿器或喷淋系统等方式，可以有效地提高室内湿度，确保试件的湿度要求。

（4）循环风系统：循环风系统主要用于确保标养室内空气流通，避免局部温度过高或过低。智能标养室通常采用强制对流方式，可以确保室内温度和湿度的均匀分布。

（5）安全保护系统：安全保护系统主要用于确保标养室的安全运行。智能标养室通常具有过温保护、缺水保护、漏电保护等功能，可以有效地避免设备损坏和安全事故的发生。

2. 动态样板引路

对关键工序及施工工艺做法，摒弃传统现场制作实体样板的做法，将施工重要样板做法、质量管控要点、各工种工序配合等，通过BIM模型进行动态模拟展示，为现场质量管控提供依据（图13-6）。

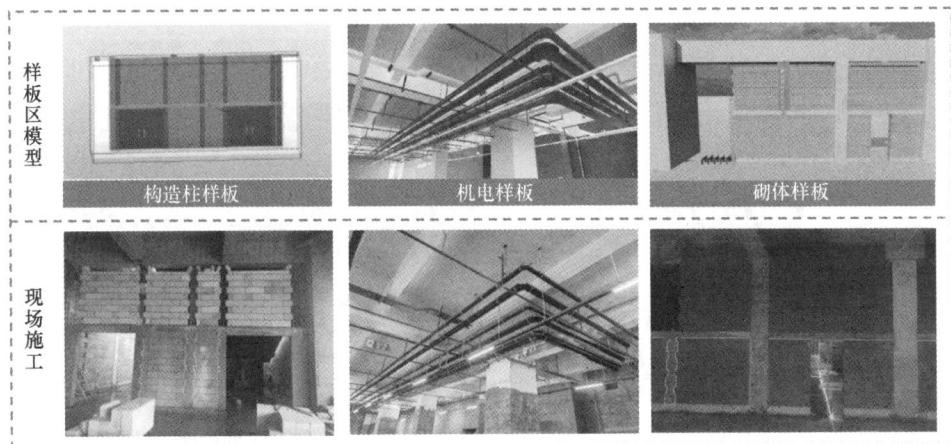

样板区模型

构造柱样板　机电样板　砌体样板

现场施工

图13-6　样板实施

3．质量巡检系统

管理人员只需一部手机就可以制定考勤计划、巡检要求，下派工单，监控审核全流程。员工端根据指令完成巡检任务，发现异常可及时上报（图13-7）。

图13-7　质量巡检系统

4．钢筋定位快速检查工具

一种用于快速、准确地检测建筑结构中钢筋位置和保护层厚度的专业工具。这种工具通常由一个定位器和一个传感器组成。定位器用于确定钢筋的位置，传感器则用于测量钢筋保护层的厚度。这种工具的优点是快速、准确、使用方便。它能够提高建筑结构的质量和安全性，同时减少人工检测的误差和成本。

5．大体积混凝土无线测温

一种用于监测大体积混凝土温度变化的系统，它由无线温度传感器、无线温度采集器和数据处理中心组成（图13-8）。无线温度传感器用于测量混凝土内部的温度，并将数据通过无线信号传输到无线温度采集器。无线温度采集器收集各个传感器的数据，并通过无线信号将数据传输到数据处理中心。数据处理中心对收集到的数据进行处理和分析，以监测混凝土温度变化趋势和预警异常温度。

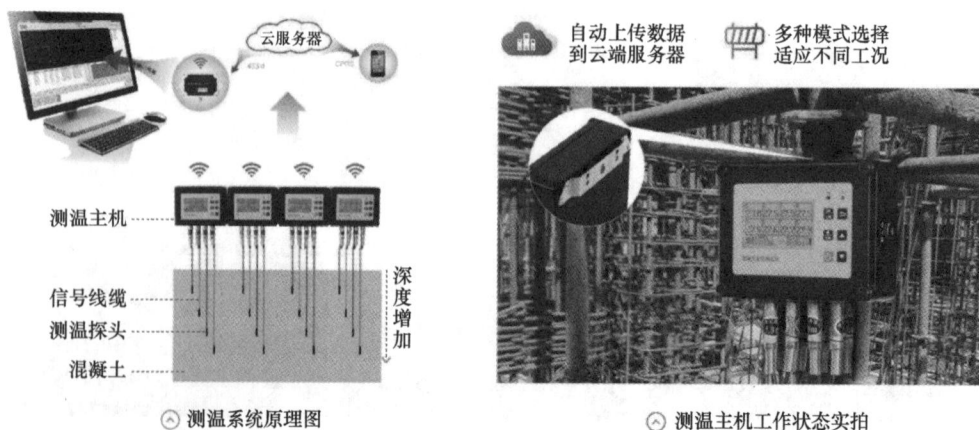

图13-8　大体积混凝土无线测温

13.5 安 全 管 理

安全管理的主线，是从危险源辨识开始到危险源消失或控制结束，从方案设计到施工完成的全过程管理，通过本质安全、过程安全、监测安全，保障安全目标的最终落地。从大型起重机械设备的司机操作许可管理到驾驶过程设备状态监测，以终端感知和云端分析为主要手段，提供分析、报警、记录、异常终止等功能，聚焦设备安全、环境安全和操作安全，将机械管理规范落实。

1. 塔式起重机智能监测系统

塔式起重机智能监测系统结合传感器技术、数据采集与融合处理、无线传感网络、远程通信技术和智能体技术，旨在实时监控和管理工地塔式起重机设备，提升操作安全性与效率（图 13-9）。该系统通过传感器和监控设备实时监测塔式起重机的运行状态、倾斜角度、载荷等数据，进行数据分析并反馈，辅助操作员安全操作，有效避免事故。系统支持多种综合查询并生成书面报表和电子表格，便于管理人员全面评估塔式起重机设备。其区域保护实时监控功能能够监测塔式起重机与建筑物的干涉、禁行区域及限位，发出声光预警并限制塔式起重机继续向危险方向运行，防止操作不当或设备故障引发安全事故。此

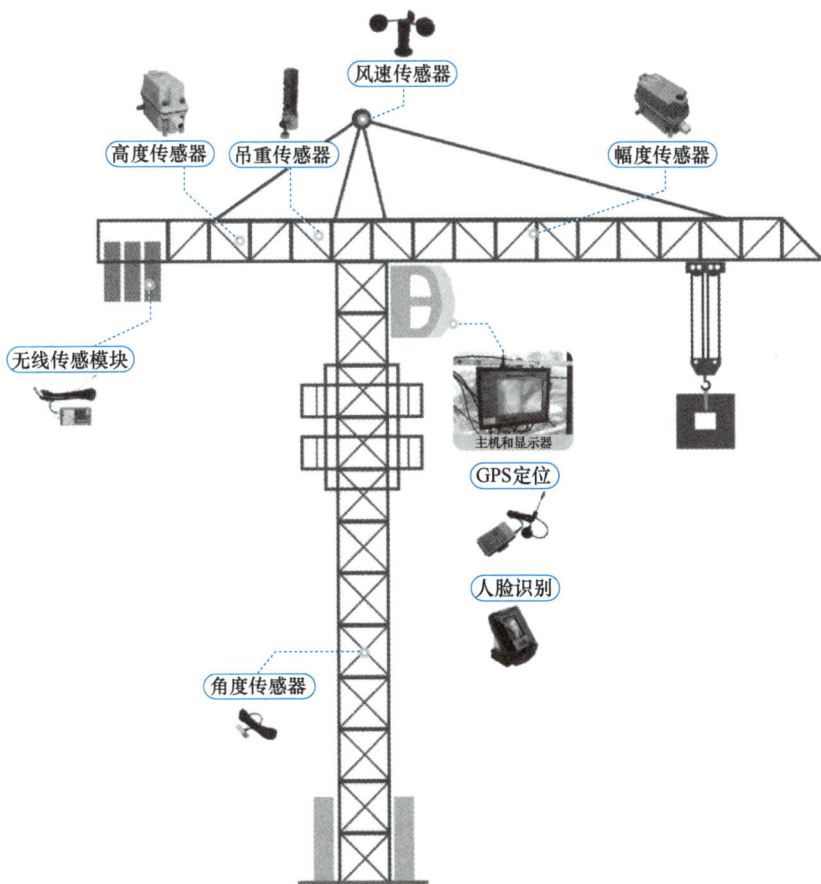

图 13-9　塔式起重机智能监测系统

外，系统还具备群塔防碰撞功能，可实时掌握周围塔式起重机干涉情况，并在碰撞危险发生时自动预警并停止塔式起重机运行，确保工地施工安全。

2. 塔式起重机吊钩可视化

塔式起重机吊钩可视化系统是一种先进的智能化视频引导系统，通过在塔式起重机吊臂上安装高清摄像头，实时捕捉塔机作业区域的动态信息，并显示在屏幕上，实现塔式起重机的可视化操作。该系统具有多项功能，包括身份识别与考勤管理，监测塔式起重机的起重量、起重力矩、起升高度、幅度、回转角度等参数，并配备预警限位控制系统和超载预警系统。有效解决了塔式起重机司机在作业过程中的视觉盲区和远距离视觉模糊问题，从而降低了安全风险，减少了人工指挥的需求，提高了施工效率。此外，系统还能够保存吊钩位置和周围情况的视频，方便后续回顾和分析。

3. 塔式起重机人脸识别

一种结合了人脸识别技术和塔式起重机操作的安全辅助系统。塔式起重机人脸识别系统通常安装在塔式起重机的操纵室或控制台上，配备高清摄像头和人脸识别终端。在操作员进入操纵室或控制台前，系统会自动进行人脸识别，只有经过验证的操作员才能启动塔吊。

4. 升降梯监测系统

施工升降梯监测系统是一种专为确保施工升降机安全运行设计的系统，集成了传感器、数据采集、处理和预警功能。系统通过在施工升降机各部位安装传感器，实时监测如速度、载重、高度、温度等关键参数，并将数据传输至数据采集器，再上传至云端或本地服务器进行处理和存储。数据处理中心实时分析接收到的数据，若发现异常情况如超载、失速或过热，系统会立即发出预警信号，通知相关人员及时采取措施。预警信息通过手机APP、短信或电话等方式传递，确保信息及时传达。此外，施工升降梯监测系统还提供历史数据查询、数据分析和远程监控等功能，帮助管理人员全面了解升降机运行状态和性能，为维护和保养提供依据。

5. 洞口临边防护监测

主要针对建筑行业中的高空作业安全，通过实时监测和预警，保障施工人员和财产的安全。该系统利用红外激光对射模块，自动监测临边洞口。当有物体挡住发射端发射的红外射线时，接收端因无法接收到红外线，就会自动发出报警，而且报警数据会实时传输到监管平台和手机APP上，管理人员可以第一时间收到报警信息。这种系统适用于工地防盗、大面积危险区域禁入等场景。与传统的监测方案相比，它具有低成本、高效率、可连续测得海量数据、可通过大数据分析报警多的时间段和地点等优点。

6. 高支模变形智能监测系统

一种针对高大支模支撑系统变形进行监测和预警的系统。该系统主要利用传感器、无线智能稳定性监测仪、云平台管理软件等技术手段，实现对高大模板支撑系统的实时监控和预警。高支模变形智能监测系统在施工现场混凝土构件模板支撑高度超过 8m、搭设跨度超过 18m、施工总荷载大于 $15kN/m^2$ 或集中线荷载大于 $20kN/m$ 时需要重点监测。监测的项目包括支架（模板）沉降、支架水平位移、立杆轴力、立柱倾斜、立杆应力等。这些数据能够反映支撑系统的变形情况，为管理人员提供决策依据。

7. 群塔作业三维布控模拟

一种基于三维建模和虚拟仿真技术的群塔作业布控优化方法。该方法首先利用三维扫描技术获取施工现场的高精度三维点云数据，接着通过计算机视觉和图像处理技术分析和处理点云数据，以精确获取塔式起重机的位置和姿态信息。随后，结合虚拟仿真技术对塔式起重机的作业过程进行模拟与优化。该方法能够预测塔式起重机之间的碰撞风险，并采取避碰措施，避免实际作业中的碰撞事故；优化塔式起重机的作业流程，提升施工效率并缩短工期；提前识别潜在问题，减少返工和维修成本；通过直观展示塔吊位置、姿态和作业过程，提升管理人员与施工人员之间的沟通效率。

8. 工地广播系统

一种在建筑工地或类似场地所使用的广播系统，主要用于通知和协调现场工作人员。工地广播系统通常由一个或多个扬声器组成，可以覆盖整个工地或特定的区域。它可以通过手动或自动方式进行操作，用于播放通知、安全提示、紧急警报等信息。

9. 基于大数据的危险源管理

一种基于数据导向的危险源识别、评估和控制方法。该方法通过收集和分析大量数据，为危险源管理提供决策支持和优化方案。在危险源识别方面，利用大数据分析、数据挖掘和机器学习技术，分析历史和实时数据，识别潜在的危险源因素和趋势。在评估方面，通过定量评估方法分析数据，确定危险源的风险等级和影响程度，帮助管理人员了解危险源的特点与危害，为制定控制措施提供依据。在控制方面，结合技术手段、行政手段和宣传教育等多种方式进行综合控制，有效降低危险源风险。

10. 安全巡检系统

通过扫描设备或区域二维码完成巡检，巡检员只需一部手机即可操作。巡检数据会提交并存储在云端，确保数据安全且永久保存。每个设备或区域都有详细的巡检项目说明和文档，巡检员必须逐项完成检查并提交巡检单，避免错检和漏检情况。巡检结束后，需进行定位和手写签名，系统会记录提交时间，防止多签和代签现象。当设备出现故障时，巡检员可扫描二维码填写故障信息，系统会自动根据故障类型派单，并提醒维修人员，简化报修流程，节约人力和时间成本。

11. 智能安全帽

这是一种集成多种传感器和技术的智能穿戴设备，特别适用于建筑、矿山、交通、电力等行业，为工人提供"看得见"的安全防护，是保障作业人员安全的重要装备（图13-10）。该设备实时监测佩戴者的头部运动数据，通过传感器获取佩戴者的姿态和运动轨迹，判断是否存在安全隐患。同时，设备可集成视频监控功能，实时拍摄作业现场的视频并传输至后台管理系统，方便管理人员进行实时监控。此外，设备还支持语音识别和提示功能，佩戴者可通过语音指令控制安全帽的各项功能。紧急救援功能也得到了加强，一旦发生安全事故，智能安全帽能够通过 GPS 定位系统快速定位佩戴者的位置，并向救援人员发送求救信息，确保快速反应和有效救援。

12. 基坑监测系统

一种用于监测基坑施工过程中的各种参数和指标，以确保施工安全和质量的系统。它可以监测基坑的变形、沉降、地下水位、土压力、支撑轴力等多个方面的数据，以及基坑周边环境的温度、湿度、风速等环境因素，从而及时发现和解决潜在的安全隐患。基坑监安全新常态管理：远程调度指挥、指导巡查，视频语音通话，实时现场回传。

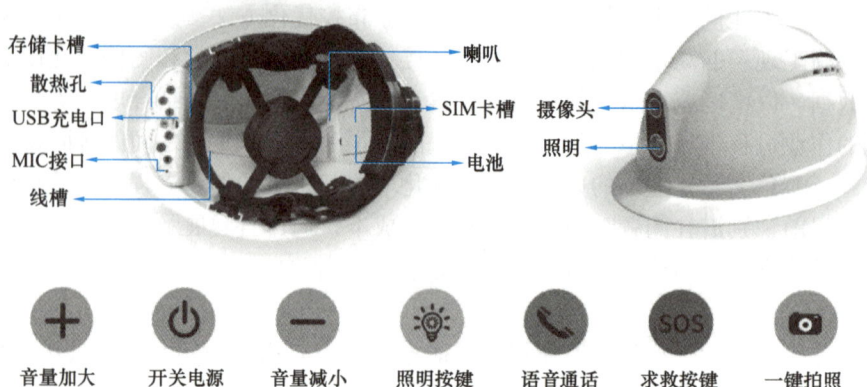

存储卡槽
散热孔
USB充电口
MIC接口
线槽
喇叭
SIM卡槽
电池
摄像头
照明

音量加大　　开关电源　　音量减小　　照明按键　　语音通话　　求救按键　　一键拍照

图 13-10　智能安全帽

测系统通常由多个传感器和数据采集设备组成，可以实时监测基坑的各种参数，并将数据传输到后台管理系统进行数据处理和分析。系统可以自动生成各种报表和图表，方便管理人员进行数据查看和分析。

13. 危险区域智能提醒

危险区域（人体感应）智能语音提醒，在项目出入口、临边及洞口、吊装区域、交叉施工区域等危险区域安装人体感应智能语音提醒设备，将提醒语、警示语提前录制，当人员靠近危险区域或者非工作时段进入工作区域，现场语音提醒或者警告，以提醒进入施工现场人员注意安全，辅助项目日常安全管理工作。

14. 卸料平台监测

在悬挑卸料平台受力主绳上安装旁压式载重传感器，实时采集卸料平台当前载重数据，当载重超过限值时现场声光预警，提醒操作人员规范操作，持续报警超过设定时长，监测主机自动向管理人员推送报警信息，提醒及时处理（图 13-11）。

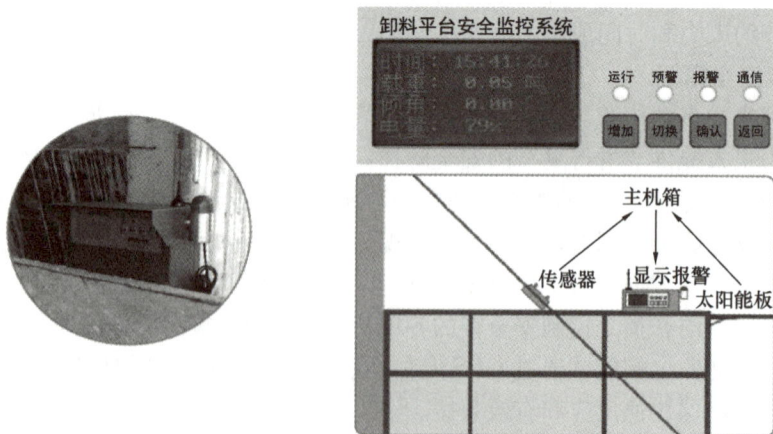

图 13-11　卸料平台安全监测

13.6　劳　务　管　理

人员管理从建筑工人的入场规范管理开始，到薪酬结算离场结束，以数字化、智能化的技术支撑，关注人员行为、安全、工效和健康，保证施工过程的正常和有序。

1. 劳务实名制管理

建立劳务管理数据平台，依托计算机信息安全技术、通道闸门自动化控制技术、网络通信技术、数字信号模拟技术、RFID 识别技术、生物识别技术、视频传输技术等，打造以信息化、数字化、智能化为核心的劳务实名制管理模式。

2. 一体化门禁系统

集门禁控制板、读卡器于一体的机器。具有数据存储可靠、掉电数据不丢失、集管理和自动控制为一体的特点。同时支持刷卡开门、密码开门、刷卡加密码开门三种开门方式。安全性能好，采用防砸工程塑料外壳，具有防撬报警和门磁报警功能。一体化门禁系统存储信息量大，可以存储 1000 个用户信息，且可以外接一个读卡头。

13.7　材　料　管　理

1. 智能地磅

一种现代化的称重设备，它结合了电子技术、传感器技术和计算机技术，可以快速、准确地测量货物的重量。相比传统地磅，智能地磅具有更高的精度和稳定性，能够有效地避免人为因素对称重结果的影响。智能地磅的功能包括自动记录称重数据、自动计算货物重量、自动校准设备等。它可以通过计算机软件进行远程管理和控制，方便用户对货物重量进行监测和管理。同时，智能地磅还具有安全性和可靠性高的特点，可以有效地防止作弊和欺诈行为。此外，智能地磅还可以与其他设备进行联动，实现自动化生产线和物流管理系统的无缝对接。它可以通过网络进行远程监控和管理，方便用户对货物重量进行实时监测和管理。

2. 物料跟踪验收系统

提取模型构件的物料信息、编号、尺寸等参数，形成专业数据库，将二维码技术与 RFID技术相结合，实现数据的沿用及快速智能化加工，实现构件全周期的管理（图 13-12）。

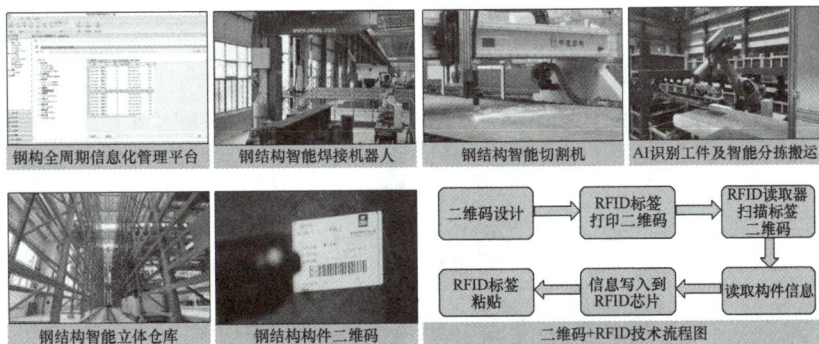

图 13-12　二维码技术与 RFID 技术相结合

3. 钢筋智能识别技术

在小程序 AI 钢筋计数版块内，用户可进行单图、多图钢筋计数、对计数结果纠错、查看计数历史数据等操作。

13.8 进 度 管 理

1. 进度管理系统

从任务分解、计划制定、进度跟踪到进度纠偏，提供可视化、可预知、可分析的进度管控工具，确保工程施工进度的可视、可查、可溯、可控。

2. 720 全景技术

一种以全景视角为特点的虚拟现实展示方式，它通过全景图像和虚拟现实技术，将用户带入一个仿佛置身其中的沉浸式体验中。在工程现场实现"一张图"，人、机、料、法、环五大要素数据实时查看，为分析、决策保驾护航，降本增效。

13.9 党 建 管 理

智慧党建是现代信息技术和"互联网＋党建"的结合，是依托数字化信息和网络建立的一种综合性党建平台。它可以实现基层党建工作数据化、在线化、可视化，破除基层党组织工作标准化建设中的技术瓶颈，为从严从实抓好基层党建提供信息化载体和平台，推动组织工作理念和方式转型，做到对下级党组织、党员以及党务活动底子清、情况明、数据实、工作落实到位，切实提升基层党建工作成效。智慧党建平台的主要功能包括组织管理、党务中心、学习考评、宣传阵地、统计分析、党建助手和我的工作台等，围绕时政新闻、党建要闻，自动推送最新资讯，聚焦党政动态，紧跟党的政策方针。

13.10 车 辆 管 理

在出入口加装车牌识别系统，对进出施工现场的车辆进行管理，记录车牌号码，拍照登记车辆进出场时间，辅助施工现场进行车辆管理。

13.11 土建 BIM 应用

1. 三维场景渲染漫游

三维场景渲染漫游如图 13-13 所示。

图 13-13　三维场景渲染漫游

2. 施工场地规划与布置

利用 BIM 模型对施工场地进行虚拟施工布置，可以完成各项三维模型建模，并通过 BIM 软件自身的构件库进行快速建模，也可以通过基于 BIM 技术的其他辅助类软件进行场地布置的优化和模拟实验，如图 13-14 所示。对于工程重要施工方案，利用 BIM 模型进行有效模拟验证。同时，方案模拟在辅助进行方案交底和专家论证等各项工作上也取得了显著的效果。

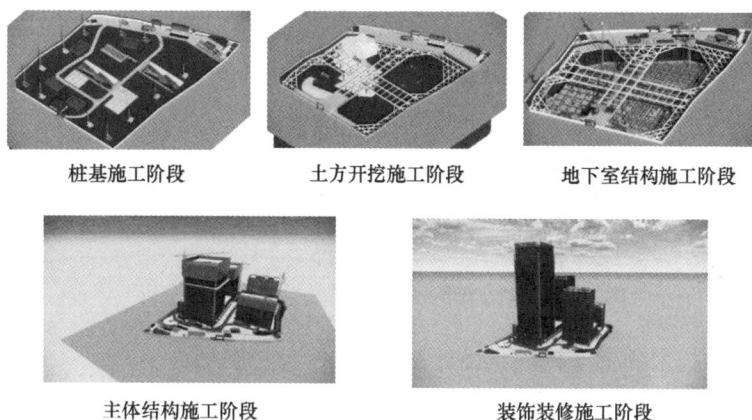

桩基施工阶段　　　　土方开挖施工阶段　　　　地下室结构施工阶段

主体结构施工阶段　　　　　　装饰装修施工阶段

图 13-14　施工场地规划与布置

3. 基于 BIM 技术的混凝土结构深化设计

利用 BIM 软件，根据施工图设计模型和深化设计要求，建立混凝土结构的 BIM 模型。对施工图设计模型进行补充、细化、拆分和优化等操作，以满足施工要求和项目需求。

4. 基于 BIM 技术的幕墙曲率及面板分析技术

基于 BIM 技术的幕墙曲率及面板分析技术，是在传统的幕墙曲率及面板分析技术的基础上，利用 BIM 技术的优势，对幕墙系统进行更精确、全面地分析和优化。BIM 技术可以提供一个三维的建筑模型，这个模型包含了建筑的所有信息，包括几何形状、材料属性、结构连接方式等。这些信息可以用于分析幕墙系统的性能，包括抗风压、抗震、空气渗透、雨水渗透等，如图 13-15 所示。在 BIM 模型中，可以精确地模拟幕墙的几何形状和结构连接方式。通过模拟风荷载、地震荷载等作用力，可以分析幕墙系统的变形和应力分布情况，从而评估其性能。

5. 基于 BIM 技术的装饰装修节点深化设计

对于装饰装修中的复杂节点和结构，可以通过 BIM 技术进行深化设计。例如，对于吊顶、楼梯、门窗等部分的详细设计，可以通过三维模型进行模拟和优化。

6. 基于 BIM 技术的砌体工程施工技术

基于 BIM 砌体结构排砖功能，系统会按要求对砌体进行排布，并自动统计砌体需求量，可以明显降低砌筑过程中的材料损耗率，实现切割量减少、砖尺寸种类减少，从而实现材料合理管控。

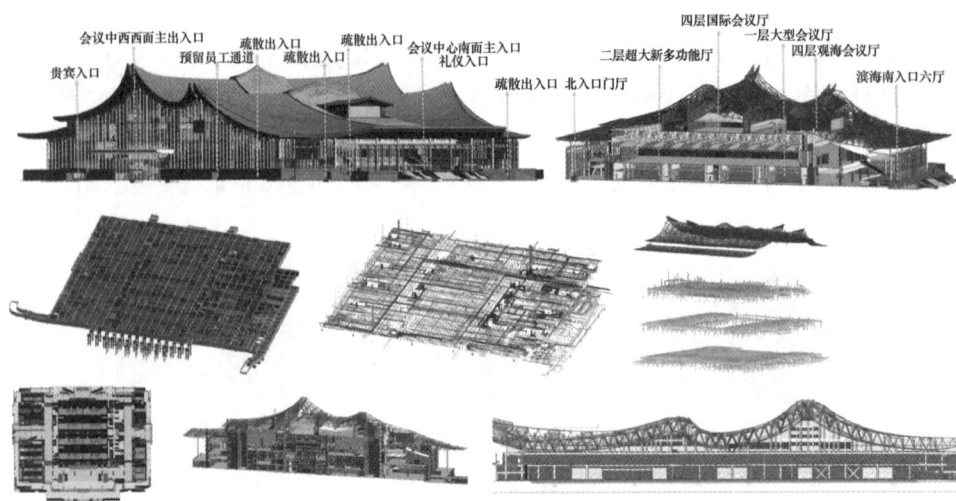

图 13-15 基于 BIM 模型的幕墙曲率及面板分析

7. 基于 BIM 技术的钢结构深化设计

利用 BIM 软件对钢结构进行详细设计，包括结构分析、施工图绘制、加工制造、碰撞检测、优化设计、出图与交付等环节。

8. 建筑、结构、幕墙专业碰撞检查

将模型导入到 Navisworks 软件中运行碰撞检测，在此过程中可发现大量隐藏在设计中的问题，以问题单的形式反馈给设计单位进行整改，从而消除各类碰撞，减少返工，缩短工期，节约成本。

9. 基于 BIM 技术的 4D 工期进度模拟技术

4D 工期进度模拟技术是利用 BIM 技术，将时间信息与静态的 3D 模型相链接，以此进行施工进度的动态模拟。此技术能直观展示施工进程，帮助预测和规划潜在问题和优化施工流程，如图 13-16 所示。

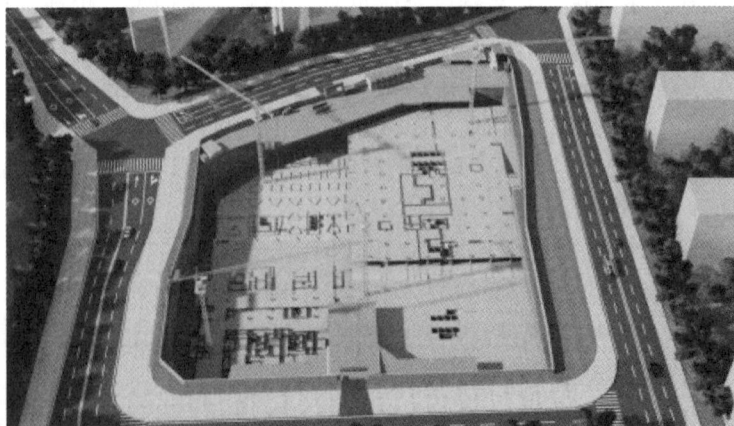

图 13-16 4D 工期进度模拟技术

10. 基于BIM技术的施工进度控制分析和评价

基于BIM技术的施工进度控制分析主要是利用BIM模型进行施工进度的规划和调整。首先，根据施工计划和实际施工情况，将施工进度信息与BIM模型相关联，包括各施工阶段的时间节点、资源分配等。随后，利用BIM软件进行施工进度的模拟和调整，找出可能存在的问题和瓶颈，及时进行调整和优化，如图13-17所示。

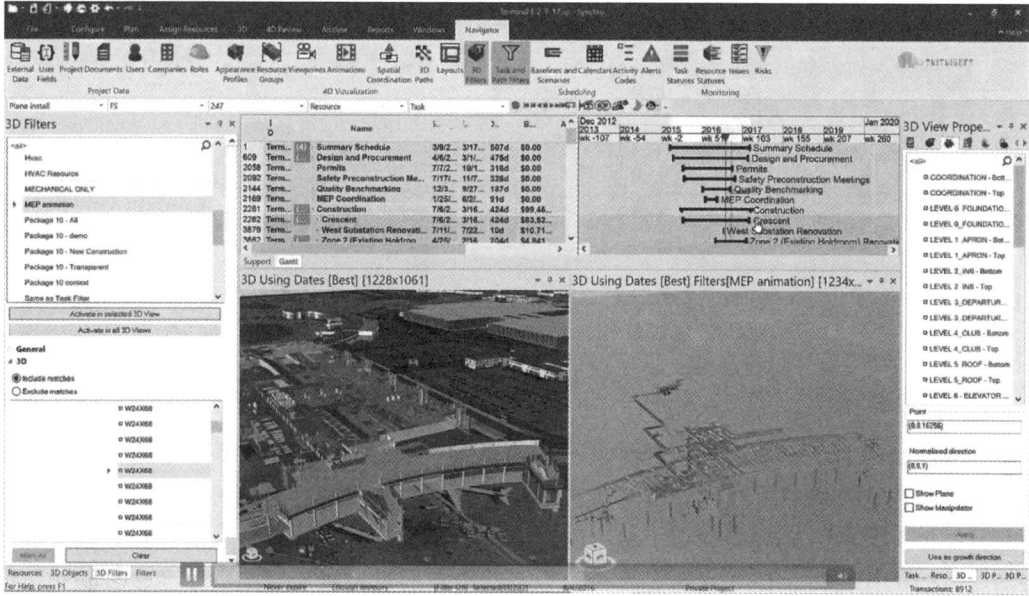

图13-17　Synchro 4D施工进度控制分析和评价

11. 复杂工艺施工工序模拟

通过计算机模拟技术，对复杂的施工工艺过程进行模拟和预测，以优化施工方案和提高施工质量。根据模拟分析的结果，对施工方案进行优化设计，包括改进施工工艺、调整施工流程等，如图13-18所示。优化设计的过程中可以结合实际施工经验和相关专家的意见，使设计方案更加合理和可行。优化后的施工方案可用于实际施工过程中，并根据实际

序号	已完成的工艺动画模拟	BIM施工动画（部分）
1	锤击桩施工工艺	
2	土方开挖模拟	
3	桩基动态模拟分析	
4	地下室结构进度模拟	
5	地下室回顶施工模拟	
6	4层81m跨桁架整体提升模拟	
7	4层81m跨桁架原位拼装模拟	
8	屋面管桁架拼装模拟	
9	屋面管桁架双机台吊施工模拟	
10	钢构整体安装流程模拟	
11	石材幕墙龙骨安装模拟	

图13-18　施工动画辅助交底

施工情况进行调整和完善。同时，通过模拟技术还可以对施工质量进行预测和评估，提高施工质量和效率。

12. 基于 BIM 技术的工程量计算应用

通过 BIM 模型提取工程量，指导商务部进行材料的采购，可以准确地把握材料量和成本，并及时发现潜在的问题，可使后期工程管理更加有效准确，加强成本管控，如图13-19 所示。

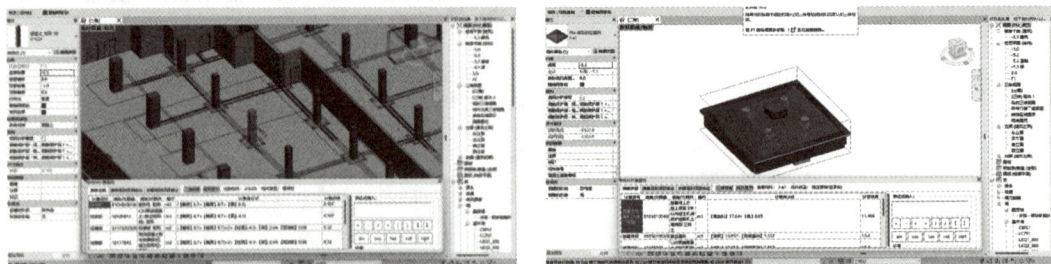

图 13-19　BIM 工程量计算

13. 实模对比、全过程溯源管理

贾维斯鹰眼数字孪生智慧施工监管平台将现场全景照片与 BIM 模型相结合，通过分屏或叠加对比，可以直接看到建设团队在施工过程中快速、精确地施工，真实了解工程质量的具体情况。项目管理团队基于有力的建设质量抓手，确保工程按计划进行，保证如期且高质量的工程交付，让"实现实模一致"不落空。通过贾维斯鹰眼数字孪生智慧施工监管平台的数据共享与协助功能，建设团队可把在线交流的情况、问题闭环清单和项目经验沉淀等逐一展现，结合项目建设的进度计划，真实体现项目管控的高效与科学决策。数字化的应用真正促进各方的协同工作，提高了项目的管理效率和整体质量。

14. 基于 BIM 技术的土方平衡规划

根据无人机航拍测算地形地貌特征，建立土方工程的 BIM 模型。该模型可以包括地形表面、地下设施、施工设备等信息。通过 BIM 模型精确计算出土方量，包括填方量和挖方量。计算结果可以以表格或图表的形式输出，方便进行土方调配和平衡。并对场地进行平整设计，确定填方区和挖方区，并对平整后的场地表面进行优化设计，确定最优的土方调配方案，包括运输路线、运输量、运输设备等信息。

15. 三维地质桩长测算

BIM 三维地质桩长是一种基于 BIM 技术的桩长设计方法。这种方法利用 BIM 技术，通过建立三维地质模型，模拟土层与岩层的分布，将桩基础模型与三维地质模型结合，确定入持力层要求，实现批量生成符合入持力层要求的桩基础模型，生成桩长明细，实现设计桩长的校核分析。

13.12　其他 BIM 应用

1. BIM＋VR 场景模拟展示技术

基于 BIM＋VR 的工作方式，在 VR 眼镜里不仅可以体验 BIM 模型的空间与外在展示效果，更可直接选择与读取源 BIM 模型中构件的属性，如尺寸、材质、功能、工作分解结构（Work Breakdown Structure，WBS）划分等原始 BIM 信息，另外可在 VR 眼镜中仿现实地进行 BIM 模型的构件显示切换、间距数据测量、分析甚至构件调整等操作，达到传统桌面端 BIM 模型浏览方式前所未有的体验。

2. 三维激光扫描技术

三维激光扫描技术是一种集光、机、电和计算机技术于一体的高新技术，它能够将实物的立体信息转换为计算机能直接处理的数字信号，为实物数字化提供了相当方便快捷的手段，如图 13-20 所示。此外，三维激光扫描技术具有速度快、精度高的优点，其测量结果能直接与多种软件对接，可满足结构测量、安装测量等使用场景。

图 13-20 三维激光扫描技术

3. 无人机倾斜摄影技术

无人机倾斜摄影技术是一种通过在同一载体上搭载多台传感器，同时从多个角度采集影像，获取地物信息的技术。它颠覆了以往正射影像只能从垂直角度拍摄的局限，通过在飞行平台上搭载多台传感器，同时从一个垂直、四个倾斜等五个不同的角度采集影像，将用户引入了符合人眼视觉的真实直观世界。同时，采用 BIM＋GIS 结合的方式实现，利用 GIS 平台实现大场景的地形、影像、倾斜、点云及简化 BIM 模型的整合和装配，利用 BIM 平台实现精确的智慧工地数据提取、应用及综合统计分析功能，在 BIM 模型中插入智慧工地硬件的锚点，在锚点中可查看实时的智慧工地管理数据。

4. 二维码技术交底

将每日的技术交底、机械操作安全技术交底等各类交底文件集合做到二维码中。开工前，施工人员扫码就可以查看当日技术交底文档，如图 13-21 所示。

5. 基于 BIM 技术的可视化验收

基于 BIM 技术的可视化验收是指利用 BIM 技术和相关软件，将传统以纸质方式提交的验收资料、验收过程以及验收结果等以三维模型的形式进行展示和交互。在建筑行业，验收过程往往涉及多个专业和部门之间的协同合作，传统的方式是以纸质方式提交验收资料和填写验收表格，这种方式不仅效率低下，而且容易出现错误或遗漏。而基于 BIM 技术的可视化验收则可以有效地解决这些问题。

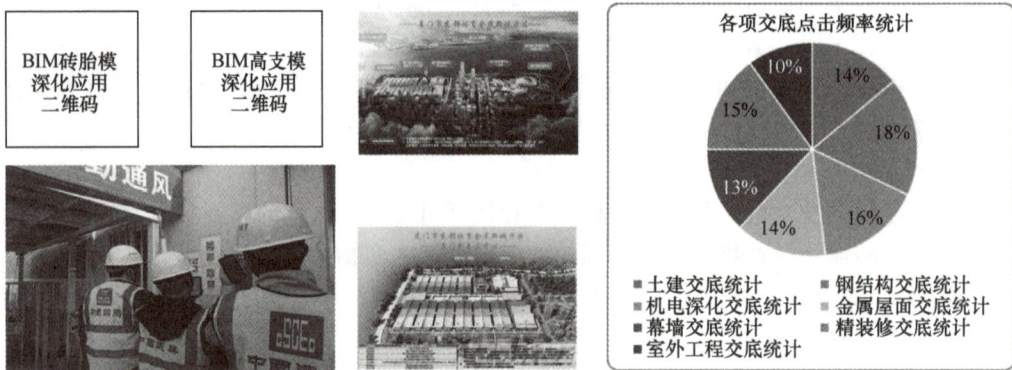

图 13-21　二维码辅助施工交底示意图

6. 数字化资产

建筑工程数字化资产是指通过数字化技术对建筑工程项目管理、设计和施工所产生的各种数据、信息和知识等资源的整合。这些资源可以被存储、管理和共享，以支持建筑工程项目的全生命周期管理。建筑工程数字化资产包括但不限于：建筑设计图纸、施工图纸、竣工图纸等文档资料；建筑结构、设备、管道等物理模型和虚拟模型；建筑工程施工过程中产生的各种数据，如施工进度、质量、成本等；建筑工程项目管理的各种信息和知识，如项目管理计划、进度计划、成本预算等。

通过数字化技术，可以将这些建筑工程数字化资产进行整合、管理和共享，以提高建筑工程项目的效率和质量。同时，这些数字化资产也可以为后续的建筑工程项目提供参考和借鉴，促进建筑行业的持续发展。

13.13　智慧工地平台研发

智慧工地平台研发是一项复杂的工程，涉及多个领域的知识和技术。在开始研发之前，需要对智慧工地平台的需求进行深入分析。这包括了解工地的业务流程、管理需求、安全问题等。通过与工地管理人员和工人进行深入交流，收集他们的需求和期望，以确保平台能够满足实际需要。根据需求分析的结果，选择合适的技术和工具进行平台研发。设计智慧工地平台的整体架构，包括前端界面、后端服务器、数据库等。确保平台具有良好的可扩展性、稳定性和安全性。根据需求分析和技术选型的结果，开发智慧工地平台的各种功能。这可能包括实时监控、安全预警、人员管理、设备管理、质量管理等。确保功能开发符合设计要求，并进行充分测试。

将工地现有的各种数据源（如传感器数据、视频监控数据、业务数据等）集成到智慧工地平台中。这需要开发相应的数据接口和数据处理模块，以确保数据的准确性和实时性。确保智慧工地平台具有足够的安全性，包括数据加密、用户认证、访问控制等。对平台进行定期的安全检查和维护，以发现并修复潜在的安全漏洞。

13.14　智能施工设备研发

1. 智能塔机

智能塔机，利用5G通信完成塔机和地面控制中心、塔机间的信息交互，改变了传统的塔吊作业模式，实现在地面室内环境远程操控。

2. 住宅造楼机

"住宅造楼机"是一款采用轻型贝雷架和轻型通用型支点搭建的一套适用于住宅剪力墙体系的新型轻量化造楼机，在融合"空中造楼机"外防护架、伸缩雨篷、液压布料机、精益建造等功能的同时，具有结构轻巧、适用性广、承载力大、多级防坠等特点的全新装备，实现了由重型造楼机向轻型造楼机、由摩天大楼向普通高层住宅的转变，如图13-22所示。

图13-22　住宅造楼机

13.15　建筑机器人

1. 智能放样机器人

一种集成了先进传感器、计算机视觉技术、自动控制技术、机器人技术等先进技术的自动化设备。它能够通过计算机程序控制，自动完成对目标物体的测量、建模、放样等任务，如图13-23所示。

智能放样机器人通过激光扫描仪、摄像头等传感器，对目标物体进行高精度测量，获取物体的三维坐标信息。并且，可以根据测量数据，利用计算机视觉技术进行图像处理和特征提取，建立目标物体的三维模型。将建立的三维模型与实际物体进行对比，确定物体在空间中的位置和姿态，实现物体的精确放样。

2. 砌墙机器人

一种自动化设备，能够在建筑工地上进行砌墙工作。这种机器人采用了先进的传感

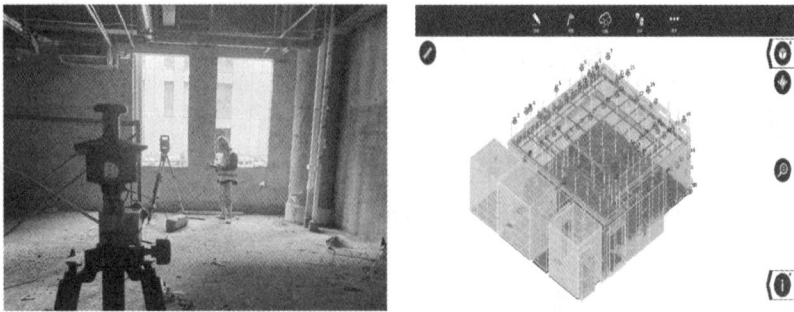

图 13-23　智能放样机器人

器、计算机视觉技术、自动控制技术等，可以自动识别砖块、灰泥等材料，并按照预设的程序进行砌墙操作，如图 13-24 所示。

3. 喷涂机器人

一种能够自动进行喷涂作业的工业机器人。它们通常具有高度的灵活性和适应性，可以适应各种复杂的喷涂任务。喷涂机器人通常采用先进的液压驱动系统，配备高精度的传感器和控制系统，能够实现精确的喷涂作业。它们可以通过编程或手把手示教来实现操作，并能够根据预设的路径和规则进行自动喷涂，如图 13-25 所示。

图 13-24　砌墙机器人

图 13-25　外墙喷涂机器人

4. 整平机器人

采用智能激光找平算法及线控底盘技术，刮板稳定保持基准高度，激光探测精度 2mm，测量高差 5mm。实现无人自主运动及高精度施工，机器采用电池驱动，节能环保，作业平整度高，地面密实均匀。可普遍应用于停车场地坪、建筑楼地面等施工场景，如图 13-26 所示。

5. 抹光机器人

采用非轮式底盘技术以及智能运动算法，施工宽度可达 1.4m，施工效率 200～300m²/h，平整度偏差控制在 5mm 内，整机体积小、机动灵活，遥感控制，操作简单、施工抹光度高，如图 13-27 所示。

6. 抹灰机器人

用于现场墙面抹灰施工，综合工效为 200m²/d，为人工抹灰的 2～3 倍，同时免除脚手架搭建，避免人工高处作业，现已实现一人一机模式，有效缓解劳动强度，如图 13-28 所示。

图 13-26　整平机器人

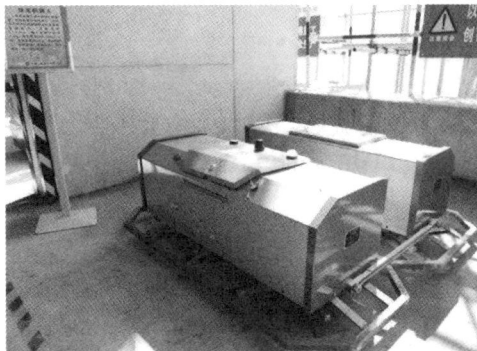

图 13-27　抹光机器人

7. 电缆自动敷设机器人

用于电线电缆敷设的专用机械，由动力装置、行走装置、牵引装置、电缆敷设和固定装置组成，具有体积小、重量轻，机动性好、操作方便等特点，如图 13-29 所示。

图 13-28　抹灰机器人

图 13-29　电缆自动敷设机器人

8. 智能布料机器人

主要用于施工现场的混凝土浇筑，由 1 名布料员操控吊管即可完成全部的混凝土布料作业，不仅操作轻松，更省人工，颠覆了传统沉重、移动困难的作业方式，如图 13-30 所示。

图 13-30　智能布料机器人

课 后 习 题

13-1 选一例工程中智能建造的实例，分析运用了哪些智能建造技术？

13-2 在智慧工地应用中，TSP 扬尘噪声监测系统如何实现扬尘管控？

13-3 BIM 技术在施工进度管理中有哪些具体应用？

13-4 塔吊智能监测系统包含哪些核心功能？如何预防碰撞事故？

第 14 章　机器人技术与智能建造

14.1　建造机器人概念

近百年来，虽然自然科学与工程技术领域的革新不断，建筑本身的形态和功能也大不相同，但建筑施工的业态形式却始终没有出现显著的变化。建造机器人是一项可能承担起建筑业革新重任的人工智能新技术。建造机器人是用于建设工程方面的工业机器人，分为广义的建造机器人和狭义的建造机器人。

广义的建造机器人是指全生命周期（包括勘察、设计、建造、运营、维护、清拆、保护等）从事建造活动的机器人及相关的智能化设备。狭义的建造机器人特指与建筑施工作业密切相关的机器人设备，通常是一个在建筑预制或施工工艺中执行某个具体的建造任务（如砌筑、切割、焊接等）的装备系统，其涵盖面相对较窄，但具有显著的工程实施能力与工法特征。

建造机器人与工业机器人相比，具有独特的技术特点。首先，需要具备较大的承载能力和作业空间。在建筑施工过程中建造机器人需要操作幕墙玻璃、混凝土砌块等建筑构件，因此对机器人承载能力提出了更高的要求。其次，在非结构化环境的工作中，需具有较高的智能性及广泛的适应性。在建筑施工现场，不仅需要复杂的导航能力，还需具备在脚手架上或深沟中移动作业、避障等能力。此外，建造机器人面临更加严峻的安全性挑战。在大型建造项目尤其是高层建筑建造中，建造机器人任何可能的碰撞、磨损、偏移都可能造成灾难性的后果，因此需要更加完备的实时监测与预警系统。最后，建造机器人与制造业机器人在编程方面有较大的差异。制造业机器人流水线通常采用现场编程的方式，一次编程完成后机器人便可进行重复作业。

14.2　建造机器人种类

目前，建筑机器人的研发主要包括三条途径。

第一条途径是对现有机械改造。对于广泛使用的挖掘机、推土机、压路机等机械进行改造，实现远程遥控操作、自主导航、无人驾驶等，这是建筑施工智能化的一条捷径。

第二条途径是对已有机器人的应用。目前研发的很多机器人属于通用技术，例如环境感知与建模方面，可利用无人机（Unmanned Aerial Vehicle，UAV）、结构光摄像头、3D 视觉等环境感知设备，基于多源信息融合、同时定位与建图（Simultaneous Localization and Mapping，SLAM），实现 3D 建模；利用 UAV 配合 SLAM 技术实现土方开挖、废料清运、结构物施工进度及工程量的实时监测和优化协调；基于机械臂、移动机器人底盘搭建移动操作平台，有望替代人工完成诸如砌筑、抹灰、平整等多种操作。

第三条途径是推动专业建筑机器人的研发，这是未来发展方向。为了能够更好地实施营建，根据建筑业特性研发专用建筑机器人极其必要。例如，3D 打印建造机器人的轮廓成型工艺，需要针对房屋施工的各种特殊需求进行改进，才形成能直接打印包括水电管线在内的完整房屋 3D 打印能力。

以下为典型的建筑机器人。

1. 3D 打印建造机器人

如图 14-1 所示，3D 打印建筑一般分为两种方式，一种是模块化打印再拼装，指通过 3D 打印机制作独立的单元，并在工厂中对模块内部进行装修布置，再运输到现场，通过吊装将模块连接为建筑整体。另一种被称为原位打印，直接用 3D 打印机器人在现场施工。

2. ERO 混凝土回收机器人

如图 14-2 所示，ERO 是 Erosion（侵蚀）的缩写，可以如同橡皮擦擦掉笔迹一样，擦除混凝土结构，回收钢材。其原理是用高压水枪冲击混凝土表面，解决了混凝土结构拆除工作中的噪声问题、环境污染问题、垃圾回收问题、材料分类回收问题等。

图 14-1　3D 打印建造机器人　　　　图 14-2　ERO 混凝土回收机器人

3. 外骨骼搬运机器人

如图 14-3 所示，建筑工作涉及很多可能导致工人受伤的任务，搬运重物是造成施工中拉伤的主要原因。建筑外骨骼搬运机器人可以直接解决这些问题，使用外骨骼可以降低脊柱的压力，减少疲劳等。

4. 破拆机器人

如图 14-4 所示，破拆机器人是一种专门设计用于拆除、破碎工作的工程机械产品。它们被广泛应用于建筑隧道、回转窑、矿山、水泥等领域，提供高效、安全和精确的拆除解决方案。它们可以在高温、高粉尘、高危环境下工作，让人员可以远离危险有害区域，提高效率，降低成本。

图14-3　外骨骼搬运机器人　　　图 14-4　破拆机器人

5. 钢筋绑扎机器人

如图 14-5 所示，此项工序通常由人工在现场完成，钢筋绑扎工作量大、需要人工数量多、耗时长，钢筋绑扎机器人将改变现状。

6. 墙板安装机器人

如图 14-6 所示，墙板安装机器人具备视觉、距离、重力等感知能力，可实现墙板安装过程中的抓取、举升、转动、行走、对位、挤浆自动化。墙板安装机器人能实时提取墙板所在位置，通过内置算法，自动调整板材位置，实现墙板自动安装。

图 14-5　钢筋绑扎机器人

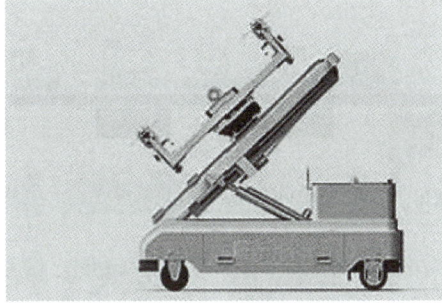

图 14-6　墙板安装机器人

14.3　机器人应用的优缺点

14.3.1　使用建造机器人的优势

1. 减少现场错误

建造机器人在施工中的准确性，使它具备了一个重要的优势就是施工错误较少，能够避免掉很多在施工中出现的人为错误。

2. 降低施工成本

建造机器人保证了施工的准确性，能够让项目的延期风险降低，甚至能够缩短施工所需要的时间，进而节省施工费用。

3. 保护劳动力工人

在建筑施工中使用机器人进行施工作业，工人能够有足够的休息时间，保持更好的状态。一些体力活也可以交由机器人来进行，工人只需要在一旁进行监督，不需要消耗太多的体力。最后，工程施工往往有一些比较危险的工作，把这些比较危险的工作交给机器人进行，能够保证工人在施工中的安全。

14.3.2　建造机器人的缺点

1. 维护保养复杂

建造机器人要求操控、维护保养人员有一定的维护保养知识基础。

2. 造价高昂

由于建造机器人研制时间较长，研制经费较高，且生产数量并不多，因此价格普遍昂贵，施工单位不能大量配备。

14.4 建造机器人驱动下的施工组织优化

14.4.1 生产要素赋能与流水线优化

建筑业的智能化转型是指新技术对建筑业的生产要素、生产力和生产关系进行赋能。建造机器人作为智能化设备，其发展演化会朝着机械化、半自动化、自动化、智能化与智慧化的方向进行，过程中会不断赋能与优化施工组织端的人、机、料、法、环全要素，如图14-7所示。

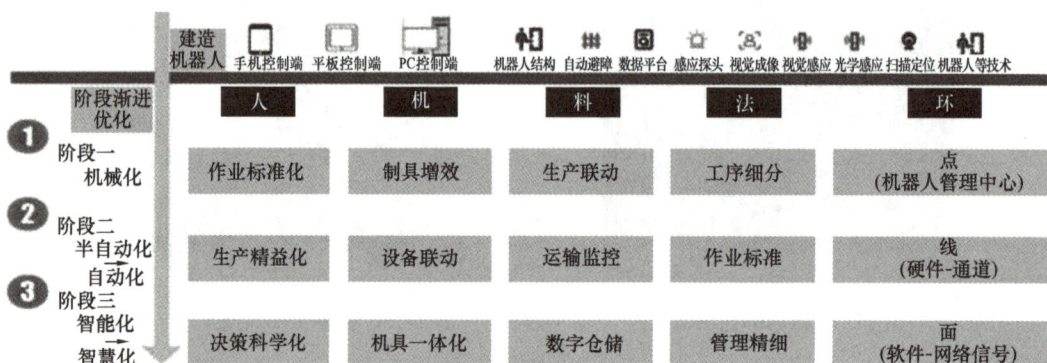

图 14-7　生产要素赋能与流水线优化

伴随着生产要素的优化，生产力的提升，以及建造机器人替代传统工人改变了的传统建筑业的生产组织关系，施工组织现场单楼栋的依次施工、平行施工流水中的要素相互排斥、相互冲突、相互矛盾的现象会不断减少，从而形成施工流水作业的最优路径；在全周期项目中的穿插施工流水的碰撞区间会不断缩小，从而提升施工流水节拍的连贯性，提高整体施工流水的效率；以及在多项目施工管理流水中，会不断降低由于多方主体交替信息传递过程中发生的信息消减、信息延误、信息错误而导致的空置浪费，如图14-8所示。

14.4.2 生产过程中的质量管控优化

施工现场生产建筑产品时，涉及多种人员、工序和材料，质量管控难度大。建造机器人的发展使生产摆脱人为传帮带的传统模式，产品质量趋于稳定。随着机器人集成化水平提高，传感器和实时监控能确保物料质量安全。全流程远程监控让管理人员可随时检验效果，实现生产全周期监控和追溯。此外，机器人还减少了传统测量和检测管理对人工的依赖，避免常见失误和返工，提高质量管控精度。

14.4.3 全周期的数字化形成

为保障施工生产严格按照设计方案执行，同时避免施工流水间的相互冲突，生产环节必须依靠精准的指令去实施。BIM在三维环境下直接设计，既为建造机器人提供施工路径，也通过数字化呈现建筑的物理特性与功能特性。三维设计图通过翻模形成施工平面图，此过程将设计语言准确转换为生产语言，以此打通前端设计与后端生产的连接。

建筑施工工序复杂、体量庞大，工程项目管理全周期有大量数据，如工程量、建材数量及损耗率等，而建造机器人的应用将大量、动态且来源复杂的数据进行采集、整合、分析与方案输出，形成工程大数据决策系统。其核心价值体现在数据的处理和分析上，通过

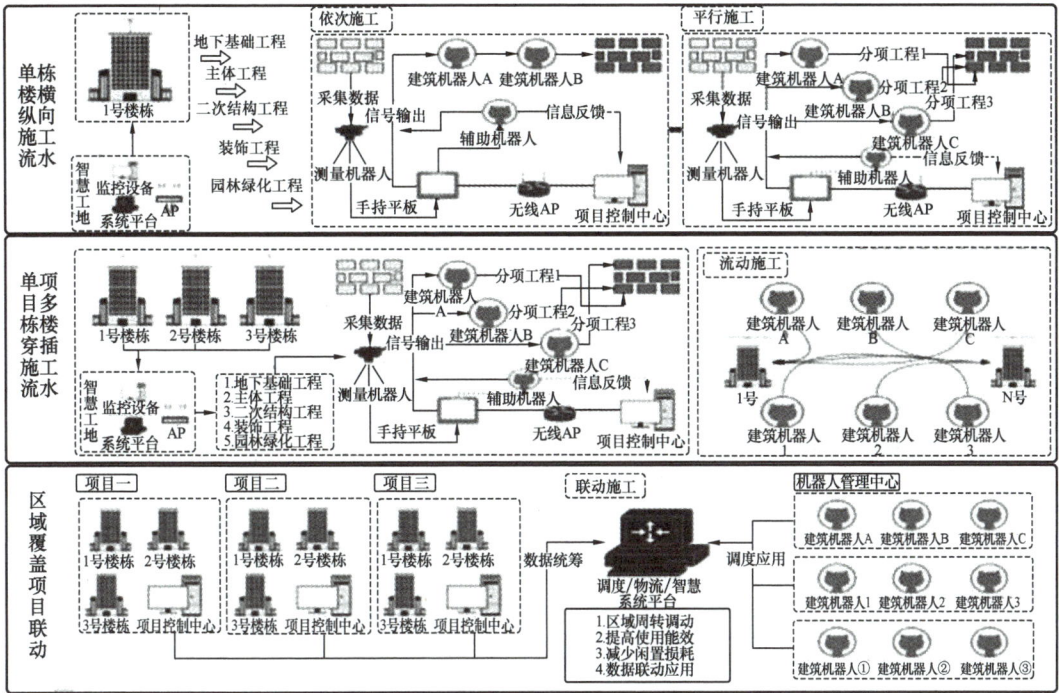

图 14-8　施工流水模式

统计、数学模型、模拟仿真等方法进行数据分析及预测，解决工程项目管理的实际问题。大数据与建筑工程的深度融合，推动了工程决策从经验驱动向数据驱动转变，使工程决策趋向科学化，避免个人思维或经验局限性而导致决策失误，降低建筑企业的试错成本，极大提高建造效率。

14.5　机器人应用前景

1. 深度整合 BIM 和机器人技术

目前 BIM 和机器人技术缺乏关于如何以端到端的方式深度集成 BIM 和机器人的研究。针对这一点，可以进行以下研究促进 BIM 和机器人技术的深度整合：（1）从 BIM 模型中提取建筑构件信息；（2）为组装单个建筑构件生成工作序列和动作；（3）在虚拟环境中可视化机器人的工作序列；（4）通过虚拟环境命令控制真实机器人。

2. 近场机器人制造

近场机器人制造是指使用可移动和可运输的机器人平台，可以安装多个机器人设备，相比离场建造，它可以进一步减少交付的工作量。作为一种替代方法，近场机器人制造可以靠近建筑工地进行构件组装，并直接传递到工地，这可以显著降低成本和减少时间。

3. 深度强化学习用于灵活环境

建筑工地是一个开放、灵活和复杂的环境，理解、决策和规划对于建造机器人非常重要。现有的机器人自主算法无法适应未知的建筑环境，因为这些算法只在实验室环境中得到验证。在未来的工作中，需要更开放的设计系统和算法，以提高建造机器人对环境的适应性和灵活性，从而提高它们在未知建筑环境中的适用性和工作过程的灵活性。

4. 高级机器人之间的协作

高级机器人之间的协作是指多个机器人在同一建筑任务中工作，减少或几乎没有人工操作，这将显著提高未来建造机器人技术的效率。目前大部分机器人协作的研究侧重于将机器人用于相同的任务，这对于完成复杂的建筑任务是不够的。

课 后 习 题

14-1　简述建造机器人的概念。

14-2　建造机器人的研发主要包括哪些途径?

14-3　典型的建造机器人有哪些?

14-4　简述建造机器人的优势。

14-5　建造机器人的应用前景有哪些?

第15章 智能穿戴技术与智能建造

15.1 智能穿戴设备定义

智能穿戴设备（Smart Wearable Devices）是指综合运用各类识别、连接、传感和云服务等交互及储存技术，以代替手持设备或其他器械，实现用户互动交互、生活娱乐、人体监测等功能的新型日常穿戴移动智能终端。根据穿戴部位的不同，可将智能穿戴设备分为智能手表类、智能手环类、智能眼镜头盔类、智能服装类和智能鞋类等。它是基于人体自然能力或环境能力，通过内置传感器、集成芯片等实现对应的信息智能交互，是物联网技术、移动互联网、云存储技术和大数据技术不断融合创新的最佳载体（图 15-1）。

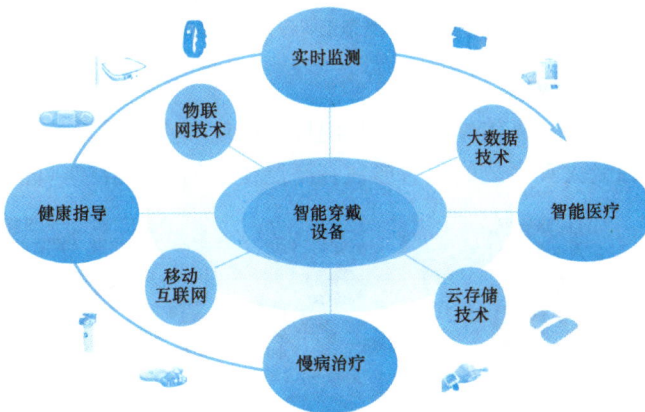

图 15-1　智能穿戴设备概念

智能穿戴设备五大基本特征（图 15-2）：可移动性、可穿戴性、可持续性、简单操作性、可交互性。

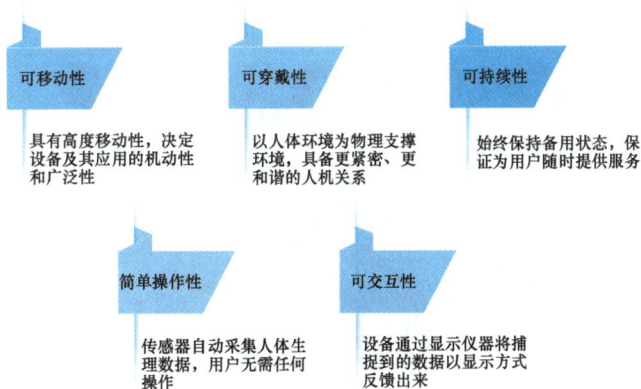

图 15-2　智能穿戴设备特征

15.2 智能穿戴设备的功能

1. 对人体参数进行读取

通过读取和记录人体参数，包括人的位置、心跳、血压、睡眠等，将数据通过物联网卡传输到平台层，再对数据进行汇总分析，得出结论，为使用者了解自身健康状况提供参考依据（图 15-3）。

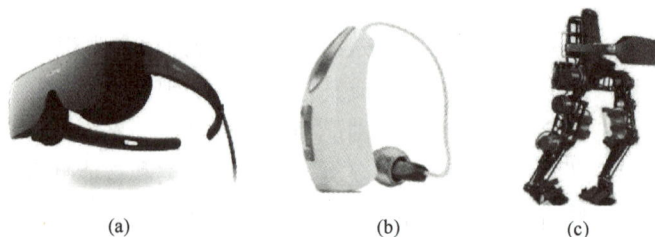

图 15-3 生理机能强化类相关产品
（a）智能眼镜；（b）智能助听器；（c）外骨骼机器人

2. 对外部环境进行读取

智能穿戴设备可以采集人体外部的环境温度、湿度和空气质量。已有智能穿戴设备用于火灾事故，帮助因受火灾事故的危害居住在高层楼宇的用户群体（图 15-4）。

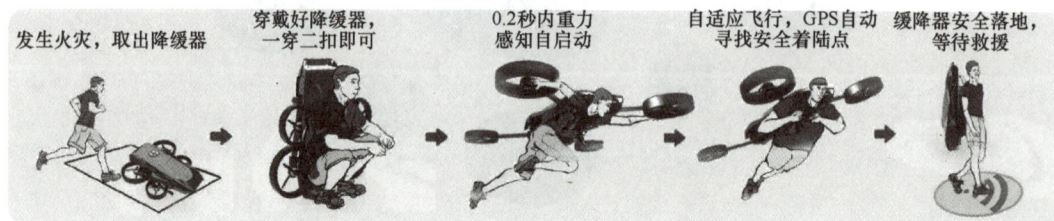

发生火灾，取出降缓器　穿戴好降缓器，一穿二扣即可　0.2秒内重力感知自启动　自适应飞行，GPS自动寻找安全着陆点　缓降器安全落地，等待救援

图 15-4 根据温度调节的智能穿戴设备使用

3. 其他智能设备互动的延伸

比如用户在开会时，以特定的姿势摆动自己的手臂，智能穿戴手环可以对动作进行识别，进行幻灯片的切换和播放。穿戴设备与其他智能设备的互动如图 15-5 所示。

图 15-5 穿戴设备与其他智能设备的互动

15.3　智能穿戴设备的应用场景

近年来，结合计算机、软件、电子设备和传感器（如智能眼镜、智能手表、智能腕带等）的新型可穿戴技术已经出现，价格实惠，并与个人智能手机直接相连，可以轻松显示统计数据和趋势。给用户提出一些生活建议和疾病的提前预警。基于智能传感设备和云服务的系统架构如图 15-6 所示。

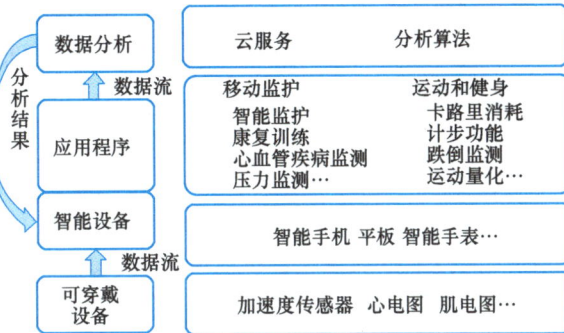

图 15-6　基于智能传感设备和云服务的系统架构

可穿戴传感器的潜在位置和用途如图 15-7 所示。研究发现，心率和身体运动等许多指标都可以通过腕带进行测量。现在，一种特殊的腕带可以用来测量皮肤电活动（EDA），这是皮肤电子特性的变化，可以推断出类似的信息，并将这些测量结果与不同水平的神经系统活动联系起来。

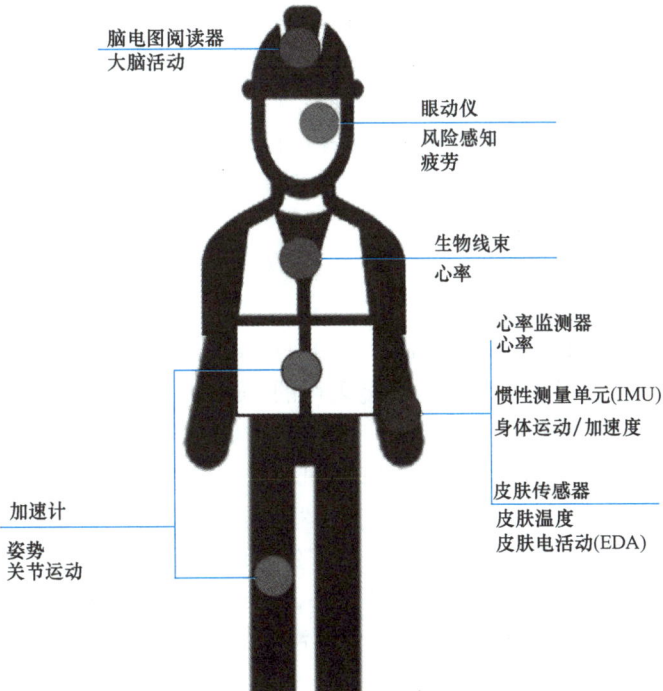

图 15-7　可穿戴传感器的潜在位置和用途

15.4　智能穿戴设备的优缺点

中国是智能穿戴设备的新兴市场，随着智能手机和物联网技术的成熟，规模将不断扩大，这得益于它本身具有的优势。

智能穿戴设备的具体优点为操作更加便捷，便于携带，能增强人体能力。智能穿戴设备在未来的建造中由于其突出的优点会被应用于智能建造中，但是如果想达到广泛的应用，还是有很多的不足之处需要不断地加以完善，目前主要存在以下问题：多为智能手机"配件"，独立性不强；功能尚不完善，专属应用较少；以数据为中心，用户体验差；电池技术待升级；费用昂贵，渗透率低。

15.5　智能穿戴设备关键技术

智能穿戴设备产业涉及的技术范围较广，包括传感技术、显示技术、芯片技术、操作系统、无线通信技术、数据计算处理技术、提高续航时间技术、数据交互技术等。

15.5.1　传感技术

传感技术主要完成语音控制、眼球追踪、手势辨别、生理监控（包括心跳、血压、睡眠质量等）、环境感知（如温度、湿度、位置等）等。目前，应用较多的传感器类型有骨传导、音源感测、肌电感测、重力感测、影像感测等。

15.5.2　显示技术

目前应用在智能穿戴设备中的常见显示技术包括薄膜电晶体液晶显示器、主动式矩阵有机发光二极体、有机发光二极体等。除此之外，目前主要的 3 种穿戴式显示技术如下。

（1）微型显示：如硅基液晶，微机电系统、数位光源处理、激光扫描等。

（2）柔性显示：目前苹果公司、三星集团、LG 集团、飞利浦公司等正积极开发并推进可弯曲的柔性屏幕、电池和人机界面系统并进行专利布局。

（3）透明显示：透明显示已开始应用于公共看板与橱窗等，如果应用于个人穿戴，需再提升穿透率与分辨率。

15.5.3　芯片技术

智能穿戴设备芯片可以分为 3 类。

（1）以现有手机处理器为核心的芯片：如由三星集团研发的智能手表采用的 Exynos 4212 处理器，由谷歌公司研发的智能眼镜采用的 OMAP 4430 处理器，其优点是有效利用已有平台加速开发且功能强大。

（2）基于单片机（MCU）的产品：如 Pebble 公司研发的智能手表、FitBit 公司研发的手环都是基于 ARM Cortex-M（一种微控制器）结构的 MCU 产品。

（3）专门针对智能穿戴设备的芯片：英特尔推出的针对穿戴式设备芯片方案英特尔 Edison 是双核芯片，一部分支持 Android 系统，另一部分则支持实时操作系统；高通公司推出的 Toq 处理器，为可穿戴设备专门定制产品，采用 ARM Cortex-M3 架构。

15.5.4　操作系统

智能穿戴设备采用的操作系统主要有 3 类。

（1）嵌入式实时操作系统（RTOS）：具有功耗低、任务单一的特点。如三星集团研发的智能腕带采用的实时操作系统。

（2）基于 Android 平台进行修改的操作系统。如三星集团研发的第二代智能手表搭载的 Tizen 操作系统。

（3）专有操作系统：谷歌公司推出的 Android Wear 操作系统平台（现更名为 Wear OS by Google），北京君正集成电路股份有限公司推出的 Newton 平台等。

15.5.5 无线通信技术

目前智能穿戴设备与终端的通信大部分是基于 WLAN（无线局域网）、蓝牙、NFC（近场通信）等短距离无线通信技术，应用数据的同步采用私有协议。用户可以通过 NFC 技术将可穿戴设备与智能手机相连，不需要其他复杂的设置；用户可以通过蓝牙和 WLAN 技术从可穿戴设备中获取数据，并将数据发送到智能手机或云端，同时又不会消耗太多电量。

15.5.6 数据计算处理技术

人机交互输出界面或回馈包括文字显示、数据分析、语音反馈、动态或虚拟影像等，所有这些输出界面的呈现都必须通过内容运算系统分析，如 AR、VR、AR 结合 VR 的混合现实（Mixed Reality）等各种现实内容计算和环境感知分析以及各种测量分析计算。数据采集平台的主要功能是采集生理参数和数据传输。因此，如图 15-8 所示，本文把面向可穿戴设备的数据采集平台分为三个功能模块：数据采集模块、数据处理模块和数据传输模块。

15.5.7 提高续航时间技术

目前主要的解决方法有 3 种：一是从操作系统、芯片、屏幕等方面来减少功耗；二是增加电池容量，如弯曲电池技术可在缩小电池体积的同时增加电池容量；三是通过无线充电、极速充电、太阳能等技术缓解该问题，但这些充电技术大多处于研究阶段，尚未大规模商用。

15.5.8 数据交互技术

目前很多厂商的应用和云服务封闭，存在数据孤岛，不能与其他设备共享数据，缺乏开放产业生态环境。因此需要开放并统一智能穿戴设备、手机、云服务之间的

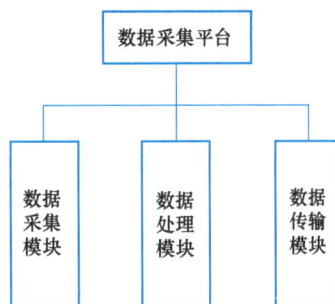

图 15-8 数据采集平台模块

接口，推动信息的流动和共享，消除数据孤岛，为用户创造出更多的价值。

15.6 智能穿戴设备发展展望

15.6.1 市场规模进一步扩大

随着苹果公司、华为技术有限公司先后发布了智能手表等产品，智能穿戴产品变得更加时尚、智能，种类将更加丰富。据某研究机构预计，全球可穿戴设备市场规模在 2034 年将达 4317.4 亿美元。

15.6.2 产业链各方进一步加强合作

目前可穿戴设备产业还不够成熟，不同厂家的产品彼此独立封闭缺少合作，数据缺乏

有效共享。同时每个可穿戴设备都开发自己的应用以及数据业务平台。这种端到端的研发模式投入大而且风险高，同时人力资源分散，难以专注于自己的核心优势。

15.6.3 智能穿戴设备与相关技术进一步融合并标准化

通过标准化可以促进产业分工以及加强不同领域企业间的互通合作，从而优化资源配置，提高研发效率和质量，使得产业链中各方加强创新，打造出有核心竞争力的产品。可穿戴设备与手机的数据管理和应用接口标准化，便于实现多种可穿戴设备整合，降低第三方开发应用的复杂度，多数据融合和共享标准化，便于用户统一管理和拓展生态链。

15.6.4 智能穿戴设备安全性进一步加强

大部分智能穿戴设备采用开放式操作系统，且与外部通信采用无线连接方式。而且现阶段产品开发更多注重的是功能的实现，对于设备本身安全性关注并不高，导致存在诸多安全风险。智能穿戴设备面临的主要信息安全风险来自两个方面：内部漏洞和外部攻击。

15.6.5 相关应用越来越丰富

目前，面向智能穿戴设备开发的应用较少。与智能手机产品用户需求不同，各类智能穿戴产品面向不同的细分市场，所以智能穿戴应用的生态系统碎片化严重，这也是可穿戴应用较少的原因之一。开发人员为这些环境开发应用变得非常困难，时间和精力成本大大提升，而应用正是智能穿戴设备发展的关键。

课　后　习　题

15-1　简述智能可穿戴设备定义。

15-2　简述智能穿戴设备的具体功能。

15-3　简述智能穿戴设备的应用场景。

15-4　简述智能穿戴设备的具体优缺点。

15-5　智能穿戴设备的关键技术有哪些？

第 16 章　机器视觉技术与智能建造

16.1　概　　述

16.1.1　机器视觉的定义

人工智能是一个多学科领域，涉及能够执行通常需要人类智能的任务的智能系统。这些人工智能任务包括机器学习（涉及基于数据做出预测、决策）、自然语言处理（涉及语音和文本识别）、专家系统（涉及根据一组规则或知识做出决策或建议）和计算机视觉等。反过来，计算机视觉是人工智能的一个子领域，专注于开发自主系统来模仿人类视觉系统执行的某些任务。它结合了从数字图像、视频、摄像机和闭路电视（CCTV）等视觉组件中提取的有意义的信息，从而可以做出明智的数据驱动决策和建议。计算机视觉领域近年来也出现了快速增长，预计未来将继续增长。

计算机视觉的增长很大程度上归因于其执行各种视觉任务的能力，例如物体检测、图像分类、物体或运动跟踪、动作识别、人体姿势估计、语义分割等。这些任务可以使用多种方法执行，例如模板匹配、基于几何的方法、基于规则的方法、基于物理的方法、机器学习方法。

16.1.2　机器视觉与智能建造

目前，许多研究人员正在研究在建筑行业使用先进的基于图像的方法，这些方法用于提高工人的安全、监测活动进度、促进项目管理、评估结构损伤（例如裂缝检测），以进行结构健康监测和修复等目的。基于图像的分析可以解决的一个主要领域是建筑工地安全。2018 年，建筑业的伤害占美国非致命伤害的 14%，占工作场所死亡的 7%。在英国建筑行业，每年有 54000 人受伤，是所有行业中第二高的受伤人数。此类事故在 2017～2018 年度使英国经济损失了 12 亿英镑。

另一个可能受益的是生产力和进度监控。在每十个建设项目中，五个落后于计划，六个超出预算。这种表现不佳的主要原因之一是有缺陷的进展监测和报告，导致管理和决策不当。基于图像的方法可用于通过记录工作进度以及工人和设备的行为和生产率来提供有关整个施工现场各种操作状态的实时信息。这使项目经理能够识别施工计划中的延迟，并就项目进度做出更好、更及时的决策。

基于图像的分析不仅在施工期间有用，在施工后所有基础设施组件都需要持续监控，以确保它们在物理上适合且可以使用。即使在结构完全建成后，也需要经常进行监测，以帮助有关结构修复和升级的决策和资源分配。

16.2　基于图像的分析技术描述

下面简要介绍图 16-1 中现有基于图像的分析技术。

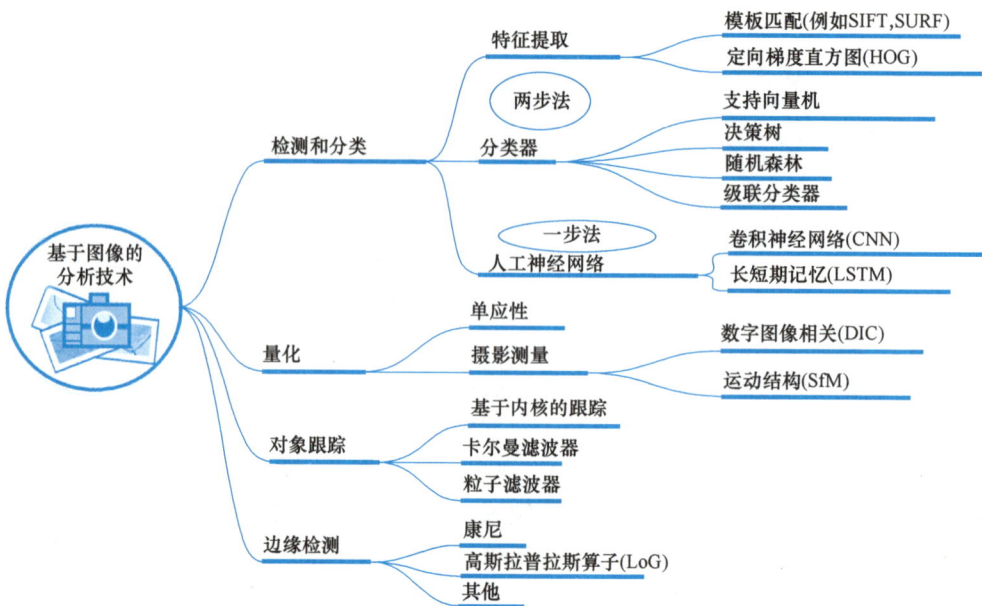

图 16-1 现有基于图像的分析技术的思维导图

16.2.1 对象检测和分类

为了能够通过图像对物体进行分类，首先需要检测它们，通常是通过识别物体的独特特征。因此，对象检测和分类通常采用两步法：检测然后分类。以下是一些常用的技术。

1. 特征提取算法

特征是对象的显著特征。特征提取算法使用这种独特的特征（或对象模板）来检测杂乱场景中感兴趣的对象。图 16-2 为在较大的场景中检测对象（矩形卡片）。可用的特征提取和模板匹配算法包括：尺度不变特征变换（SIFT）、加速强大的功能（SURF）等。

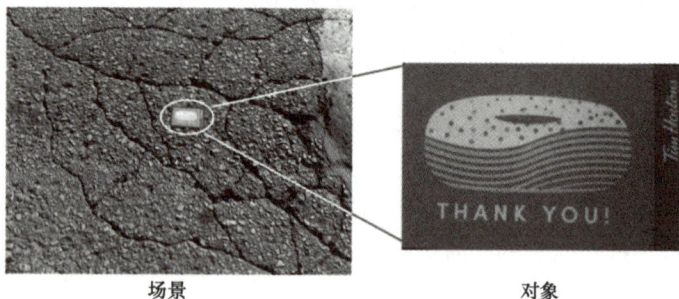

场景　　　　　　　　　　　　　　　　对象

图 16-2 具有独特特征的对象的示例场景（矩形卡片）

2. 定向梯度直方图（HOG）

一种将图像的独特特征描述为局部强度梯度或边缘方向分布的方法，即使没有精确了解相应的梯度或边缘位置。使用 HOG 进行坑洼检测，并相应地通过将 HOG 与朴素贝叶斯分类器相结合，在 90 张图像数据集上实现了 120% 的准确率，从而开发了一个自动化系统。

3. 支持向量机（SVM）

支持向量机（SVM）分类器可以找到将数据分为两类的最佳超平面。从本质上讲，SVM 可以被认为是一种高维判别分析，其目标是找到实现最佳数据二元分类的阈值函数。

4. 人工神经网络（ANN）

ANN 与其他检测、分类技术的不同之处在于，ANN 将检测和分类步骤集成到其设计和架构中。自 2012 年以来，由于开发了包含多个隐藏层的新型架构，ANN 的性能得到了显著提高。在图像分析领域，最近引入的最重要的深度神经网络（DNN）类型之一是卷积神经网络（CNN）。CNN 的示例如图 16-3 所示：手写文本被分类为正确的数字。CNN 由卷积（使用在所有图像像素上移动的小矩阵检查图像）和池化运算符的组合组成，池化运算符提取输入图像的显著特征并将其传递给一组全连接层，这些层根据其特征对图像进行分类。为了减少计算时间，特别是在尝试检测同一图像中的多个对象时，提出了一种方法，其中选择图像的特定区域进行分析，而不是分析整个图像，并将新技术命名为 R-CNN（CNN 与区域建议）。这种突破导致了更快的 R-CNN 算法的发展，例如 YOLO（You-Only-Look-Once）和 SSD（单次检测器）。其他 ANN 变体包括残差神经网络，其中可以跳过某些层以加快处理速度，以及长短期记忆（LSTM）网络。

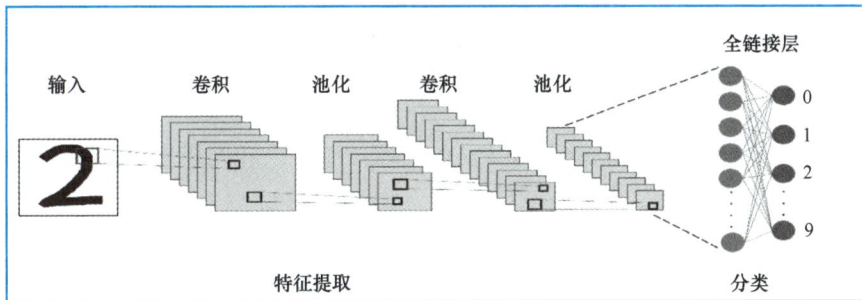

图 16-3　卷积神经网络架构示例

16.2.2　对象量化

有两种主要方法用于从图像中获得实际测量值：同源异义和摄影测量。

1. 同源异义

同源异义是从两个不同视点记录的同一物体的两个不同图像，如图 16-4 所示。虽然原始物体上的四个点形成正交线，但由于相机镜头引起的失真，两幅图像都不是这种情况。这种失真可以纠正，因为存在将图像与现实世界对象相关联的单应性。因此，单应性可用于从捕获的图像中直接获得真实测量值。

2. 摄影测量

摄影测量，通常称为运动结构（SfM）或数字图像相关（DIC），使用特征检测和单应性从 3D 图像重建对象的 2D 模型。它广泛用于测绘、测量和

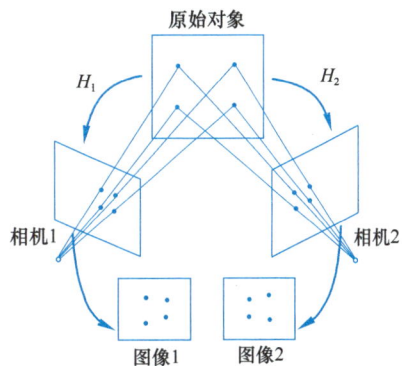

图 16-4　一个物体的多个图像可用于直接测量

历史保护应用。该技术依赖图像之间的特征匹配来估计相机位置，从而生成 3D 点云。

16.2.3 对象跟踪

除了对象检测和分类之外，对象跟踪还提供有关对象姿势或位置如何随时间变化的重要信息。这对于进度监控和生产力分析非常重要。对象跟踪的目的是根据到该点进行的所有测量来估计对象的未来状态。对象跟踪最常用的技术，例如基于内核的跟踪、卡尔曼滤波器、粒子过滤器。

16.2.4 边缘检测

边缘检测是指使用特殊过滤器来检测图像中的边缘，例如劣化的桥面上的裂缝。根据图像颜色或亮度的不连续性检测边缘。最常用的边缘检测器之一是 Canny 边缘检测器（在图 16-5 中产生二进制图像）。图 16-6 为检测工人、安全帽和安全带的示例，图 16-7 为设备活动分类。

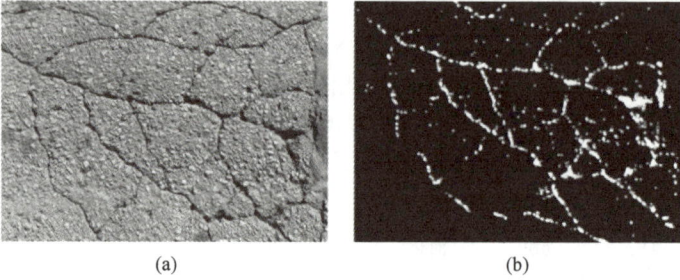

(a) (b)

图 16-5 精确的边缘检测
(a) 原始图像；(b) Canny 图像

图 16-6 检测工人、安全帽和
安全带的示例

图 16-7 设备活动分类

16.3 基于图像的分析在建筑中的应用

16.3.1 安全监控

全球每年有超过 60000 人的生命在建筑工地上丧生。除了生命损失以及伤害对个人和社会的影响外，事故的经济负担也很大。为了防止此类事故，如发现不安全的行为和不安全的情况，应迅速采取纠正措施。计算机视觉具有巨大的潜力来自动化检测和识别不安全行为和不安全条件的任务，这是将它们从事故的因果链中消除的第一步。

近年来，在建筑工地使用无人机、预测分析、可穿戴设备等技术的趋势越来越明显，这可以帮助工地安全管理人员检测和管理项目执行过程中出现的安全风险。计算机视觉可以使用从作业现场获得的视觉数据来识别和获取死亡、事故的风险。

16.3.2 进度监控

目前的进度监控做法需要大量的人工干预，非常耗时，而且容易出现人为错误。因此，高效的监控系统可以通过自动化进度检查来帮助施工团队，这将有助于降低返工和错误的风险，并减少成本和进度的偏差。为了减少返工和错误，建筑公司经常将其生产计划与 3D BIM 集成以创建 4D BIM。但是，此过程涉及手动操作，将实时进度信息与 4D BIM 集成。为了促进这一集成过程，建筑研究人员和从业人员专注于通过手持摄像机和录像机收集竣工视觉数据，指派现场工程师过滤、注释、组织和呈现收集的数据，与 4D BIM 的计划日期相比。然而，与手动收集、分析和报告操作相关的成本和复杂性导致监控稀疏和不频繁，并且部分效率收益被监控成本所消耗。因此，建筑研究人员正在努力实现此类手动流程的自动化。计算机视觉领域的进步使技术的发展成为可能，这些技术有助于自动化进度监控中涉及的各种任务。

16.3.3 生产力跟踪

生产率被定义为每单位投入的总产出，通常表示为劳动力或工时的成本。在全球范围内，建筑业的劳动生产率增长落后于制造业和整体经济。因此，测量生产率已成为建筑业中一项越来越重要的任务。劳动力和设备生产率是项目绩效的关键指标。它有助于优化资源规划，这对于应对劳动力供应减少的挑战至关重要。此外，大多数建筑项目的预算紧张，利润率非常低，约为 5%，需要高度优化的资源利用率，因此生产力监控至关重要。监测不同施工过程的生产率仍然是一项困难且容易出错的任务，因为通常需要大量的人工来测量劳动力、设备或资源的产出。因此，自动化生产力监控过程可以帮助项目团队以最少的人为干预实现资源的最佳利用。基于视觉的技术可以通过分析工人的运动和互动与位置跟踪来帮助自动化和生产力跟踪。

16.3.4 质量控制

建设项目经常经历成本和进度超支，返工是导致这些超支的因素之一。返工的直接成本约为总建筑成本的 5%。为了尽量减少返工，质量控制（QC）经理开发了各种质量控制程序；然而，它们大多是手工操作，需要人力资源的大量参与。例如，目前的建筑尺寸分析方法，组件基于使用遥感仪器，如全站仪，该仪器需要几个工时来进行现场和办公室工作来捕获现场信息并进行处理。计算机视觉不仅可以捕获维度信息，还可以捕获空间信息。因此，BIM 和计算机视觉的集成可以通过评估尺寸、铅垂、安装等来帮助质量控制。然而，目前使用 BIM 进行质量控制的做法仍然是劳动密集型的。因此，需要探索计算机视觉技术来自动化流程，从而提高质量控制效率并减少人力。

16.4　机器视觉机遇与挑战

目前使用计算机视觉的大多数研究都是探索性的，还没有达到这些系统可以高效、经济地部署在实际建筑工地的水平。未来的研究工作需要建立在这些探索性研究的基础上，并发明方法来扩大这些系统的实际实施。例如，在安全管理中，研究需要侧重于构建基于计算机视觉的技术，使用实时图像、视频实时有效地定位工人和设备，提供实时接近警告。在进行监测中，研究需要专注于构建图像处理或基于 AI 的算法，以有效地将竣工图像与计划模型进行比较。迫切需要研究一种有效的方法，将基于图像的 3D 模型与计划的 BIM 模型对齐（在比例、旋转和平移方面）。对于生产力分析，必须利用递归卷积神经网络（RCNN）的最新发展，从实时视频中识别和跟踪工人和设备。其中，质量控制为基于计算机视觉的系统提供了最多的机会，具有讽刺意味的是，这是发表研究最少的领域。此外，为了开发缺陷检测的技术和算法，未来的研究还应采用制造业的技术和方法，并专注于开发基于视觉的质量控制技术，该技术使用施工期间收集的实时图像（而不是施工后的质量检查），这将有助于最大限度地减少缺陷并减少返工需求。

研究表明计算机视觉在建筑和项目管理的各领域具有巨大的潜力，但本章也强调了一些挑战。最大挑战之一是缺乏特定于训练不同神经网络所需的建筑环境的视觉数据集。然而，收集大量带注释的数据并非易事。计算机视觉在施工进度监控、安全和质量控制方面仍面临挑战。例如，有研究报告了在建筑工人或设备中实现计算机视觉以进行动作识别的一些重要问题。其中包括缺乏数据集；建筑设备和工人的复杂行为；缺乏定义行动时间序列的知识；多个项目主体同时行动识别；缺乏对绩效信息的基准测试、监控和可视化的整体方法。同样，对于进度监控，相关文献中报告的基于计算机视觉的进度监控系统最常见的挑战之一是计划中的 3D 模型缺少信息。

16.4.1　数据挑战

缺乏带注释的数据集是在建筑中实施基于深度学习的计算机视觉技术的最大挑战之一。尽管有几个公开可用的数据集，如 ImageNet 和 Microsoft Common Objectsin Context（COCO），但施工过程所需的数据集需要考虑独特的特征，如杂乱的背景、遮挡、各种姿势和比例以及施工环境的动态性质。建筑工地通常复杂而动态，每个工地都独一无二。这需要一个全面的数据集，可以解决我们行业的复杂性、动态和变化问题。尽管已经为各种应用程序创建了不同的数据集并用于这些数据集，但这些数据集通常是单独创建的，规模较小，共享功能有限。需要努力创建一个组合和大型综合标记可视化数据集，供建筑研究人员和开发人员用于各种应用。

16.4.2　遮挡和有限的能见度

在施工中，视觉环境经常被各种照明条件影响，加剧了遮挡问题。施工现场的复杂性、障碍物、照明水平、设备尺寸、工人服装的颜色造成了遮挡和能见度有限的问题。此外，建筑工地还由涉及反光光滑表面的物体组成，这也带来了挑战。已经有一些研究工作来克服这些挑战。例如，在已知的可见场景和不在瞬态相机视线内的未知物体之间使用费马光路径来创建对隐藏表面的预测。然而，遮挡和有限的能见度问题尚未完全解决。在无人机的协助下，从不同视角捕获图像等可以克服与建筑元素可见性有限相关的一些挑战，但无法消除遮挡。

16.4.3　工作现场的隐私问题

建筑中的视觉数据可以通过无人机、地面机器人和移动设备获得。然而，对于活动被这些视觉传感器捕获的工人来说，数据的隐私仍然是一个问题。尽管可视化数据收集的目的不是工人监控，但他们的活动不可避免地会在数据收集过程中被记录下来。这可能会使工人感到不断受到观察，导致焦虑和压力水平上升，可能对他们的心理健康产生不利影响。

16.4.4 变体

除了上述挑战之外，建筑中的物体外观或动作的变化也使计算机视觉技术受到挑战。这些变化包括类内变化（例如，来自不同品牌的相同设备可能看起来非常不同）、比例变化（相同的建筑元素，如墙壁可以有不同的尺寸）、视点变化（元素可能看起来不同，具体取决于摄像机的位置）。这些差异通常会导致分类错误。此外，施工表面也可能有所不同。曲面可以是平面、单曲面、双曲面，也可以具有多个比例的起伏，因此难以定义边界。除了几何形状之外，常见表面的物理纹理可以从光滑（钢、大理石）到非常不规则（草、碎石），这也对基于计算机视觉的技术提出了挑战。

16.4.5 语义差距

大多数应用的计算机视觉技术从输入数据中的相关性或重复模式中学习（特别是从图像中提取的特征之间）。与人类不同，计算机视觉算法很少能得出因果关系，或从图像（或视频）中提取更高层次的语义理解。虽然这种语义差距对于某些应用（例如检测色谱柱中的裂缝）可能不是问题，但它限制了基于自动化计算机视觉的系统在上下文很重要的领域的应用。例如，安全管理应用需要基于计算机视觉的系统不仅要检测物体，还要评估物体之间的相互作用（例如工人和危险）。这种高级语义理解通常具有挑战性，因为除了训练系统检测和分析低级图像特征之外，它还需要系统中包含重要的领域知识。

课 后 习 题

16-1 机器视觉技术在智能建造有哪些方面的应用？

16-2 探讨当前我国智能化建筑在机器视觉技术应用的局限。

第 17 章　传感器技术与智能建造

17.1　概　　述

随着传感器技术和物联网的进步，许多施工活动都可以自动实时监控。多个利益相关者（承包商、供应商等）的不同系统和子系统可以通过手持平板电脑和智能手机应用程序全面了解各种施工活动，从而与其他系统无缝交互。这不仅提高了生产力，而且还通过技术和节省预算填补了技能短缺的空白。此外，通过物联网、通信和定位技术，该行业将通过向工人提供潜在危险的实时警报和警告来提高安全性。通信和定位技术也是通过增强现实（AR）和虚拟现实（VR）提供互动教育的基础。通过传感和物联网进行实时监控也提供了管理建筑废物的机会，从而增强了环境的可持续性并减少环境足迹。图17-1总结了用于建筑工地实时监控的传感器、平台和方法。

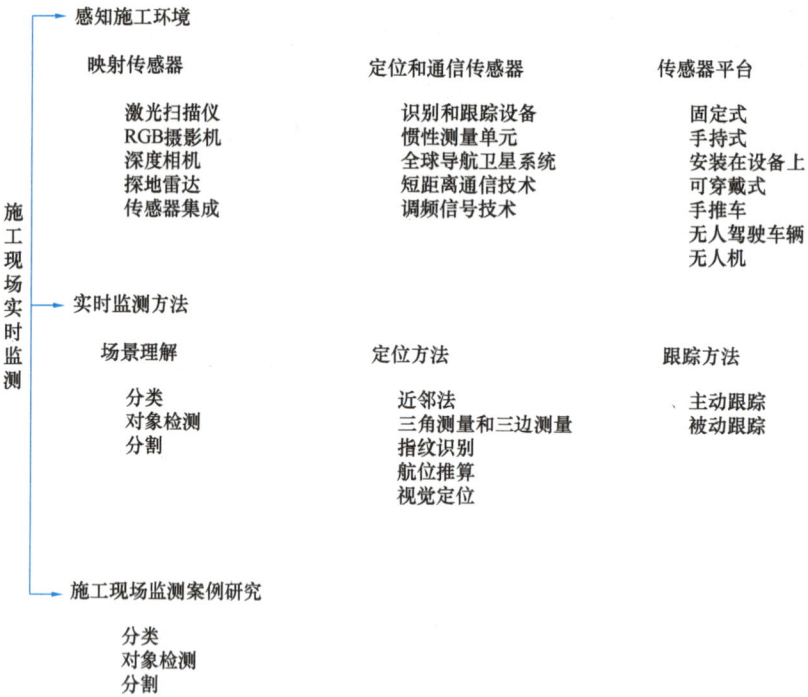

图 17-1　用于建筑工地实时监控的传感器、平台和方法

17.2　感知施工环境

17.2.1　映射传感器
以下介绍现有用于建筑工地实时 3D 测绘的传感器技术。

1. 激光扫描仪

当今建筑业最常用的测绘技术是三维激光扫描，也称为激光雷达。尽管存在其他映射类型，但大多数激光扫描仪使用电磁辐射的近红外光谱来计算发射脉冲的飞行时间（ToF）。距离计算使用从扫描仪到发射脉冲击中的表面的往返时间。

2. RGB 摄影机

RGB（Red-Green-Blue）摄影机采集的数字图像可以使用摄影测量技术进行处理，以创建基于图像对应关系的任何比例和精度估计的详细 3D 点云。

3. 深度相机

深度摄像头是配备距离传感器的特定类型的摄像头。存在几种类型的距离传感器，但最常见的是 ToF 传感器，ToF 传感器捕获从传感器到电磁辐射发射脉冲击中的表面的距离。ToF 传感器可能看起来与激光扫描仪相似，但关键区别在于激光扫描仪逐点捕获数据。

4. 探地雷达

探地雷达（Ground-Penetrating Radar，GPR）是一种通过电磁波寻找埋藏地下物体的技术。GPR 由天线和接收器组成，用于发射和接收波以绘制地下地图。GPR 是一种非侵入式技术，用于各种测绘应用，以测绘岩石、土壤、人行道、结构、淡水和冰等物体。GPR 也用于绘制地下公用设施、沥青、金属和管道等。

5. 传感器集成

与仅使用一种类型的传感器相比，集成不同类型的传感器通常具有优势，因为它可以帮助克服与每个传感器相关的缺点和局限性。通过将多种传感器与数据处理系统协同融合，能够实现多维度、高精度的数据采集与分析，提升系统的综合感知能力；同时，其设计增强了数据可靠性，实时协同优化了响应效率，并通过资源共享降低硬件成本与部署复杂度，最终为智能决策提供更全面、高效的底层支持，适用于工业、物联网、医疗等多元化场景。例如，部署在地面的激光描仪无法扫描扫描仪上方的水平表面，如屋顶，集成多传感器后可实时校准扫描姿态，扩大扫描范围，使测量精度达到微米级并通过数据互补提高整体可靠性。

17.2.2 定位和通信传感器

1. 识别和跟踪设备

条形码可能是使用最广泛的识别和数据通信技术。条形码由不同宽度的条形和空间的矩形图案组成，代表数字和字母。射频识别（RFID）是另一种用于识别设备并与之通信的标准技术。RFID 系统由三个组件组成：天线（或线圈）、收发器（RFID 读取器）和应答器（RFID 标签）。

2. 惯性测量单元

惯性测量单元（Inertial Measurement Unit，IMU）由一组传感器组成，包括加速度计、陀螺仪和磁力计，分别用于测量加速度（三维）、角速度（三维）和磁场强度。这些测量可以融合以估计设备的位置，例如使用航位推算方法，其中移动物体相对于先前已知位置的当前位置是根据行进距离和多个时间步长的航向估计的。

3. 全球导航卫星系统

全球导航卫星系统（Global Navigation Satellite System，GNSS）是使用最广泛的户

外定位系统，它使用具有全球覆盖的卫星导航系统。目前有四个全面运作的系统在使用，即美国的全球定位系统（GPS）、俄罗斯的全球导航卫星系统（GLONASS）、中国的北斗卫星导航系统（BDS）和欧盟的伽利略卫星导航系统（GSNS）。

4. 短距离通信技术

如今，有几种无线技术可用于短距离的定位和数据通信。短程定位和通信技术包括超声波、红外（IR）传感、低功耗蓝牙（BLE）、Wi-Fi、UWB和ZigBee网络。

5. 调频信号（Frequency Modulation，FM）技术

FM技术是使用无线电广播信号通过指纹识别技术来定位位置。广播和电视（TV）频道使用FM信号广播其内容。

6. LoRa技术

一种专有的射频技术（扩频调制）使用无线电调制技术进行低功耗广域网（LP-WAN）通信。LPWAN提供远程通信，同时利用低比特率，可以在低功耗下运行。

7. SigFox技术

另一种广泛用于远程和低功耗通信的LPWAN通信技术。它使用超窄带宽（UNB）调制来发送消息。

8. 全球移动通信系统（GSM）

GSM是由欧洲电信标准协会（ETSI）制定的蜂窝电信标准。GSM指定了手机和平板电脑广泛使用的第二代（2G）数字蜂窝网络。第一代（1G）数字蜂窝网络使用模拟通信，2G的发展取代了1G。之后，第三代合作伙伴计划（3GPP）开发了基于GSM标准的第三代（3G）通用移动通信系统（UMTS）标准。3GPP还开发了第四代（4G）LTE Advanced和第五代（5G）标准。

17.2.3 传感器平台

在施工环境中配备各种测绘、定位和通信传感器的不同平台。

1. 固定式

固定式传感器要么安装在三脚架上，要么安装在固定位置。在三脚架上，它们在操作过程中保持静止，稍后移动。在固定位置（例如，安装在墙上），它们保持永久性静止。

2. 手持式

最常见的手持式传感器是RGB摄影机，但也提供手持式激光扫描仪。手持式传感器比固定式传感器具有更大的灵活性，因为它们可以轻松携带并指向感兴趣的区域，但代价是精度较低。

3. 安装在设备上

由于各种原因，传感器安装在设备上。定位和通信传感器安装在设备上以跟踪其位置。例如，惯性测量单元、倾角传感器和旋转编码器等传感器可以安装在重型设备（起重机）上，以跟踪其所有部件的位置。此外，设备安装的传感器用于绘制周围环境的地图。例如，激光扫描仪可以安装在车顶上以绘制道路环境图。

4. 可穿戴式

除了安装在设备上的传感器外，可穿戴传感器还可佩戴并连接到身体部位或放置在背包中。例如，深度摄像头可以戴在头上用于测绘，既可以连接到工人的头盔，也可以作为头戴式AR耳机的一部分。此外，定位传感器被佩戴或附着在不同的身体部位（例如

脚）上。

5. 手推车

传感器也嵌入到手推车中，以监控建筑工地。比如，将 UWB 发射器、惯性测量单元和激光扫描仪安装在手推车上，该手推车被手动推到所需方向以绘制室内建筑环境。

6. 无人驾驶车辆

随着无人驾驶车辆（Unmanned Ground Vehicle，UGV）的可用性和能力的提高，UGV 成为传感器的一个令人兴奋的平台。使用同步定位和映射（SLAM）算法，在杂乱的建筑工地中对 UGV 的自主导航进行了不断改进。

7. 无人机

无人机正在成为建筑中传感器越来越常见的平台，尤其是旋翼无人机。无人机是唯一能够在活动时从上方提供建筑工地视图的平台。避障、自主和全自动飞行仍然是开放的研究挑战。

17.3 实时监测方法

施工环境的实时监控需要自动了解测绘传感器捕获的场景。此外，实时监控需要定位和跟踪工人、设备、建筑材料和其他移动物体。本节回顾使用各种传感器数据进行场景理解、定位和跟踪的方法。

17.3.1 场景理解

场景理解涉及自动解释从场景中捕获的数据，主要是影像和点云，以识别其内容。场景理解的标准方法包括分类、对象检测和分割。

1. 分类

分类是从数据中为标识的场景分配一个或多个类别标签的过程。此过程通常涉及监督式机器学习。该算法从一组训练示例中学习输入数据和输出类别标签之间的映射函数。深度学习的最新发展允许迁移学习将通用预训练模型微调到建筑工地的特定场景，包括图像和点云。

2. 对象检测

对象检测涉及本地化数据中特定类别的一个或多个对象。此检测过程涉及在对象周围绘制边界框或生成表示对象边界的蒙版。图像中目标检测的最新发展包括区域建议方法，例如基于区域的更快卷积神经网络（Faster R-CNN）、Mask R-CNN、单次检测器（SSD）和 YOLO。这些方法在点云中用于物体检测的 3D 扩展包括 Point R-CNN 和 3D-SSD。

3. 分割

分段是将数据分区为表示对象的段的过程。如果为每个段分配了一个标识对象类型的标签，则该任务称为语义分割。最先进的分割方法使用监督机器学习，使用手动分割的图像或点云训练深度网络。分段网络通常使用编码器-解码器架构，其中编码器执行特征提取，解码器生成分段掩码。为此，图像分割的基本发展包括全卷积网络（FCN）、U-Net 模型、金字塔场景解析网络（PSPNet）和 DeepLab 模型。对于点云分割，基于多层感知器（Point SIFT）、点卷积（Conv Point）和基于图的方法（DGCNN）取得了更大的成功。

17.3.2　定位方法

定位方法可分为近邻法、三角测量和三边测量、指纹识别、航位推算、视觉定位五类。

1. 近邻法

一种基于接近性的定位方法，通过利用邻近传感器（已知位置）的位置信息实现定位。该方法需要在目标区域预先部署传感器或信标网络，且这些节点的位置需经过测量确定。

2. 三角测量和三边测量

三角测量和三边测量利用三角形的几何特性来估计目标的位置，三边测量使用来自多个参考点的距离（范围）测量值来估计位置，相比之下，三角测量使用目标和参考点之间的角度来估计目标的位置。三角测量和三边测量方法可以使用几种类型的测量，包括接收信号强度（RSS）、到达时间（TOA）、到达时间差（TDOA）、往返飞行时间（RTOF）、到达角（AOA）和相机姿势。这些测量值可以从 Wi-Fi、GSM、FM、IR、蓝牙、UWB、超声波和相机获得。

3. 指纹识别

指纹识别技术使用在已知位置测量的信号数据库，通过将当前信号与存储的信号进行比较来估计物体的位置。指纹识别涉及两个阶段：离线阶段在已知位置进行测量，以及将当前测量值与先前存储的测量值相匹配的在线（跟踪）阶段。指纹识别方法的一个主要缺点是需要数据收集活动来收集指纹，这是一个缓慢而乏味的过程。最近的研究探索了深度生成模型的应用，如变分自动编码器（VAE）和生成对抗网络（GAN），以最少的监督生成或增强指纹数据。

4. 航位推算

航位推算是一种古老的定位方法，用于测量与先前已知位置的距离和运动方向。如今，航位推算方法通常利用惯性测量单元来测量移动物体或人的距离和航向。航位推算本质上是一种局部运动估计方法。也就是说，移动物体或人的位置是相对于先前位置估计的。因此，每个定位步骤中的误差都会累积，估计的轨迹偏离实际轨迹。航位推算的这种限制意义重大，因为它将其应用限制在小距离和短时间内。

5. 视觉定位

视觉里程计和激光雷达里程计是局部视觉定位方法的示例。我们可以通过跟踪传感器捕获的连续图像或激光雷达扫描中的显著特征来估计相对于初始起点的移动相机或激光雷达位置。这两种方法都可以集成惯性传感器来加强定位解决方案。

17.3.3　跟踪方法

在建筑环境中跟踪移动物体或人员是基于安装在移动物体上或由人携带、使用放置在环境中的传感器。前一种方法通常称为主动跟踪，而后者是被动跟踪。

主动跟踪涉及第 17.3.2 节中讨论的各种定位方法。GNSS 有助于跟踪人员和设备，但是，GNSS 信号仅在室外环境中可用。因此，主动跟踪更适合室内环境。主动跟踪可以使用无线、惯性和视觉传感器，并结合三角测量、指纹识别或航位推算方法。

被动跟踪涉及使用专门的测量仪器（机器人站）、固定摄像机或安装在环境中的激光雷达传感器。现代机器人全站仪（RTS）使用成像传感器和激光测距仪来跟踪移动物体携带的棱镜并测量其位置。使用固定相机或激光雷达进行追踪涉及在一个图像或激光雷达扫描中检测感兴趣的对象，并在后续图像或扫描中查找匹配项。

17.4 基于传感器的实时监控在智能建造的应用

本节将介绍基于传感器的实时监控在智能建造的应用。主要应用分为三类：监控施工环境、监控工人和识别危险情况。

17.4.1 监控施工环境

监控施工环境的现有研究分为两类：监控静态环境和监控动态环境。

1. 监控静态环境

本小节只考虑建筑工地的静态环境，不考虑现场工人、设备或其他元素的动态移动。然而，静态环境的案例研究并不意味着建筑工地是不变的。进度监控可逐行扫描数据并通过 BIM 等应用程序监控施工现场发生的变化。这种方法使用场地的连续静态 3D 模型，而不是监控场地的实时动态。

监控静态施工环境的最常见目标是自动进度监控。比如，使用从多个地面三维激光扫描（Terrestrial Laser Scanning，TLS）位置创建的点云来检测桥梁的柱和伸缩缝；使用建筑工地建筑的 TLS 点云和 BIM 结合进度数据（4D BIM）来跟踪施工现场的变化。另一方面，有研究者提出了一种基于可穿戴 AR 设备与深度摄像头的进度监控方法，通过实时生成施工现场多边形网格，并与设计的 4D BIM 模型进行动态比对，实现施工进度追踪。

自动进度监控通常需要集成来自许多传感器和其他来源的数据，如 RGB 摄影机、激光雷达、UWB、RFID、BIM、时间表等，具体取决于设置。研究表明，相较于单一数据源，基于数据融合的解决方案能有效提升信息处理的准确性与可靠性，并通过多源协同优化系统决策能力。

监控静态施工环境的另一个常见目标是质量控制。有研究提出了一种基于 BIM 和激光雷达集成的实时施工质量控制系统。该系统通过配备激光雷达的无人机自动收集数据。然后，它将竣工点云和设计 BIM 模型之间的差异与特定建筑元素的质量公差进行比较来评估施工质量。但是，在同一坐标系中注册激光雷达和 BIM 主要是手动的。尽管有安全性、可访问性和效率高等优点，但仍存在无人机的稳定性和未指定的定位传感器（可能是 GNSS 传感器）的准确性等问题。

2. 监控动态环境

本小节侧重于建筑工地上动态实体的运动，例如工人和设备。

重型设备操作在建筑工地中起着至关重要的作用，对操作人员的要求很高。在研究中，他们使用二维激光扫描仪获取建筑工地的点云数据，并采用相机收集整个设备组的一组连续图像。从数据采集到构建模型的过程非常快，使其配合设备操作员的实时操作，但会造成扫描速度提高但降低分辨率的限制。

在建筑工地上对移动物体的物理尺寸进行建模和测量。集成摄影测量和 RTS 数据，以跟踪放置在被跟踪物体上的标记。在一个案例研究中，研究者部署了三个单反相机和两个 RTS，以监控建筑工地上起重机吊起的索具系统的长度和长度变化。该方法具有成本效益且简单明了。然而，建模并不是完全自动化的，研究者没有评估确定尺寸的准确性。

基于视觉的方法在建筑设备的实时姿态估计方面也具有诱人的潜力。比如，引入了一个将立体视觉与实时定位系统相结合的框架来估计挖掘机的姿态。融合来自两个监控摄像头和一个 GPS 跟踪器的数据，以提高姿态估计精度并减少计算时间。

有研究者使用 GPS、蜂窝网络和 PDA 实时监测碾压混凝土大坝的仓库表面。使用调平机和 K-最近邻（K-NN）算法监测大坝仓库表面的撒布厚度。使用声波检测、RTK（实时差分定位）-GPS 和基于全局过程动态优化的决策，自动监测土石坝的压实质量参数。

在公路建设项目中，必须监测路面的提升厚度，以确保路面的长期耐用性。传统上，目视检查是测量路面提升厚度的主要方法。然而，目视检查是主观的，容易出错，缺乏实时信息。为了应对这些挑战，有研究设计了一个实时提升厚度监控系统，可在智能手机上提供实时可视化数据。该系统包括 RTS、棱镜、测斜仪、激光测距传感器、集成控制器和蜂窝通信。

基于音频的活动识别涉及记录施工环境中存在的音频信号，然后分析这些信号以确定施工活动。当其他传感方式（例如基于视觉的传感）由于照明或环境条件而不可用时，基于音频的活动识别是有益的。基于音频的活动识别背后的中心思想是，每个活动（通常）都会生成独特的音频模式，捕获音频信号可以告知设备和活动的类型。

17.4.2 监控工人

监控建筑工地的工人通常集中在两个方面：监控工人行为和监测工人生理。下面介绍这两个方面的应用。

1. 监控工人行为

以往的研究大多使用视觉技术监控工人。比如，有研究者研究了爬梯的实时识别。他们提出了一种 Kinect 深度摄像头方法来捕获工人的身体，然后将其建模为骨骼，以确定它是否处于危险位置。然而，数据采集会受到阳光的影响，这种方法中考虑的不安全行为类型是有限的。

移动传感器为监控不安全行为提供了灵活性。为此，有研究者开发了一种带有红外光束探测器、热红外传感器和 RFID 触发器的可穿戴安全帽系统。装有红外光束探测器和热红外传感器的头盔可识别工人是否戴安全帽，RFID 触发所戴安全帽的位置。主要缺点是该系统要求整个建筑工地具有良好的互联网可用性。

对于工人在密闭建筑环境中的安全性，有研究开发了一种实时跟踪系统，并实时监控多名工人。其融合了加速度计和低功耗蓝牙（Bluetooth Low Energy，BLE）来克服基于接收信号强度（Received Signal Strength Indicator，RSSI）的本地化的缺点。

此外，有研究者开发了一种实时跟踪系统，用于监控住宅和办公楼中的水管工。他们使用 BLE 信标进行连续（一秒间隔）数据传输并使用树莓派作为网关。网关测量信标的 RSSI，并使用消息代理（MQTT）将数据发送到云。

2. 监测工人生理

随着可穿戴生物传感器系统的进步，我们可以直接用各种传感器监测工人的生理状态，为建筑工地提供强大的实时安全管理系统。比如，有研究使用商用可穿戴智能手环收集工人的生理数据，以评估工人的风险水平。他们使用光电容积图（PPG）传感器和温度计测量心率，以记录皮肤温度。同时，加速度计和 GNSS 传感器确定了它们的位置。然而，该系统的准确性会受到工人运动和汗水的影响，该方法需要提前三个月收集工人的标准生理数据才能工作。也有研究提出了一种评估工人身体疲劳的系统。这项研究使用带有心率监测器的可穿戴传感器、红外温度传感器、脑电图（EEG）传感器分别监测心率、皮肤温度和脑电活动。然而，测量的准确性受温度、湿度和汗水的影响。

17.4.3 识别危险情况

传感技术可以识别建筑工地上的危险情况，提高工人的安全性，避免施工伤害并降低整体施工成本。接近监控是识别危险情况的最关键方法。UWB 技术在这种方法中起着重要作用。UWB 在建筑中的应用包括机器人操作基础设施应用中的自动数据收集和决策支持工具，特别是在 3D 物料流、位置跟踪、机器定位、导航和劳动力安全监控中。因此，有研究者使用 UWB 主动监测施工环境中的工作区安全。

除了近距离监测外，其他一些方法还可以识别建筑工地上的危险。比如，有研究设计了一个实时识别系统，以主动预防建筑工地的事故。它们集成了 ZigBee-RFID 网络，并创建了一个由多个查询和表格组成的信息数据库。也有研究提出了一种方法，该方法将BIM 中工人的最佳（最短）路径与基于 RFID 技术的实际路径进行比较，以识别危险区域。

17.5 传感器技术面临的挑战与机遇

17.5.1 传感器技术和方法的挑战和建议

一般来说，实时绘制不断变化的动态建筑工地具有挑战性，主要有三个原因。首先，所有映射传感器都依赖于映射表面的视线，因此传感器必须放置在动态平台上，或者在固定位置被遮挡时重新定位，这可能会很麻烦。其次，每个映射传感器都有一定的局限性。例如，深度相机的范围有限，而地面上的激光扫描仪无法映射传感器水平上方的水平表面。这表明，最佳方法通常是组合不同的传感器类型，与仅使用一种类型的传感器相比，这增加了映射的复杂性。第三，从原始传感器数据创建完整且可用于应用程序的站点模型可能很复杂，复杂程度取决于所使用的传感器和平台。

电流定位和通信传感器对建筑工地的实时监控存在一些限制。例如，RFID 标签等跟踪设备可以短距离（小于 10m）进行通信，因此需要更多的标签来覆盖广阔的建筑工地。其次，惯性测量单元很少有其通信渠道，它们依靠其他通信设备将数据传输到云服务器。因此，部署惯性测量单元传感器需要仔细考虑并规划通信网络的布局以支持惯性测量单元设备。GNSS 接收器要求至少四颗卫星之间进行视距（Line of Sight，LOS）通信，并且它们不能在室内工作。短程通信技术和远程通信技术对可用带宽、更新频率都有限制，从而在实时更新数据方面造成延误。

实时物联网为自动化建筑行业服务创建了一个动态的信息物理平台。然而，目前关键的挑战在于自动及时解释这些数据。手动检查这些数据是不切实际的，而且几乎没有这方面的专业知识。因此，迫切需要开发自动化的软件和可扩展的数据分析技术，以从大数据中挖掘关键信息，用于基于物联网的建筑行业应用。

此外，保护数据隐私是物联网时代的一个重要方面。我们通过前面讨论的各种传感器收集有关材料、设备位置、工人位置、工人健康状况以及建筑工地工作人员的数据。通常，数据需要与第三方应用程序交换，包括智能手机应用程序、Web 服务器和其他桌面应用程序。此外，许多计算密集型深度学习算法从云中运行。这些算法需要将数据从传感器或边缘设备传输到集中式云服务器，这很有可能导致数据泄漏和损害数据隐私。因此，在管理建设项目中，保护所有数据的隐私应该是最重要的。

17.5.2 传感器应用的差距和机遇

现有研究侧重于获取和处理有关工人、设备和环境的原始数据（即工人生理状态和姿势、设备运动和空间数据）。还有研究试图通过识别单个物体执行的动作并进一步理解由于多个物体之间的相互作用而导致的活动来产生更有见地的信息。而通过分析工人与环境的相互作用来了解工人的行为模式的研究极少。未来的工作应侧重于促进传感技术的采用及其与当前施工工作流程的整合。此外，研究工作应考虑通过制定行为构建模式的分析模型并利用先进的机器学习技术诊断性能和优化资源来自动化意义构建任务。

另一方面，信息层面的大多数研究都集中在监测动态物体之间的间隙和识别建筑工地的危险情况上。一般来说，更注重安全，而不是生产力和质量。一个明显的原因是，不安全的行动和情况很容易通过参考法规和最佳实践（例如间隙、安全钳、深度和高度）进行定量定义。

同时，现代施工管理技术，如最后规划系统（LPS）和基于位置的调度（LBS）与传感器技术协同作用。例如，基于位置的明细表提供分区信息，以将工作人员的位置置于上下文中。反过来，实时位置信息能够识别增值活动，评估团队生产力绩效，并测量施工任务的时空关系。这些信息对于识别项目浪费（例如施工任务之间的时间缓冲过多）和协调资源（例如有针对性地将工人分配到指定任务）非常宝贵，这可能会是未来的研究方向之一。

课 后 习 题

17-1 传感器技术在智能建造有哪些方面的应用？

17-2 探讨当前我国智能化建筑在传感器技术应用的局限。

第18章　三维扫描技术与智能建造

18.1　绪　　论

三维激光扫描技术在我国的应用时间较短，相关基本概念还不太明晰，目前已经成为测绘领域的研究与应用热点。本章在介绍基本概念的基础上，重点阐述三维激光扫描系统的基本原理与分类。

18.1.1　三维激光扫描技术概念与原理

1. 概念

三维激光扫描技术，是从复杂实体或实景中重建目标的全景三维数据及模型，主要是获取目标的线、面、体、空间等三维实测数据并进行高精度的三维逆向建模，有别于传统的单点定位测量及点线测绘技术，它是从传统测绘计量技术经过精密的传感工艺整合及多种现代高科技手段集成而发展起来，是对多种传统测绘技术的概括及一体化。

2. 基本原理

传统测绘技术是对指定目标中的某一点位进行精准而确定的三维坐标数据测量，进而得到一个单独或一些离散的点坐标数据，这类技术有经纬仪、全站仪、激光跟踪仪等。而三维激光扫描仪则是对确定目标的整体或局部进行全自动高精度步进测量（即扫描测量），进而得到完整的、全面的、连续的、关联的全景点坐标数据，这些密集而连续的点数据也叫作"点云"，这也就使三维激光扫描测绘技术发生了质的飞跃，这个飞跃也意味着三维激光扫描技术可以真实描述目标的整体结构及形态特性，并通过扫描测量点云编织出的"外皮"来逼近目标的完整原形及矢量化数据结构，这里统称为目标的三维重建。

3. 基本方法

1）脉冲测距法

脉冲测距法是一种高速激光测时测距技术。脉冲式扫描仪在扫描时激光器发射出单点的激光，记录激光的回波信号。通过计算激光的飞行时间，利用光速来计算目标点与扫描仪之间的距离。这种原理的测距系统测距范围可以达到几百米到上千米的距离。激光测距系统主要由发射器、接收器、时间计数器、微电脑组成。此方法也称为脉冲飞行时间差测距，由于采用的是脉冲式的激光源，适用于超长距离的测量，测量精度主要受到脉冲计数器工作频率与激光源脉冲宽度的限制，精度可以达到米数量级。

2）相位测距法

相位式扫描仪是发射出一束不间断的整数波长的激光，通过计算从物体反射回来的激光波的相位差，来计算和记录目标物体的距离。基于相位测量原理，主要用于中等距离的扫描测量系统中，扫描范围通常在100m内。由于采用的是连续光源，功率一般较低，所以测量范围也较小，测量精度主要受相位比较器的精度和调制信号的频率限制，增大调制信号的频率可以提高精度，但测量范围也随之变小，为了在不影响测量范围的前提下提高测量精度，一般设置多个调频频率。

3）激光三角法

激光三角法是利用三角形几何关系求距离。先由扫描仪发射激光到物体表面，利用在基线另一端的 CCD（电荷耦合器件）相机接收物体反射信号，记录入射光与反射光的夹角，已知激光光源与 CCD 之间的基线长度，由三角形几何关系推求出扫描仪与物体之间的距离。为了保证扫描信息的完整性，其扫描范围只有几米到几十米。这类的扫描系统主要应用于工业测量和逆向工程重建中。它可以达到亚毫米级的精度。

18.1.2 点云概念及其特点

1. 点云的概念

三维激光扫描测量系统对物体进行扫描后采集到的空间位置信息是以特定的坐标系为基准的，这种坐标系称为仪器坐标系，不同仪器采用的坐标轴方向不相同，通常其定义为：坐标原点位于激光束发射处，Z 轴位于仪器的竖向扫描面内，向上为正；X 轴位于仪器的横向扫描面内与 Z 轴垂直；Y 轴位于仪器的横向扫描面内与 X 轴垂直；同时，K 轴正方向指向物体，且与 X 轴、Z 轴一起构成右手坐标系。三维激光扫描仪在记录激光点三维坐标的同时也会将激光点位置处物体的反射强度值记录，可称之为"反射率"。内置数码相机的扫描仪在扫描过程中可以方便、快速地获取外界物体真实的色彩信息。所以包含在点云信息里的不仅有 X、Y、Z 坐标信息，还包含每个点的 RGB 数字信息。三维激光扫描仪的原始观测数据主要包括：（1）根据两个连续转动的用来反射脉冲激光镜的角度值得到激光束的水平方向值和竖直方向值；（2）根据激光传播的时间计算出仪器到扫描点的距离，再根据激光束的水平方向角和垂直方向角，可以得到每一扫描点相对于仪器的空间相对坐标值；（3）扫描点的反射强度等。《地面三维激光扫描作业技术规程》CH/Z 3017—2015 中对点云给出了定义：三维激光扫描仪获取的以离散、不规则方式分布在三维空间中的点的集合。

2. 点云的特点

点云数据的空间排列形式根据传感器的类型分为阵列点云、线扫描点云、面扫描点云以及完全散乱点云。大部分三维激光扫描系统完成数据采集是基于线扫描方式，获得的激光扫描点云数据具有一定的结构关系。点云的主要特点如下：（1）数据量大，三维激光扫描数据的点云量较大，一幅完整的扫描影像数据或一个站点的扫描数据中可以包含几十万至上百万个扫描点，甚至达到数亿个；（2）密度高，扫描数据中点的平均间隔在测量时可通过仪器设置，一些仪器设置的间隔可达 1.0mm，为了便于建模，目标物的采样点通常都非常密；（3）带有扫描物体光学特征信息，由于三维激光扫描系统可以接收反射光的强度，因此，三维激光扫描的点云一般具有反射强度信息，即反射率，有些三维激光扫描系统还可以获得点的色彩信息；（4）立体化，点云数据包含了物体表面每个采样点的三维空间坐标，记录的信息全面，因而可以测定目标物表面立体信息，由于激光的投射性有限，无法穿透被测目标，因此点云数据不能反映实体的内部结构、材质等情况；（5）离散性，点与点之间相互独立，没有任何拓扑关系，不能表征目标体表面的连接关系；（6）可量测性，地面三维激光扫描仪获取的点云数据可以直接量测每个点云的三维坐标、点云间距离、方位角、表面法向量等信息，还可以通过计算得到点云数据所表达的目标实体的表面积、体积等信息；（7）非规则性，激光扫描仪是按照一定的方向和角度进行数据采集的，采集的点云数据随着距离的增大、扫描角越大，点云间距离也增大，加上仪器系统误差和各种偶然误差的影响，点云的空间分布没有一定的规则。

3. 点云数据质量标准

获得数据的质量很重要，因此需要定义点云数据质量标准。通常，首先强调现场扫描目标的覆盖范围或完整性的必要性，然后覆盖这些目标的数据点的准确性和空间分辨率。还必须实现相邻扫描之间的充分重叠，以便将所有扫描可靠地对齐到全局坐标系中。

1）主要标准——完整性

点云数据质量的核心标准是确保所有目标在最终点云中被捕捉。这意味着每个目标至少在一次扫描中被扫描到或"可见"。这些目标可以是点（例如墙和窗户的角）、线（例如楼板或窗户边界）或表面（例如墙面或对象的整个表面）。可以观察到，获取作为对象一部分的整条线或表面通常具有挑战性。然而，获得目标表面的一定部分或百分比可能足以达到预期目的。例如，只要圆柱管的点覆盖其横截面的三分之一，就可以精确地建模圆柱管的直径。通常不需要覆盖整个横截面来推导圆柱体的半径。

2）次要标准——精度和空间分辨率

目前有两个主要标准可以评估点云。精度水平（LOA）：3D 点云数据中每个点的定位精度公差。LOA 通常以毫米为单位定义。细节层次或密度层次（LOD）：可以从点云中提取的最小对象大小。LOD 与表面采样有关，即扫描点的密度。因此，LOD 通常定义为相邻扫描点之间的距离（以毫米为单位）。虽然 LOD 只能使用获取的测量数据进行评估，但评估 LOA 需要为使用另一个传感器的控制网络获得额外的数据，其精度应该高一个数量级（例如全站仪）。这使得 LOA 成为需要额外测量工作的依赖度量。此外，LOA 仅针对有限数量的点（控制网络）计算，因此它仅提供部分精度评估。

3）第三标准——可注册性

地面三维激光扫描仅限于捕获具有清晰视线的点，因此捕获所有扫描目标需要从不同的视点执行多次扫描。然后，通过称为配准的过程将采集的扫描对齐到统一的点云中。扫描次数和扫描数据的质量在配准结果中起着重要作用。数据不足（数量和质量方面）将无法提供足够的重叠，使注册无法进行。相比之下，过多的扫描会花费大量但不必要的时间。因此，扫描次数和计算工作量之间存在权衡。点云配准可以分一个或两个阶段进行：粗配准，可能随后是精细配准。在粗配准中，两个扫描的匹配 3D 特征是对齐的。最常见的方法是使用插入场景中的人工目标，以便可以从两个或多个扫描位置扫描它们，还产生了强大的算法，可以提取和匹配场景中自然存在的判别性特征，因此存在于扫描中。这消除了在场景中手动放置人工目标的需要，这可以大大缩短现场数据采集时间。

18.2 三维激光扫描设备

三维激光扫描设备可以根据其物理配置分为手持式、背包式和手推车式。它们的主要组件是用于传感器数据处理和同步的硬件以及映射传感器，通常是激光雷达（LiDAR）或 RGB-D 相机。这些系统还可以包括互补传感器，如 RGB 相机或热成像传感器，以扩展从环境中获取的数据。借鉴相关研究，对常见设备作简要介绍。

18.2.1 手持配置

设备在传感器方面变化最大，还有基于手机的设备和 RGB-D 相机等替代品。因此，尽管集成的传感器比其他映射传感器轻，但它们的精度较低。鉴于这一事实，手持配置通常提供的结果精度低于其他配置。

1. 映射传感器：2D LiDAR

市场上有不同的配备 2D LiDAR 的手持式室内测绘设备，该设备由带有移动 LiDAR 的小型引擎的结构组成，以这种方式测量场景的 3D 现实信息通过操作员的位移和 2D LiDAR 的旋转来测量。

2. 映射传感器：RGB-D

RGB-D 传感器主要用于手持设备，尽管它们在 LiDAR 技术方面的精度相对较低，但具有更轻的质量和便携性。

3. 其他

智能手机是室内测绘设备设计的当前替代方案，因为它们默认配备了 RGB 摄像头和惯性测量单元，允许测量来自环境和操作员遵循的轨迹的数据。这样，系统的准确性和分辨率取决于手机的特性。随着技术发展，手机和平板电脑 3D 扫描在未来几年有很大的潜力。

18.2.2 背包配置

背包可能比手持设备重，但舒适便捷也是其特征。在传感器方面，背包式室内测绘系统主要采用 LiDAR 技术。更适用于较大尺寸的场景，其中 RGB-D 相机的测量范围是一个限制因素。

1. 映射传感器：2D LiDAR

配备 2D LiDAR 的背包通过集成多个不同方向的 LiDAR 传感器来获取 3D 现实的信息，主要是平行和垂直于轨迹的。由于激光雷达没有足够的几何信息，这些模型需要集成惯性测量单元来测量轨迹。

2. 映射传感器：低成本 3D LiDAR

这一类型设备被认为是 2D 和 3D 传感器之间的混合体，它们可以在三维空间中获取信息，但密度很低，因此它们不能被视为真正的 3D LiDAR 传感器。然而，它们的数据允许应用诸如 SLAM 算法的映射算法，因为 3D 点云虽然稀缺，但可以提交给注册程序以计算轨迹。

18.2.3 手推车配置

手推车式设备可以是最重的移动室内测绘系统，因为它们不必由用户身体承担。鉴于对重量没有限制，设计自由，可以专注于结果的质量。对于那些映射传感器是 2D 或低成本 3D LiDAR 的情况，选择这些传感器的原因通常是为潜在用户保持可承受的成本。

1. 映射传感器：2D LiDAR

对于配备用于映射的 2D LiDAR 传感器的手推车式设备，3D 现实的测量以与背包相同的方式解决：使用多个传感器，所有传感器都具有不同的方向，以便测量不同方向的部分。这意味着仅具有一个 2D LiDAR 的配置的权重增加，但旨在通过向映射算法提供更多数据来改善 3D 点云的生成。

2. 映射传感器：低成本 3D LiDAR

这类型设备市面上较少，使用手推车室内测绘传感器的步行速度比使用背包时快，因此低成本的 3D LiDAR 产生的点云更稀缺。所以，这类型设备往往还包括 2D LiDAR 传感器，这些传感器不是专门用于 SLAM，而是用于增加模型的点密度。

3. 测绘传感器：地面激光扫描仪

由于激光扫描系统的高性能，将地面三维激光扫描（TLS）作为测绘传感器的手推车室内测绘系统是市场上最准确的，它们的高点密度为测绘算法提供了冗余信息。但是，这些也是最昂贵的系统。

4. 机载型激光扫描系统

机载激光扫描测量系统，也称机载 LiDAR 系统。这类系统由激光扫描仪，飞行惯导系统、差分全球定位系统（DGPS）、成像装置、计算机以及数据采集器、记录器、处理软件构成。DGPS 系统给出成像系统和扫描仪的精确空间三维坐标，惯导系统给出其空中的姿态参数，由激光扫描仪进行空对地式的扫描来测定成像中心到地面采样点的精确距离，再根据几何原理计算出采样点的三维坐标。

5. 星载激光扫描仪

星载激光扫描仪是安装在卫星等航天飞行器上的激光雷达系统。运行轨道高并且观测视野广，可以触及世界的每一个角落，对于国防和科学研究具有十分重大的意义。星载激光扫描仪在植被垂直分布测量、海面高度测量、云层和气溶胶垂直分布测量，以及特殊气候现象监测等方面可以发挥重要作用。

18.3　三维激光扫描技术发展和应用现状

18.3.1　三维激光扫描硬件系统的现状

从技术发展趋势来看，三维激光扫描正在从低精度向高精度发展，从几何与强度的采集走向几何与多/高光谱协同采集。相比国外，国内激光扫描硬件起步晚且仍有较大差距。此外，便携式、背包式、无人机为平台的轻小型三维激光扫描装备正蓬勃发展。但存在一些问题：算法对用户保密；算法过于简单，对复杂波形处理效果较差，容易造成部分回波漏提取。

18.3.2　三维激光扫描的应用场景

1. 精装修

现场三维激光扫描，快速建立起物体的三维影像模型。大幅提高了测量的效率，为设计阶段争取了大量深化及验算时间。逆向建模将实际土建现场转化为 3D 虚拟实体数字模型以便设计全程、全息提取现场尺寸及相关精确参数。依据点云建立的三维模型与原设计模型进行对比，检查现场施工情况，作为后期装饰等专业深化设计的基础。

2. 机电安装

在机电装配预制安装工程中，所有的材料部件，事先在工厂里进行预制加工，运送至现场只进行装配作业，装配过程中工人按照预制构件的编号和定位标记，迅速完成构件的安装。采用三维激光扫描仪可无接触、高效率、高精度地完成施工现场的精确扫描，获取现场全面的三维空间信息。

3. 幕墙安装

随着需求的增加，出现大量造型多变的复杂异形结构的建筑幕墙。在幕墙的下料、施工的过程中，增加测量、放线作业的难度。目前，传统的测量方法主要采用经纬仪、水准仪、全站仪等仪器；对于异形复杂建筑的幕墙测量作业，常规的测量方法已无法满足作业要求，测量精度不足，测量作业效率低，而且会造成材料以及成本的浪费。

4. 旧改工程

历史建筑年代久远，已无可用竣工图纸，加上后期的加建和改建，墙体、梁及柱均变形严重。如果采用常规全站仪设站方式，须逐层逐边进行量测后再进行手工绘制分层平面及立面图，这给传统测绘带来了巨大挑战。采用三维激光扫描技术可以有效解决历史建筑物给传统测绘带来的"难测绘""精度低""工期长"等痛点。

5. 土方工程量

采用三维激光扫描仪可无接触、高效率、高精度地完成基坑的精确扫描，基于点云数据快速计算现场基坑的实际挖掘土方量。此外，通过与设计模型进行对比，还可以直观了解基坑挖掘质量等其他信息。

18.4 存在的主要问题与发展趋势

18.4.1 三维激光扫描与点云处理面临的挑战

深入挖掘多维点云的内在特征对提升多维点云处理的智能化程度、揭示复杂动态三维场景的变化规律至关重要。尽管点云处理方面已经取得了较好的研究成果，但是多维点云的智能化处理方面仍然面临如下的巨大挑战。

1. 多维点云几何与属性协同的尺度转换

探索不同平台获取点云的误差分布规律，建立比例尺依赖的特征点质量评估模型；研究融合点云物理特性的特征点簇聚合与分层方法；建立基于特征分层的多维点云多尺度整合方法，实现多维点云的时空基准自动统一。

2. 多维点云变化发现与分类

建立统一时空参考框架下多维点云的变化发现与提取方法，研究基于时间窗口的多维点云与地物三维模型的关联方法，提取地物空间要素的几何和属性变化，研究面向地物空间结构变化的可视化分析方法，为揭示空间要素的变化规律提供科学工具。

3. 复杂三维动态场景的精准理解

基于机器学习、人工智能等先进理论方法探索多维点云结构化建模与分析的理论与方法，研究建立复杂三维动态场景中多态目标的准确定位、分类以及语义化模型的建立，建立面向多维点云的三维动态场景中各类要素的特征描述。

18.4.2 三维激光扫描与点云处理发展趋势与展望

近年来，传感器、通信和定位定姿技术的发展，人工智能、深度学习等领域先进技术的重要进展有力推动了数字现实时代的来临。三维激光扫描与点云智能化处理将顺应数字现实时代的需求朝以下几个方面发展。

（1）三维激光扫描装备将由现在的单波形、多波形走向单光子乃至量子雷达，在数据的采集方面由现在以几何数据为主走向几何、物理乃至生化特性的集成化采集。

（2）三维激光扫描的搭载平台也将以单一平台为主转变为以多源化、众包式为主的空地柔性平台，从而对目标进行全方位数据获取，当前国家重点研发计划重点专项项目国产空地全息三维遥感系统研制及产业化已支持相关研究。

（3）点云的特征描述、语义理解、关系表达、目标语义模型、多维可视化等关键问题将在人工智能、深度学习等先进技术的驱动下朝着自动化、智能化的方向快速发展，将有力提升地物目标认知与提取自动化程度和知识化服务的能力。

（4）虚拟/增强现实、互/物联网＋的发展将促使三维激光扫描产品由专业化应用扩展到大众化、消费级应用，满足网络化多维动态地理信息服务的需求。

课 后 习 题

18-1 三维激光扫描技术在智能建造有哪些方面的应用？

18-2 探讨当前我国智能化建筑在三维激光扫描技术应用的局限。

第 19 章　无人机技术与智能建造

19.1　绪　论

无人机是一种飞行器，无需人类机载操作员即可飞行。根据其操作方式分为无人驾驶飞行器（UAV）、无人驾驶飞机系统（UAS）和遥控飞机系统（RPAS）。无人机最初是为军事目的设计和制造的。然而，无人机设计已经得到改进，以服务于非军事领域（民用无人机）。无人机根据其配置可分为三大类，即固定翼混合垂直起降、固定翼和旋翼机，旋翼机进一步分为单旋翼和多旋翼机。图 19-1 为其中一种固定翼旋翼混合布局无人机。无人机主要有成本低、效费比好、生存力强、机动性高等优点，使得无人机市场不断扩大。但无人机也存在一些缺点：由于智能化程度不高，对意外情况处理的灵活性较差，不宜执行复杂的飞行任务；无人机的遥控与信息传输线路很容易受到电磁干扰，产生飞行事故等。一个典型的无人机系统应包括飞行器、地面控制设备（任务规划与控制站）、任务载荷、数据链路、发射与回收装置、地面支援及维护设备等六个部分。无人机系统的基本架构如图 19-2 所示。

图 19-1　固定翼旋翼混合布局无人机

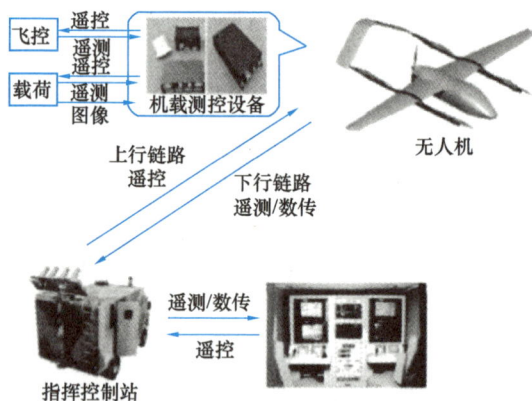

图 19-2　无人机系统的基本架构

19.2　无人机遥感任务设备

19.2.1　无人机遥感任务设备类型

无人机遥感系统的硬件组成可分为 4 个部分（图 19-3）：无人飞行器载体平台（即无人机）、无人机载传感器（即无人机载荷）、地面控制站和通信数据链。无人机遥感的功能载荷的种类较多，可分为被动式遥感任务设备、主动式遥感任务设备和航空遥感通用辅助任务设备。随着电子、电池和芯片等技术的发展，一些载荷体积、质量和功耗水平都足够

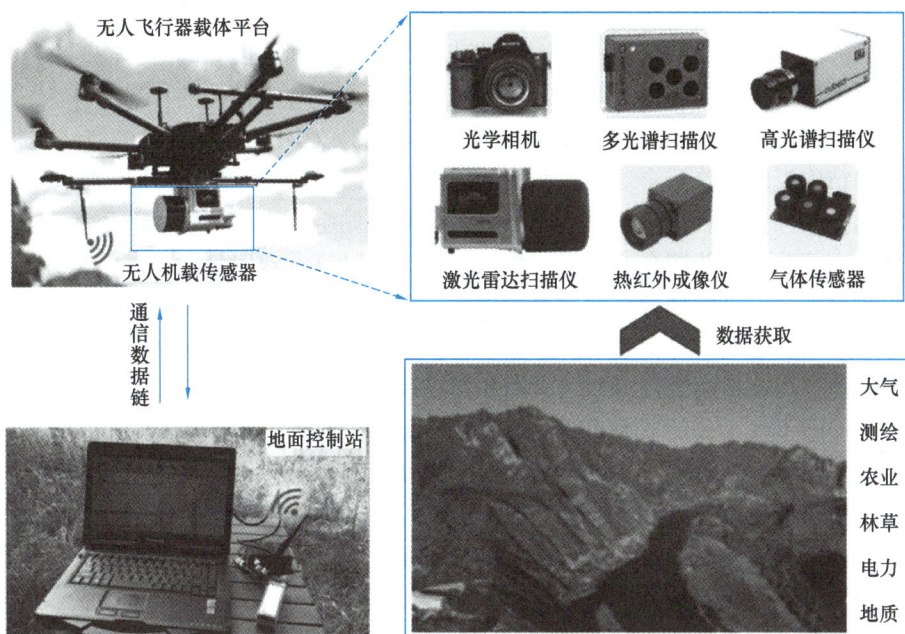

图 19-3　无人机遥感系统的硬件组成

低的载荷不断涌现，特别是光学载荷已经在各行业及领域得到了切实的应用。

被动式遥感任务设备和主动式遥感任务设备的主要区别在于信号发射源不同。被动式遥感任务设备指任务设备不带发射源，自身不发射信号，仅接收目标反射信号（如太阳光线信号、热辐射信号等），如可见光相机和摄像机系统、红外相机系统和多光谱成像仪等。主动式遥感任务设备指任务设备自带发射源，接收自身发射至目标并反射回来电磁波信号，一般由电源、发射机和发射天线、接收机和接收天线、转换开关、信号处理器、防干扰设备、显示器等组成，如激光测距仪、机载激光雷达系统和合成孔径雷达系统等。航空遥感通用辅助任务设备指为更好完成航空遥感工作的通用辅助任务设备，主要包括航空定位定向系统（POS）等。

19.2.2　航空定位定向系统

航空定位定向系统（Positioning and Orientation System，POS）集 DGPS 和惯性导航系统（INS）为一体。POS 主要包括 GPS 接收机和惯性测量单元两个部分，所以也称为 GPS-IMU 集成系统。

1. POS 组成

POS 主要硬件部分包括惯性导航系统、DGPS 与 POS 计算机系统，POS 还包含一套事后处理软件用于融合数据事后处理。其中 DGPS 通过用户与基站 GPS 接收机提供实时差分 GPS 定位信息，惯性导航系统提供载体实时角速度与加速度信息，通过 POS 计算机系统实时信息融合得到载体位置、速度和姿态等导航信息，同时 POS 采集惯性导航系统与 DGPS 的数据信息利用 POS 事后处理软件得到载体位置、速度和姿态等导航信息。

2. POS 工作原理

惯性导航系统（INS）是由惯性测量单元和控制系统组成，惯性测量单元又包括三个加速度计、三个自由度陀螺仪以及必要的数字电路和图形处理器,利用三个加速度计测量载体在三轴方向上的平移加速度、一次积分获取载体的瞬间速度,同时,陀螺仪可以记录三轴在导航坐标系中的姿态角,并给出载体航向,以此实现对载体的导航工作。

GPS是目前应用最为广泛的定位和导航系统,可以为用户提供实时的空间坐标信息、速度信息和精确授时。差分全球定位系统(DGPS)技术是在已知点位上安装设置GPS基准站,对目标点位置接收机进行同步观测,基于基准站空间坐标信息和改正参数,对目标点数据进行求差改正,并综合全部观测数据进行平差计算,获取精确的三维坐标。

惯性测量单元可以实现导航的完全自主化,降低了外界信息的依赖性,可以提供较高精度的导航、速度和航向等信息,但采用惯性测量单元系统的导航精度完全取决于自身系统的精确性,这样就造成定位误差的时间积累。DGPS技术定位精度高,可以全天候进行连续定位,误差不随工作时长而积累,但采用DGPS技术的系统为非自主系统,不能实时提供姿态参数等,在运动过程中不易跟踪和捕获卫星信号,会造成定位精度的下降,因此采用基于卡尔曼滤波的方式将二者进行组合,形成互补,通过信息传递、数据融合和最优化求解,就可以获得运动过程中高精度的导航系统。

19.2.3 光学相机系统

据不完全统计,现有无人机遥感系统的传感器类型有70%以上为光学数码相机,因此,光学数码相机仍是无人机传感器的主要构成。在未来一段时间内,光学相机依然会是无人机遥感的重要载荷。

无人机光学遥感载荷按成像波段可分为全色(黑白)、可见光(彩色相片)、红外和多光谱传感器。按成像方式分为线阵列传感器和面阵列(框幅式)传感器。按相机用途可分为量测式和非量测式相机。由于无人机受到载荷和成本的限制,往往采用非量测式、可见光(RGB三通道波段)的框幅式相机,即一般的市面上常用的单反、微单及卡片数码相机。

1. 光学相机发展过程

无人机遥感光学载荷方面,国内科研人员开展了大量集成研制工作。2004年王斌永等设计了一款基于多面阵CCD(电荷耦合)传感器成像方式的小型多光谱成像仪,内置摄影控制软件,具备飞行控制系统通信、获取飞行参数、解算适宜曝光时间、修正曝光时间和实时存储数据等功能。2006年贾建军等针对无人机遥感有效载荷的特点,利用成熟的商业光学镜头、相机机身、高分辨率大面阵CCD成像模块和嵌入式计算机硬件系统,通过光学、机械和电子学软硬件模块的集成,设计了一套实用的无人机大面阵CCD相机遥感系统。2013年,刘仲宇等以保证系统的识别距离和相机像素数为目标,采用实时传统型商业数码相机为相机载荷,自行开发嵌入式硬件控制电路操控相机拍摄,集成开发了一款超小型无人相机系统,经过飞行试验,获得了高分辨率的清晰图像。

针对无人机单相机系统影像幅面小、基高比小等导致的飞行作业效率低、测图精度低等问题,国内相关科研机构研发了中画幅量测型数码相机和多款应用于无人机的组合宽角大幅面相机。中测新图(北京)遥感技术有限责任公司研制了TOPDC-1系列中画幅量测型数码相机,分为三种型号,分别具有4000万、6000万和8000万像素,并配备了47mm、80mm两种焦距可更换镜头。中国测绘科学研究院先后研制了CK-LAC04四拼相机和CK-LAC02双拼相机等多种适用于无人机的特小型组合特宽角相机,采用了不同于以往组合相机的新型机械结构方式，实现了组合相机的内部自检校。遥感科学国家重点实验室在设备研制类项目支持下，进行了由四个相机组合而成的超低空无人机大幅面遥感成图轻微型传感器载荷系统改造研制。在这些组合相机研制中，使用的单个相机一般为国外高端民用单反相机。

2. 框幅式相机摄影测量基本原理

框幅式相机的测绘原理为小孔成像原理，在某一个摄影瞬间获得一张完整的像片。一张像片上的所有像点共用一个摄影中心和同一个像片面，即共用一组外方位元素。因此，像点和物点之间可以用航测像片的共线方程来描述。

一张像片可以得到物点对应的像点坐标，并由此可以列出两个共线方程，而未知的地面点坐标有三个未知数，因此无法从单张像片求解地面坐标。常用的方法是利用相邻摄站上拍摄的像片，采用空间前方交会（计算机视觉称三角交会）的方法来计算地面坐标。

19.3 无人机在智能建造应用的主要领域

通过关键词分析和系统文献综述，智能建造中无人机应用热点可分为三个领域：检查监控、数据处理与管理、安全卫生管理。

19.3.1 检查监控

无人机应用主要讨论在建筑环境中的检查监控。无人机的检查能力包括施工现场检查和进度监控、建筑物维护检查和灾后评估。

1. 建筑物维护检查和灾后评估

灾难发生后，通常需要检查桥梁和道路，以评估裂缝、碎片、轴承移动和地面位移。传统上，地面激光雷达测量用于确定灾后情景中的相对位移测量，然而，从无人机收集的图像可用于调查地面激光雷达扫描无法进入的区域，例如建筑物屋顶。在这方面，无人机可以在对建筑和土木工程结构进行灾后评估方面发挥关键作用，而不是采用传统的检查。

传统的结构检测需要通过直接进入结构来收集缺陷数据，从而进行目视无损检测。这种传统检查涉及使用车辆或其他设备。例如，升降平台用于进入高处建筑以进行检查。使用无人机来维护建筑物或结构可以帮助屋顶、桥梁和水坝等难以到达的部分进行维护。比如桥梁裂缝、锈蚀、渗水、混凝土剥落等的日常维护（图19-4）。传统的检查对于收集桥梁或建筑物状况的关键数据无效。采用传统检查方法的缺点包括使用多个训练有素的操作员、检查难以到达的地方涉及的安全风险以及收集数据所需的时间。为了克服传统方法的缺点，无人机提供了一种有效的替代方案。无人机在检查和测量中的优势包括提高收集所需数据的效率、降低检查成本、减少时间、专业人员之间的互操作性、实时收集的数据的实时流。使用无人机的缺点包括电池寿命短和处理数据的时间较长。Grosso 等人（2020）通过关注检查成本，介绍了使用无人机进行检查和测量相对于传统方法的优势。他们表明，使用无人机进行定期维护可以降低成本并鼓励预防性维护。

2. 施工现场检查和进度监控

大型项目现场的现场检查可能既耗时又乏味，因为主管会穿过现场进行工作检查。如今，由于无人机的应用，进行现场检查的方式正在发生变化。无人机可以加快现场检查、进度监控、问题检测、正确记录，并从遥感收集的数据中检测违规行为。例如，可以检查

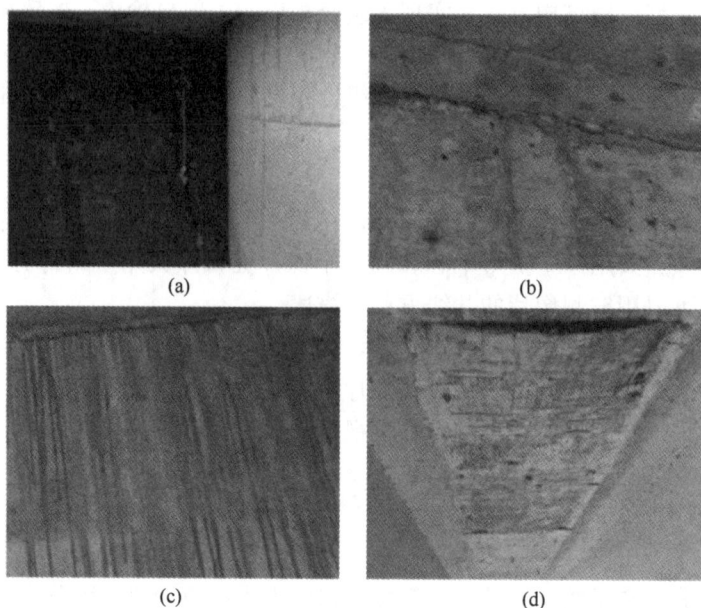

图 19-4 桥梁常见病害
(a) 裂缝；(b) 锈蚀；(c) 渗水；(d) 混凝土剥落

侵蚀和沉积物控制施工，并使用无人机收集高质量的航空图像和数据来远程监控项目进度。

19.3.2 安全卫生管理

使用无人机进行施工现场检查可以检测潜在的事故点，并有助于进行风险分析，扩大安全工作边界，从而将健康和安全风险降至最低。无人机可以更快地进行安全检查，因为它们可以到达工作现场难以到达的区域。可以使用无人机收集建筑工地活动的实时视频，使其适合安全检查。无人机的使用可用于确定建筑工地的安全合规性，例如，可以使用无人机实时充分监控安全工具的合规性。

19.3.3 数据处理与管理

无人机辅助地形测绘和从无人机获得的土地测量摄影测量模型是激光雷达扫描的竞争替代方案。无人机的视野范围（包括焦距和传感器尺寸）对于摄影测量处理至关重要。这表明收集的图像质量和处理时间会有所不同。倾斜摄影技术是一种近十几年在航测领域快速发展的新技术，它通过在飞行平台上搭载摄像设备，采集一个垂直和四个倾斜的五个不同的角度的影像，获取建筑物顶面及侧视的高分辨率纹理，如图 19-5 所示。与传统的垂直摄影（相机镜头垂直于地面）相比，倾斜摄影在拍摄过程中让相机镜头能够以一定倾斜角度拍摄，使得采集的图像包括了地面目标的侧面细节，能更好地展示建筑物、地形等地面对象的三维结构。因此，寻求一种合适的数据收集和处理技术来获得正确的结果。人工智能（尤其是机器学习）等新兴技术正在被提出来改善数据收集和处理。Kazaz 等人认为，基于深度学习的目标检测可以为建筑、工程、施工行业的无人机检查任务提供一种创新的方法。在数据管理方面，Greenwood 等人建议应调整无人机的飞行计划，以减少存储或处理成本，因为根据视频的分辨率和捕获频率，收集的图像有时会很大。具体而言，

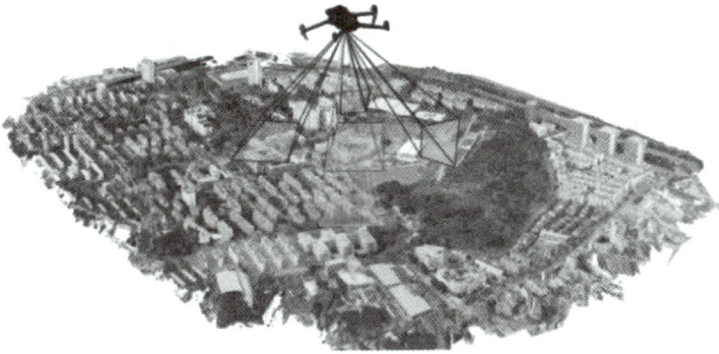

图 19-5 倾斜摄影示例

GIS、移动和云计算可用于长期数据存储和快速评估捕获的数据。此外，无人机必须嵌入计算机视觉才能用于建筑、工程、施工行业，特别是在项目现场。这将有助于在充满障碍的环境中提高无人机的安全性。

19.4 无人机使用的挑战及应对措施

无人机在建筑工地上的集成引起了现场人员的职业安全和健康问题。尽管无人机对建筑工作场所有利，因为它们减少了在复杂和危险的工作环境中部署工人的需要，但无人机也有其缺点，因为它们可能成为建筑工地新的安全风险来源。

19.4.1 无人机使用的挑战

无人机使用的缺点或挑战对建筑工地构成安全风险，可能导致伤害或死亡，下面列举无人机应用面临的主要挑战。

1. 噪声

工人在工作时间会被无人机在他们上方或附近运行的噪声分散注意力。

2. 事故

由于机械故障、断电或障碍物，建筑工地可能会发生事故。这可能导致无人机落在工人身上。

3. 分心

当工人工作时，无人机的噪声和建筑工地上无人机的景象使工人分心可能会导致死亡。

4. 高能耗

由于电池分配有限，能耗高，无人机的飞行可能会缩短。

无人机相关事故的原因包括环境错误（例如大气条件）、工程错误（例如失控、系统故障）和人为错误（例如机组失误）、网络攻击、计划外着陆和干扰碰撞。减少建筑工地事故可能性的建议是，无人机应在非工作时间或仅在场所空闲时飞行。然而，该建议可能并不总是可行的，因为它违背了将无人机用于某些活动的目的，例如实时监控项目的安全和全面质量管理。

19.4.2 应对措施

采用尖端技术是帮助确保无人机操作安全的更可行的解决方案。学术研究和市场都在

165

讨论可以引入或已经引入的尖端技术，确保无人机操作的安全。这些技术包括降落伞、地理围栏、计算机视觉和广播自动相关监视（ADS-B）/Air sense。

1. 降落伞

降落伞是用于避免飞机故障造成的损坏和人员伤亡的重要应急工具。降落伞嵌入商用无人机中，以确保人员和结构的安全以及有价值的有效载荷的保存。一些无人机内置自主应急系统，负责在由于无线电控制信号丢失或发动机故障而发生严重故障时部署降落伞。降落伞回收系统是一种风险缓解策略，有助于在无人机飞行时减少危险。市场上的无人机降落伞系统包括 Para Zero SafeAir 系统、Sentinel 自动触发系统和 Harrier 无人机降落伞发射器。例如，DJI Phantom4 无人机与 Para Zero Technologies Ltd. 开发的 Para Zero SafeAir 系统相结合，以提高无人机飞行时的安全性。

2. 地理围栏

地理围栏通过将空域划分为飞行区和禁飞区来帮助实现安全飞行操作。一些无人机制造商（例如大疆、Yuneec 和 Parrot）在其无人机中嵌入了地理围栏技术。嵌入无人机的地理围栏技术创造了基于位置的障碍或地理限制，阻止无人机在敏感区域飞行和起飞。但是，如果操作员获得豁免以允许在禁飞区飞行，则可以通过向制造商请求来解锁对无人机的限制。

3. 计算机视觉

计算机视觉是一种人工智能技术，可帮助无人机发现障碍物，并通过完全绕过障碍物来防止它们撞到障碍物。大疆和 Skydio 等无人机制造商为他们的无人机提供计算机视觉，为他们提供避开障碍物所需的视觉意识。

4. 广播自动相关监视

广播自动相关监视（ADS-B）是一种空中交通管制和监视系统，它依赖于附近飞机的位置数据。ADS-B 有两个方面 ADS-BIn 和 ADS-BOut。ADS-B 对于提高空中交通安全至关重要。它允许飞机分离所需的数据通过通信通道传输到所需的空中交通服务。一些无人机嵌入了 ADS-B 系统，例如，重量超过 250g 的大疆无人机具有称为 Air Sense 的 ADS-B。Air Sense 是一种警报系统，它使用自动相 ADS-B 技术，特别是 ADS-BIn，使无人机飞行员能够了解附近的飞机或直升机，以避免碰撞风险。Air Sense 嵌入在重量超过 250g 的大疆无人机中，有助于提高安全性，尤其是在拥挤地区使用无人机时。

课 后 习 题

19-1 无人机技术在智能建造有哪些方面的应用？

19-2 探讨当前我国智能化建筑在无人机技术应用的优势和局限。

第 20 章　智能定位技术与智能建造

在过去的十年中，人们对在建筑领域使用实时智能定位技术的兴趣激增。智能定位技术是一种用于定位人员、材料或设备当前地理位置的应用程序，促进数据跟踪和管理，被认为是过去二十年来改变建筑行业传统做法的创新之一。智能定位技术没有标准定义，但在本章中将其定义为硬件和软件系统的组合，以自动确定仪器区域内物体的实时坐标。智能定位技术收集的数据不仅可以用于实时目的，还可以用于收集一组数据后的进一步分析。智能定位技术的最新发展也将其应用从室外定位扩展到室内位置跟踪。研究表明，室内定位具有应用于建筑行业的潜力。本章将详细介绍智能定位技术原理、方法及在智能建造中的应用。

20.1　智能定位技术

位置和位置信息对于实现大量应用程序至关重要，这些应用程序提供了无处不在的基于位置的服务，可以使整个工程行业受益。特别是室内位置和位置信息使物联网、环境感知、自主机器人、普在计算等重要技术概念的实现。在施工管理领域，室内位置信息主要有五种应用，这些应用可以显著提高建筑工地的生产力、效率和安全性，它们是施工安全管理、施工过程监测和控制、施工结构和材料的检查、使用机器人技术实现施工自动化，以及使用建筑信息模型（BIM）技术进行施工进度管理。

位置信息通过多种定位技术获得。室外环境下，全球导航卫星系统（GNSS）如GPS、GLONASS、伽利略卫星导航系统和北斗卫星导航系统，提供亚米级精度。但GNSS信号在城市密集区和地下等环境中受限，精度下降。因此，室内定位技术的发展至关重要，尤其是在需要无缝实时定位的建筑工地等半室内环境中。

室内定位技术研究广泛，目前已催生了多种方法，包括传统射频技术如 Wi-Fi、蓝牙、BLE、Zigbee、RFID、UWB、室内 GNSS，以及非电磁波技术如超声波和地磁波，还有基于全光谱的图像处理和范围成像技术。

尽管室内定位研究广泛，但尚无完美系统。各种室内定位技术、原理和算法各有优劣。研究人员发现结合不同室外和室内技术、原理和算法可提升定位准确性，这种技术称为混合定位。混合定位有三种类型：室内外技术结合、室内技术结合和室内原理结合。混合定位对半室内环境如建筑工地尤为重要。

智能定位技术的应用受到环境挑战，如复杂建筑中众多障碍物导致的非视线条件，以及动态环境中障碍物位置变化引起的时变噪声。建筑工地尤其复杂且动态，障碍物包括建筑结构、重型设备和移动的工人等。

20.2　施工现场环境特点及室内定位挑战

20.2.1　施工现场环境特征

由于建筑工程类型多样化，从住宅和非住宅建筑、工业建筑、道路建设、地下建筑、重型建筑等不同，建筑工地的类型也呈现出不同的特点。然而，在室内定位的背景下，建筑工地具有三个重要特征，总结如下。

1. 半室内环境

一般建筑工程，如工业建筑和重型建筑，是室内和室外环境的结合。开挖和基础工程后，逐步竖立柱，放置梁，铺设板，然后建造墙壁和屋顶等建筑围护结构。施工过程完成得越多，施工现场的室内环境范围就越大。室内环境范围越大，意味着环境内部堵塞越多，这是噪声干扰的来源。因此，施工过程也反映了实现室内定位的难度越来越大。对于室内建筑工地，必须使用室内定位系统。然而，在大多数情况下，如果建筑工地是半室内环境，则需要结合室内和室外定位技术的混合定位技术。

2. 复杂环境

复杂的环境充满了大量不同的障碍。大量的障碍物会对室内定位系统产生较大的噪声干扰，因为这些障碍物会导致非视距条件、信号的显著衰减和阴影、信号的衍射和散射以及多径传播。建筑工地是复杂的环境，充满了大量和大型的障碍物，包括建筑围护结构、模板、柱、重型设备和工人。隧道施工现场的环境更加复杂，不仅有许多大型障碍物，而且具有高温和潮湿环境。

3. 动态环境

动态环境表明周围的障碍物不断改变其位置，因此会产生难以处理的时变噪声。这些类型的时变噪声被视为非平稳噪声，它们可能表现出随机游走运动，这使得它们更棘手，更难通过简单的统计方法（例如取平均值）消除。在建筑工地上，建筑材料、大型重型设备、机器和大量工人不断移动，使建筑工地成为一个动态的环境。为了克服动态的建筑工地环境，有研究者使用低功耗蓝牙技术开发了一种概率局部搜索（PLS）算法。

20.2.2　智能定位的挑战

基于上述建筑工地环境的特点和相关的研究，表20-1总结了在建筑工地上实现定位的挑战及其影响。

在建筑工地上实现定位的挑战及其影响　　　　　　　　表 20-1

施工现场环境特点	挑战	影响
半室内环境	存在阻塞	GPS 在室内环境中不起作用
复杂环境	非视距条件	大多数基于信号传播的室内定位系统的性能受到很大影响
	信号的显著衰减和阴影	
	信号的衍射和散射多径传播	
动态环境	非平稳噪声会干扰信号传播	定位精度的精确控制困难
	访问接入点放置的规划复杂	现场布局管理成本高
	照明和背景的变化	基于视觉的室内定位系统性能受到影响

施工现场环境特点	挑战	影响
嘈杂的环境	强烈的背景噪声	基于声音的室内定位系统性能受到严重影响
基础设施建设中	对电源的访问有限	室内定位系统的功耗必须足够低
电气设备和射频通信系统的存在	存在电磁干扰	使用电磁波的室内定位系统性能受到影响
金属材料和设备的移动	存在磁干扰	使用磁波的室内定位系统性能受到影响

20.3 智能定位系统通用模型

智能定位系统可以看作是定位原理及其相应算法的结合、定位技术、定位硬件设备三者的集合体。这三个组成部分在很大程度上影响智能定位系统的性能。

20.3.1 智能定位原理和算法

智能定位原理是指基于技术携带的信息估计室内位置的理论方法，例如三边测量、三角测量和场景分析。每个室内定位原理都有其优点和局限性。室内定位算法是指计算机运行的计算方法。参考所用室内定位原理的性质，研究人员开发了不同的室内定位算法。虽然算法的结构是基于其参考的室内定位原理，但一些创新且设计巧妙的算法可以改善其参考原理的局限性。

20.3.2 智能定位技术

每个智能定位系统都利用特定类型的信息来估计目标的位置。智能定位技术是指用于提取、传输和提供特定类型信息以实现定位的系统或介质。无线电波，如 Wi-Fi、蓝牙、Zigbee、RFID 和 UWB，以及地磁波、超声波、普通可见光、红外和激光都是智能定位技术的例子。智能定位技术的选择不仅决定了传播波的波形、频率和带宽，还决定了用于信号传输的传输协议。此外，智能定位技术的选择决定了所需硬件设备的类型。例如，基于 Wi-Fi 的系统需要无线接入点（WAP）、路由器和智能手机等终端设备；而基于 RFID 的室内定位系统需要连接到计算机的 RFID 标签和 RFID 天线。所有这些由智能定位技术选择决定的因素都会影响基于射频的智能定位系统的性能。

20.3.3 智能定位硬件设备

智能定位硬件设备是智能定位系统的核心组成部分，其质量直接影响系统性能。系统中常见的硬件包括传输信号的接入点和可连接这些接入点的终端设备，如计算机和便携式设备。集中式系统在固定服务器上进行计算，提供强大计算能力，但风险集中；而分散式系统在多个便携设备上计算，更安全但计算能力有限。由于硬件设备种类繁多，本文不深入讨论具体硬件细节，这些细节受品牌、技术和传输协议等因素影响。

20.4 智能建造中常用定位技术

在室内定位的发展中，许多研究已经使用和测试了不同的技术。下面将讨论智能建造定位的常用技术以及每种技术的优势和局限性。

20.4.1　无线网络（Wi-Fi）

由于其无处不在，Wi-Fi 是室内定位系统使用最广泛的技术。除了学术研究，基于 Wi-Fi 的室内定位系统（以下简称 Wi-Fi 系统）也引起了行业从业者的高度关注。Wi-Fi 系统最重要的优势在于，由于无线接入点（WAP）的高可用性，不需要购买新的硬件设备。另一个优势是大多数 Wi-Fi 系统不需要修改 WAP。然而，一些提供循环状态空间模型（Recurrent State Space Models，RSSM）动态更新的系统需要修改 WAP 的固件。Wi-Fi 系统的另一个主要优势是智能手机可以作为接收器。Wi-Fi 系统的这些主要优势表明它们的成本非常低。Wi-Fi 系统还具有很高的可扩展性，因为 Wi-Fi 支持网状网络拓扑。但是，Wi-Fi 系统通常在万用表级别上显示出粗略的定位精度。Wi-Fi 系统的最大定位误差为 10m，平均误差为 5.3m。此外，Wi-Fi 系统的功耗很高，Wi-Fi 系统的扫描速率很慢，因为它受到智能手机等终端设备的被动扫描的限制。扫描时间大约需要 1~4s。假设定位的计算时间小于扫描时间，则 Wi-Fi 系统的响应时间与扫描时间大致相同。

20.4.2　射频识别（RFID）

RFID 是一种历史悠久的短距离通信技术，具有广泛的应用，包括动物跟踪、飞机识别、供应链管理、库存跟踪和电子收费。直到 1998 年，麻省理工学院的研究人员才提出 RFID 可用于跟踪和识别不同位置之间的移动物体。从那时起，许多基于 RFID 的定位系统（以下简称 RFID 系统）被开发出来。

当人类或机器人机器探索建造环境时，它们通常配备 RFID 天线和计算机。因此，RFID 天线将成为定位目标，它们可以立即向人或机器提供位置信息。但是，如果要将某些物体定位在环境中，而人类在环境之外监视物体，则 RFID 标签将作为定位目标附着在物体上。

RFID 系统通常具有中等到高等精度和精密性能，一些专门设计的 RFID 系统在视距条件下可以在亚厘米级达到非常高的精度。然而，RFID 系统的可扩展性较低，因为它们通常需要在后端数据库上进行线性搜索以识别标签，这可能会对 RFID 系统的响应时间造成负担。因此，一些协议利用树结构进行 RFID 密钥存储，以减少搜索时间。RFID 系统的成本和功耗取决于其设计和使用的标签，范围从低到中等。RFID 系统可以实现较短的响应时间。

20.4.3　超宽带（UWB）

UWB 是一种专门为高数据速率传输而设计的通信技术。UWB 现已成为一种新兴且广泛使用的室内定位技术，因为基于 UWB 的室内定位系统（以下简称 UWB 系统）可以提供相当大的优势。

一般来说，UWB 系统在常见定位技术中在准确性和精度方面实现了最佳性能。由于 UWB 的带宽较宽，UWB 系统通常可以在多径效应引起的强噪声干扰下进行精确的定位。典型的 UWB 系统在视距条件下具有亚厘米甚至亚毫米级的精度。UWB 系统还具有低功耗的特点。UWB 系统的可扩展性可以是中等的，也可以是高等的，因为只有一些专门设计的 UWB 系统支持网状网络。例如，Ridolfi 等人在 Wi-Fi 自组网状网络之上开发了一个 UWB 系统，以实现高度可扩展的 UWB 系统。商业 UWB 硬件设备通常以工业应用的整个 UWB 系统的包装形式出售，因此成本很高。然而，Decawave Limited 公司提供的小型硬件设备和可编程 UWB 系统成本中等，适合研发目的。此外，Jiménez 等人进行的测试结果显示，Decawave Limited 公司制造的 UWB 系统的响应时间约为 300ms，响应时间适中。三边测量、三角测量和场景分析都可用 UWB 系统。

20.4.4　全球导航卫星系统（GNSS）

GNSS 由不同的户外定位系统组成，例如 GPS、GLONASS、伽利略卫星导航系统、北斗卫星导航系统，这些系统在世界各地都可以使用。但是，由于建筑结构的阻塞，这种类型的室外定位服务不适用于室内。为了克服这个问题，研究人员开发了室内 GNSS 系统。典型的室内 GNSS 系统基于射频波来传输 GNSS 信号，但一些专门的室内 GNSS 系统是基于激光的。

室内 GNSS 系统有三种类型的架构：伪卫星、中继器和废除器。伪卫星就像 GNSS 卫星一样。伪卫星自行发送 GNSS 信号，但它们是在建筑物的屋顶或其他高层场所实现的。中继器本身不发送 GNSS 信号。它们首先从 GNSS 卫星收集信号，然后将信号放大并重新传输到室内环境，而无需进一步处理。但是，伪卫星会遇到时钟异步、多径效应和近远效应等问题；中继器减少了上述问题，但不能完全解决问题。废除器结合了伪卫星和中继器的体系结构，以克服上述问题。

室内 GNSS 系统的主要优点是定位目标可以使用智能手机利用 GPS 信号在室内和室外无缝定位自己。室内 GNSS 系统还具有很高的可扩展性，因为该系统可以在屋顶上安装四个接入点的情况下运行，以实现 3D 定位。但是，一个限制是，如果室内环境是高层建筑，则信号无法穿透较低的楼层。为了纠正这一限制，必须在每层楼的天花板上安装更多的接入点。在精度和精密性能方面，基于激光的室内 GNSS 系统可以在毫米级实现非常高的精度。具有伪卫星架构的基于射频的室内 GNSS 系统也可以使用称为载波相位测量的先进方法在亚厘米级实现高性能。室内 GNSS 系统也有很长的响应时间。Chowdhury 等人和 Ma 等人进行的测试结果显示，在典型的智能手机上，GPS 接收器的更新速率约为 1Hz，如果更新速率大于 1Hz，定位精度就会降低。当然，专业且昂贵的 GPS 接收器可以实现更高的更新速率，例如伪精简架构的 10Hz 或基于激光的室内 GNSS 系统的 40Hz，没有准确性损失。在功耗方面，室内 GNSS 系统性能适中。室内 GNSS 系统的价格可以从中等到非常高，这取决于精度水平。

20.4.5　超声波

超声系统可分为宽带或窄带系统。宽带超声需要更多的功耗，但可以实现更高的精度。为了通过智能手机实现超声系统，使用插孔输入连接器将外部模拟乘法器连接到智能手机。

超声波在低噪声环境下能实现亚毫米级高精度定位，但噪声会降低其性能。超声系统不能穿透墙壁，覆盖范围有限，需要大量超声接入点，影响了系统的可扩展性。尽管超声波设备成本低、功耗小，且响应时间短至 70ms，但多径效应限制了其传输效率。通过使用宽带系统和优化调制方案，超声系统的响应时间可进一步缩短至 25ms。

20.4.6　其他定位技术

近年来，利用调频收音机（FM-radio）实现室内定位引起了研究人员的关注。一些研究集中在试验基于调频收音机的室内定位系统（以下简称 FM 收音机系统）的性能。FM 收音机系统常用的原理是场景分析。正在进行的研究仍然关注开发调频无线电系统。与 Wi-Fi 系统相比，调频无线电系统的一个主要优势是调频无线电波的频率低于 Wi-Fi 信号。Wi-Fi信号的工作频率为2.4GHz，这是许多其他设备常用的，这使得Wi-Fi信号更容易受到噪声干扰。因此，一些学者将FM收音机系统与Wi-Fi相结合，提高其定位精度。

基于激光的室内定位技术，例如前面提到的基于激光的室内GNSS系统和基于激光的距离成像系统，以及全站仪和激光跟踪仪，专门用于实现非常精确的定位。全站仪和激光跟踪仪的定位原理类似于距离成像，也使用ToF算法。但是，激光站和跟踪器不能捕获任何视觉图像。全站仪在亚毫米级具有非常高的精度。在建筑工地上，全站仪通常用于测量。全站仪可以手动控制，也可以自动跟踪定位目标。激光跟踪仪在微米级具有出色的定位精度。高精度激光跟踪仪主要用于航空航天工业的检查和组装。激光跟踪仪和基于激光的室内GNSS系统都具有非常高的成本，这使它们成为室内定位系统的罕见选择。

20.5 智能建造中的主要应用

确定了在建筑工地上利用室内定位的五个主要应用。下面讨论这些应用对建筑行业的重要性，并描述了相关的研究工作。

20.5.1 实时施工安全管理

实时施工安全管理（RT-CSM）是预防建筑工地事故和人员伤亡的最有效方法。RT-CSM能够向工人提供即时警告，以便他们避免未被注意到的危险。基于传感器的技术，包括定位技术、基于视觉的传感和无线传感器网络，在RT-CSM中得到了大量应用。定位技术在RT-CSM的两个方面尤为重要：安全设计和事故预警系统。安全设计涉及预测机械设备和工人的轨迹，以便通过更好的事先规划来避免碰撞事故。轨迹预测需要机械设备和工人的位置信息。事故预警系统在事故发生时发出警报。这些事故包括进入未被注意的危险区域、碰撞以及从高处坠落的物体和人员。

20.5.2 实时施工过程监测和控制

实时施工过程监测和控制（RT-CPMC）对于建筑项目的成功至关重要。实时监控可以提供有关当前项目状态、工作任务绩效和施工现场应急情况的即时信息。根据这些信息，现场经理和工程师可以做出近乎实时的决策，以高效和有效地控制施工过程。如果关键路径沿线的施工过程没有得到很好的监测和控制，它们将延迟整个建设项目的完成时间。

20.5.3 自主高效地检查建筑结构和材料

检查建筑工地的结构和材料质量至关重要，以确保符合标准并遵守安全规定。然而，检查过程既耗时又易错。室内定位技术能通过两种方式优化检查流程：一是通过提供检查人员的实时位置，有效报告发现的问题；二是提高信息管理效率，如Wang等人开发的基于RFID的质量检验管理系统，该系统在混凝土试样质量测试中提升了信息管理的有效性。

其次，更有效的方法是使用机器人实现自主检测，无需人工干预。研究人员开发了原型系统，利用机器人技术对建筑工地进行高效检查。例如Irizarry等人利用大尺寸接口无人机开发安全检查系统，并进行了比较测试，结果显示系统准确性高且效率优于人工。Pereira等人也使用无人机检测建筑外墙裂缝，强调了自主导航和图像处理系统在室内定位和导航中的重要性。

20.5.4　使用机器人实现现场施工自动化

机器人施工自动化概念起源于 20 世纪 80 年代初的日本。1990 年成立的国际建筑自动化和机器人协会致力于推动建造机器人技术，以提升建筑行业的劳动生产率。在 20 世纪 90 年代后期，开发了配备 GPS 接收器的自动道路摊铺机和沥青压路机，用于定位和自主导航。在过去的二十年里，研究也一直集中在将自动化引入建筑施工上。现场施工过程，如基础施工、框架安装、墙壁组装和室内工程，都可以在精确定位技术的帮助下使用机器人技术实现自动化。机器人的每一个动作，包括抓取、提升、安装和组装材料，以及导航，都需要准确的位置信息。精确定位技术不仅包括基于激光的精确室内定位技术，还包括精确定位设备，如旋转执行器。

近期的研究还集中在使用室内定位技术来支持建筑工作，例如材料交付和废物清除。Park 等人提出了一种集成的移动机器人导航系统，该系统使用 BIM 和 UWB 在建筑工地的室内区域进行导航。测试结果表明，该系统能够为机器人规划有效的路径，机器人可以正确导航规划的路径，到达复杂施工现场的不同目的地。机器人材料输送是其系统的直接应用之一。

20.5.5　用于施工进度管理的 BIM 模型的实时可视化和更新

基于 BIM 的施工进度管理方法可以潜在地提高施工项目的效率，但这种方法面临的主要问题是 BIM 模型中包含的信息不是最新的。一些研究人员指出，如果所包含的信息无法与正在进行的建筑过程实时同步，BIM 模型就有"失明和聋哑"的风险。因此，需要实时或近乎实时的可视化和 BIM 模型更新，以进行施工进度管理。多年来，一些研究人员一直专注于获取实时数据以更新 BIM 模型中包含的信息。

为了利用成像技术，一种解决方案是在建筑工地上安装固定传感器。然而，这些传感器的尺寸和数量可能使固定安装成为建筑工地上不太理想的解决方案。另一种解决方案是将这些成像技术与室内定位技术集成。成像技术与现场室内定位系统的集成允许用户通过成像技术获取实时数据，并从数据中提取信息，根据用户的位置实时或近乎实时地更新 BIM 模型。但是，复杂的数据处理和传输、数据互操作性以及程序之间的兼容性将是该解决方案的难点。尽管如此，将成像技术与室内定位技术相结合还有其他一些好处。

课　后　习　题

20-1　智能定位技术在智能建造有哪些应用场景，分别解决哪些方面的问题？

第 21 章 BIM 技术与智能建造

21.1 BIM 技术应用背景

BIM 技术是通过计算机软件将二维建筑图纸转化为三维的一种技术，该技术可将各类信息赋值到模型中，比如，可以将建筑物尺寸信息、外部环境信息，建筑构件的成本、进度等信息添加到模型中，利用计算机模拟实际工程在建造和使用过程中的受力、外部环境、成本、进度等信息，以此来解决工程中的实际问题。利用 BIM 技术建立建筑信息模型，就是将建筑的相关参数进行数字化，利用计算机系统建立虚拟模型。该模型可提供建筑工程的所有细节，并显示不同细节之间的逻辑关系。因此，在建筑工程的前期规划、设计、施工和维护过程中，BIM 技术可实现不同的价值。BIM 技术的应用范围如图 21-1 所示。

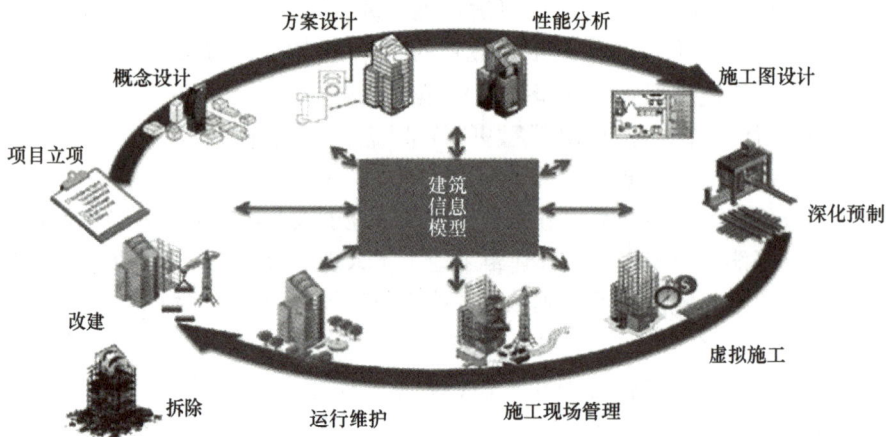

图 21-1 BIM 技术的应用范围

21.2 BIM 技术在设计阶段中的应用

21.2.1 三维建模和可视化设计

智能建造设计相较于传统建筑设计而言具有更高的综合性、科学性与交互性优势，它在满足建筑正常使用的基础上，还需要最大程度地满足建筑使用者日常生活、工作中的全部需求，如根据室外气温自动调节室内温度的空调、根据时间自动调整光照程度的照明等更先进且多元的功能需求，对设计师而言面临着更艰巨的挑战，需要根据智能建造目标受众的需求、项目工程所在地气候特征等进行综合考虑。

项目获取设计提资后，第一时间安排人员开始进行建筑、结构模型创建工作，在建模过程以及模型完成后的漫游检查过程发现设计问题或需要优化的点，以设计答疑及图纸会审的形式进行解决。在模型建立的过程中开展图纸会审工作，建立以 BIM 模型为基础沟通平台，更好地与建设单位、设计单位等项目各方进行图纸问题的沟通。将设计变更、设计优化、设计答疑等内容在 BIM 三维模型进行标注，便于后期设计交底施工。图纸会审程序如图 21-2 所示。BIM 可将建立的模型三维可视化呈现，并将不同专业图纸叠加后呈现，不受个人专业水平、空间想象能力及理解差异影响，降低出错概率和沟通成本。

可视化设计是 BIM 应用的一个重要方面，它可以通过三维模型生成各种可视化效果图、动画、虚拟现实等，使建筑项目的规划和设计更加直观和生动，大大提高设计师和相关人员的沟通交流效率，同时也帮最终用户更好地理解建筑项目的功能、布局和设计意图。通过三维建模，设计师可以在虚拟的环境中直观地看到建筑项目的外观、内部布局、管道布置、设备安装等在各种参数修改后的变化情况，有助于提前发现和解决设计中的问题。

以 BIM 技术相关设计模型为载体，将设计构思、设计理念融入三维立体模型中，将智能建造工程的立体形象展现出来，真正地实现"所见即所建"。该技术能够帮助涉及智能建造工程中的各个单位、施工技术人员等直接观察建筑的预期形象、内部构造、细节设计等，对整体建筑物各个环节的内容要素产生更深入的了解与认知。

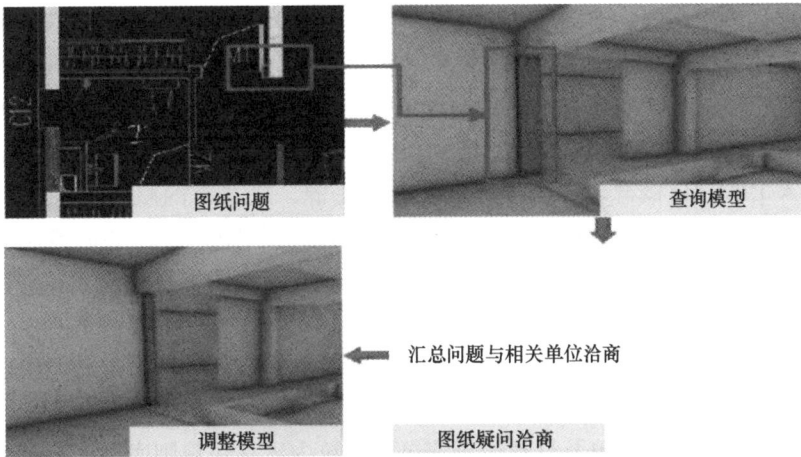

图 21-2　图纸会审程序

21.2.2　协同设计和优化设计方案

基于参数化建模和统一的 BIM 数据库，数据与模型具有良好的信息一致性和继承性，任何信息的修改或增减均能自动同步更新至所有相关的图元及各专业图纸，无需逐个手工修改图元、图层，该特性可减少人工修改的时间和错误，保证信息准确性。这些更新能关联到后续运算分析结果，实现输出结果的实时更新。大部分基于 BIM 技术的应用软件均支持 IFC 标准。只要输入 BIM 模型数据、二次开发及其他关联分析软件均采用 IFC 标准，各参与方即可实现数据共享、同步协同及面向特定需求的软件开发。

参与项目的设计人员、监督管理人员以及施工人员等在设计过程中往往具有较多的意见交流，设计理念间也会相互影响。沟通不及时、表达不明确等问题在一定程度上激化各个设计单位间的矛盾，从而影响整体智能建造设计的效率与质量。运用 BIM 技术能够对整体智能建造项目的设计工作起到统一协作的作用，设计人员都能够利用 BIM 技术相关的信息交流程序促进设计工程的开展。并且将所有的相关单位集中在统一的沟通平台上，不仅能够优化设计阶段的设计方案与技术交底，同时可以降低信息在传递过程中的损失与遗漏，最终提升整体设计环节的效率。

21.3 BIM 技术在施工阶段的应用

21.3.1 数字化施工部署

BIM 技术数字化施工部署主要体现在临建方案设计比选、场地平面布置策划、纳入进度管理的 BIM 4D 可视化施工模拟等，具体包括：

（1）采用 BIM 技术进行临建办公区、生活区、展示区设计，生成 3D 效果图及漫游视频进行方案比选，在控制成本的前提下，提高视觉展示效果以及企业形象融合度，做到经济、实用、美观、大气。

（2）应用 BIM 建模、三维渲染以及云平台，搭建项目现场云观摩模型，生成在线观摩二维码，用于项目观摩策划评审、汇报以及对外展示。

（3）应用 BIM 技术进行部品部件建模、加工区建模、大型机械建模，形成企业族库，然后进行标准化平面布置，实现塔式起重机、加工区、构件堆场、施工道路等的最优化布置，经济实用的前提下实现施工现场的美观、大气、和谐、统一，有效提升企业形象以及现场安全文明管理水平，实现有效吊重全覆盖、施工道路优化、加工区以及构件堆场布置合理。

（4）引入 BIM 4D 概念，融入质量、安全、资源、成本等的整合，将现场建筑物模型、临建设施模型、施工环境等进度计划进行关联，链接进度计划，进行现场施工平面分区、流水段划分、劳动力及周转材料投入的优化，实现资源的扁平化投入。

21.3.2 施工进度计划和资源管理

传统工程算量工作需多方成本人员识别图纸建模计算，耗时耗力，易产生理解争议及重算漏算等错误。基于 BIM 技术的成本算量系统通过分析完整的 BIM 模型、快速云计算，可提供各阶段工程量清单及材料用量清单。系统内置算法规则库，该库基于企业清单编制，涵盖算量规则，与 BIM 模型构件元素分类关联，确保各专业构件精准出量。系统还内置了成本清单库，该库含清单分类、清单编码、项目特征、计量单位、计算规则等，并通过配套算法，实现云端快速算量及工程量核对。此外，系统可进行构件多维度快速过滤、属性项精准过滤，支持构件与清单工程量的联动查看，内置的多维度标准报表模板支持用户自定义报表。

BIM 成本算量优势：（1）快速高效，云端算量可提升算量速率 90％以上，统一建筑信息来源、建模规范及计算规则，一模多用，减少对量；（2）计算准确，算法库清单库配套，精准计算；（3）用户友好，Web 端操作，快速生成清单，可视化呈现。BIM 技术可以通过数字化模型和历史数据，帮助施工团队更好地预测和控制成本。通过精确地计算每个施工阶段的人工、材料和设备成本，可以更好地掌握预算和费用情况，从而降低成本和提高利润。

21.3.3 BIM 技术助力预制构件深化及自动化生产

以 PKPM 为例，作为建筑结构设计应用最广泛的设计软件平台，其自身也具备预制构件拆分、深化的功能，可在结构建模与预制构件深化之间无缝衔接，输入项目参数后可以实现自动拆分、快速深化、自动合规性计算、智能优化以及一键出图。业内其他建筑软件平台也具备该功能，不同软件平台之间也可以通过标准、兼容的中间数据格式进行导出和导入。

采用 BIM 技术进行预制构件拆分，充分考虑机电、精装预留预埋，对三维模型进行漫游碰撞检查，做到施工过程"零变更"，也为预制构件自动化生产提供了可能。基于 BIM 模型，采用数据交互插件导出构件生产线专用生产数据，输入中控室数据中心，进行数控钢筋自动化下料、数控钢筋自动化绑扎、模台自动清扫、自动拆模布模、自动涂油划线、自动混凝土布料找平等，实现管理人员及产业工人减少 50%以上。

21.3.4 BIM 技术在智慧工地中的应用

构筑一个以 BIM 模型为核心，集成物联设备、智能设备为基础的智能、高效、精益的智慧工地施工管理一体化平台，有利于管理精细化、效益最大化。人员管理、视频监控、设备监管和自动排程是实现智慧工地进度、质量、安全、环境管理的基础：（1）身份证自动识别快速录入工人实名信息，自动采集考勤数据；设置工人或劳务分包队伍黑名单，在项目间共享，可加强控制用工风险。（2）实时录制、存储监控画面，支持电脑端、手机端查看、抓拍、回放等功能，帮助管理人员随时了解施工现场及场周实际情况。（3）利用物联网对现场大型设备进行实时监测，配合设备档案，做到"事前监督、事中监测、事后分析"。（4）根据事先输入的用户计划管理标准及输入的项目信息，BIM 模型可自动铺排总进度计划及单项施工计划，输出自动排程结果。

21.4 基于 BIM 技术的智能建造设计流程

1. 设计咨询与沟通

利用 BIM 技术信息交流平台整合投资方、建造企业、施工团队的建筑构思与意见，借助 BIM 技术可视化优势展示案例工程模型，明确设计意向。

2. 实地勘察

首先，设计师需要深入施工现场，利用相关的测量仪器采集现场的各项指标数据，总结能够反映建筑场地实际情况与预期建筑效果的数据。其次，设计师需将现场测量到的数据信息进行汇总，将经过处理后的数据作为场地设计参数输入到指定的 BIM 设计软件中，软件会根据实际数据自动创建场地模型，为后续工程提供可视化的建筑场地三维效果图。

3. 初步方案设计与规划以及初步工程施工预算的编制

将实地勘测结果上传至 BIM 交流平台，整合各单位的设计建议。然后将整合后的建筑数据输入 BIM 设计软件中，通过调整使用材料、设计参数等方式生成多样化的建筑模型以及模拟建筑流程，横向对比不同条件下建筑设计方案的优势，选择最优方案进行持续优化；以智能建造项目为中心，建立 BIM 的多维成本数据库，将智能建造的设计成本数据输入到该数据库，可以进行智能建造项目的成本汇总、统计与拆分。

4. 方案的沟通、修正、确定

整合各施工单位的意见，在 BIM 设计软件中对智能建造模型、设计方案进行细节调整。通过对局部参数的调整，改变智能建造项目的整体设计效果，同时可以通过调整多种变量参数，获取更丰富的设计效果，通过对比效果确定最佳设计方案。

课 后 习 题

21-1 解释 BIM 技术的含义。它如何影响建筑设计和施工过程？

21-2 简述 BIM 技术在协同设计中的重要性。它如何帮助设计师、工程师和其他专业人员更有效地进行协作？

21-3 根据 BIM 技术在施工阶段的应用，分析这种技术如何帮助预防和应对潜在的施工安全风险。

21-4 BIM 技术如何帮助设计和施工过程更直观、更有效地进行？

21-5 讨论 BIM 技术在智能建造中的角色，并说明如何通过 BIM 技术提高建造过程的效率和效果。

21-6 分析使用 BIM 技术进行建筑可持续性设计和性能模拟的优势。

第 22 章　GIS 技术与智能建造

22.1　GIS 技术的概念

GIS，又称地理信息系统，是以地理空间为基础，迅速发展的一门空间信息分析技术。GIS 的用途十分广泛，可以用于与空间信息有关的许多领域，例如能源、测绘、环境、国土资源综合利用、交通等。这门技术可以实时提供空间和动态的地理信息，通过将表格数据转化为地理图的方式来使整体结果可视化。GIS 技术还可以综合管理空间内的各种资源环境信息，通过不断地在模型上调整数据和试验，以及对资源环境和生产活动的监测和分析，来提高实际的工作效率，为决策提供科学的数据结果。我国早在 20 世纪 80 年代，就在农业领域开始使用 GIS 技术，成为农业管理的辅助性决策工具。在林业方面，GIS 技术通过及时了解森林资源的信息及其变化解决森林资源监控的痛点问题。在建筑领域，GIS 非常适用于建筑供应链的管理，特别是对项目资源和产品流通路径的模拟、可视化监测、定位追踪以及对项目成本的分析和控制。

GIS 系统主要由 4 部分组成，即计算机硬件系统、计算机软件系统、地理空间数据和系统管理操作人员，图 22-1 为地理信息系统的组成和功能。计算机硬件和软件系统是 GIS 的核心部分，用于支持 GIS 所有对空间信息数据的计算、分析、处理等工作；地理空间数据库包含了 GIS 输入和输出的所有地理数据；而管理人员和用户决定了系统的需求与工作方法。

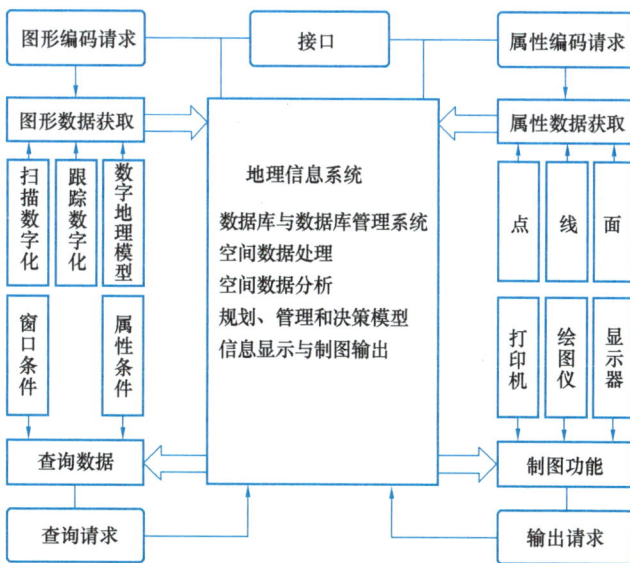

图 22-1　地理信息系统的组成和功能

软件是 GIS 的重要组成部分，软件的选型直接影响着系统解决方案、项目的建设周期和效益。从功能分，GIS 软件主要包括以下几类：操作系统软件、系统开发软件、数据库管理软件等。以下介绍几种常用的 GIS 软件。ArcGIS 是集成多插件的商业 GIS 软件，交互性好，三维数据处理和网络共享能力强，但费用高。MapInfo 是商业桌面 GIS 软件，支持多格式、基本操作和地图创建，空间分析能力弱。MapGIS 也是商业桌面 GIS 软件，支持多格式、基本操作和地图创建，有一定三维数据处理能力，功能不全，自动化和数据库能力弱。QGIS 是开源 GIS 软件，支持多格式、基本操作和地图创建，具有插件扩展功能。较 ArcGIS 更加轻量化，界面友好，操作简单，高级数据处理能力弱。

22.2　GIS 在建筑领域的应用

GIS 系统，与 GPS、RS（遥感系统）构成 3S 系统，覆盖自动制图、资源管理、土地利用等领域，扩展至水利电力、通信、矿产、交通、城市规划和工程建设。GIS 以其地理信息数据库支持现代工程建设的精细化目标，提供项目审批、规划设计、施工测量、管理、监测的全面支持。

1. GIS 在城市建设审批及规划中的应用

GIS 能够优化审批流程，清晰展示建设项目位置，并统一管理关键项目信息，简化审批工作，减少错误。在规划阶段，GIS 分析现状数据，规划用地功能和布局，部署教育、医疗等公共设施。结合 3D GIS 和 RS 技术，建立空间数据库，实现基础设施的数字化管理，促进规划的三维可视化和虚拟管理。

2. GIS 在工程测量中的应用

现代工程测量融合多学科与高新技术，发展出自动化、数字化、智能化的测绘技术，提升数据获取和处理技术，推动信息化测量向智能测量升级，提高施工质量和效率。3S 系统结合网络通信和数字化成图技术，形成信息化测绘体系，帮助工程设计人员把握地形特点，制定方案。此外，GIS 平台技术整合云计算、大数据、移动通信，应用于工程项目的数据管理、制图、监测和成果共享，推动工程测量智能化转型。

3. GIS 在施工管理中的应用

许多工程项目场地复杂、资源数量多、信息量大、周期长，需要通过宏观管理，来保证施工工作有序进行，而复杂图元及其属性的综合分析正是 GIS 的长处。GIS 可以融合不同来源与格式的图元及其属性，评估各种潜在的风险，为决策提供可靠的依据。

4. GIS 在建筑信息管理中的应用

建筑全生命周期都需要处理大量的空间数据，许多数据与城市地理信息有关，这些信息具有覆盖范围广、结构复杂、处理运算量大等特点，依靠人工或 BIM 难以管理这些信息。而 GIS 是最佳工具，其强大的空间数据处理功能为建筑全生命周期的工作提供了高效优质的技术保障。

22.3　GIS 技术在城市规划中的应用

22.3.1　GIS 技术在城市规划中的使用现状

科技的迅猛进步推动了城市经济与社会的快速发展，人口增长促使城市规划与管理面临更高要求。随着信息技术和计算机技术的提升，城市规划与管理日益精细化，GIS 技术逐步替代传统方法。现代城市规划理论经历了从田园城市到卫星城镇、城市空间规划及《城市规划大纲》的演变，沙里宁的有机疏散理论为信息化地理概念的应用奠定了基础。不同城市规划发展阶段中应用的测绘手段如图 22-2 所示。

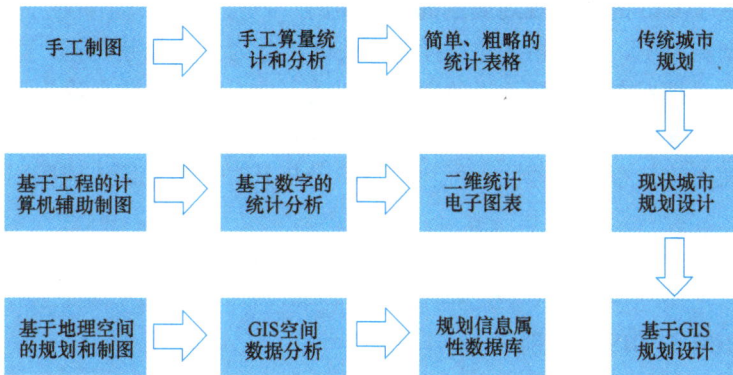

图 22-2　不同城市规划发展阶段中应用的测绘手段

GIS 技术在中国有近 40 年历史，广泛应用于环境建设。其发展虽快，但面临诸多挑战。

（1）数据质量十分重要，数据广泛但质量参差不齐，影响分析准确性。数据获取困难，格式差异大，传统采集技术粗糙，成为 GIS 应用的瓶颈。

（2）GIS 成果数据库不完善，不同规划要求导致数据使用不便。需完善数据库，提高利用效率，精准规划编制。数据平台可帮助审批人员快速对比分析，做出决策。许多地区已整理分析成果数据，解决一致性问题，提供可用数据结果。

（3）GIS 应用水平较低，多用于资源查询、制图和简单分析，未能充分发挥数据管理和决策支持功能。建立综合服务平台，深化数据应用，可提升规划效率和准确性。

（4）GIS 集成化程度低，系统功能简单，影响效率。通过完善实时监测系统和信息系统集中，构建综合决策系统，可提升决策合理性。GIS 集成遥感影像处理，辅助审核，确认规划需求满足情况。集成化使用支持多视角信息定位，整合关键指标至数据库，实现虚拟环境分析和模拟，提高规划效率和合理性。

22.3.2　城市规划中的 GIS 特点

1. 高效和及时

相较于传统方法，GIS 集成了计算与数据分析功能，减轻了现场检查与监管负担，促进了城市规划服务系统的高效运作。在探测方面，GPS 技术能探测多种数据点；在数据处理上，GIS 地理模型实现了土地数据的智能化、精确控制，这是人工手段难以达到的。GIS 的广泛应用提高了测量和控制的质量与准确性，且便于数据更新。面对复杂的自然地理环境和快速的城市建设，GIS 能即时监测、调整，有效支持城市规划。

2. 减少人为错误，减少劳动负荷

测绘全流程由 GIS 计算机自动化完成，降低了工作难度，提高了效率与准确性。城市规划管理中，现代软件以图形展示测量结果，加速设计与着色，提升了设计图品质。因此，GIS 在城市规划测量和控制中的应用将更加深入和多样。

3. 不容易被干扰

GIS 测量设备能减少野外测绘中的气候和地形干扰，GPS 技术实现精确位置检测。城市规划管理中，利用 GPS 等信息技术，能更精细地监测与控制信息，确保数据准确无误。这摆脱了传统测绘的制约，使管理更加便捷。

22.3.3 基于 GIS 的城市规划测绘的应用实例

在城市规划测绘中，建筑物区位选择尤为关键，分为公共服务设施、商业建筑和住宅建筑三类。区位选择旨在实现效益、效用和福利最大化，需结合社会效益和经济效益确定各设施区位。GIS 擅长空间数据查询和分析，适用于城市区位分析。例如在某市商业建筑选址时，研究商业建筑布局合理性，可利用 GIS 分析其对周边社区人流吸引力。

22.4 BIM 与 GIS

22.4.1 BIM 与 GIS 的区别

BIM 是设计工具与团队合作平台，集成全生命周期项目信息于三维模型数据库。GIS 是采集、处理、分析地理空间数据的计算机空间信息系统，支持资源、环境等研究和管理决策。表 22-1 列出两者主要区别。BIM 主要应用于建筑层面，3D 模型能力强，细节丰富，可添加各阶段信息。GIS 3D 模型能力较弱，单体建筑细节少，但能以抽象方式分析对象，描述环境、建筑分布及外形，具备查询分析功能。GIS 技术扩展建筑模型至更大环境，整合建筑和地理空间信息，有望提升项目数据交换质量和有效性。

BIM 与 GIS 系统的主要区别 表 22-1

	BIM	GIS
模型环境	主要关注建筑室内环境或建筑局部外环境	主要关注大范围外环境
参考坐标	BIM 中的对象有自己的局部坐标和参照全球坐标	采用全球坐标或地图投影
模型细节	具有开发更高级别模型深度的能力，包含几何和非几何信息	建立在现有的对象和信息上，模型细节较少
3D 模型能力	具有丰富的空间特征和属性，3D 模型能力强	处于初级阶段，不成熟
主要应用领域	建筑层面	城市层面

22.4.2 BIM 与 GIS 的融合

BIM 与 GIS 的整合涉及基础层面和语义层面。基础层面需解决数据交换和互操作性问题，通过基础技术和数据模型标准实现，两者都具备数据库管理和图形图像处理技术，且数字化信息处理方式相同，可转换为统一标准下的数字化数据。语义层面实现互操作性是关键，BIM 使用 IFC 标准，GIS 使用 CityGML（一种用于虚拟三维城市模型数据交换与存储的格式），数据格式不同导致转换问题。近年来，BIM 与 GIS 集成研究增加，数据格式壁垒逐渐被打破，通过几何信息过滤及语义映射，实现两者模型几何和语义信息的互操作，互为数据源，优化施工方场地布置和物流运输路线选择。主要 GIS 平台有 Arc GIS、Map GIS 等，主要 BIM 平台有 Revit、Rhino、Bentley、Tekla、ArchiCAD 等，BIM＋GIS 融合方式有 BIM 模型融入 GIS 平台和 GIS 模型融入 BIM 平台，实现各类信息数据整合在一个平台上，两平台数据可融合和互操作。

课 后 习 题

22-1　什么是 GIS 技术？它在建筑全生命周期各个环节有哪些应用？

22-2　GIS 技术可以帮助预测和评估工程项目对环境的影响，请举例说明如何利用 GIS 技术进行城市规划。

22-3　在智能建造中，GIS 技术与 BIM 技术有何异同？它们可以如何结合使用？

22-4　随着物联网、大数据等技术的发展，请思考这些技术如何与 GIS 结合，进一步推动智能建造的发展。

第 23 章　物联网技术与智能建造

23.1　物联网技术

物联网（IoT）指的是将各种信息传感设备与互联网结合起来而形成的一个巨大网络，其关键性应用技术包括识别事物的射频识别技术、感知事物的传感器技术、分析事物的智能技术、微缩事物的纳米技术。

物联网技术作为连接物品的网络，负责收集和控制现实世界的信息与物品。它能实时感知和采集施工中的大量信息，实现数据和信息的实时传输与汇总，并下达控制指令，控制自动化施工设备。信息的采集主要通过二维码、RFID、定位标签、传感器等自动化技术或人工录入完成，数据传输则依赖电缆、LoRa、窄带物联网、Wi-Fi、蓝牙、4G、5G等技术。物联网是智能建造系统的神经系统，用于实时监测和控制施工现场的人员、机械、材料、方法、环境等要素，如图 23-1 所示。

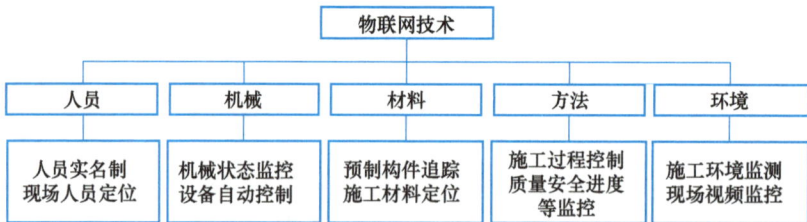

图 23-1　物联网技术应用

人员管理方面，通过 RFID 芯片的安全帽等设备实现身份管理、定位追踪等功能。机械管理方面，可监控机械状态，追踪分布和运动轨迹，监控塔式起重机作业状态，监测盾构油液状态等。材料管理方面，利用二维码、RFID、无线网络等技术追踪管理预制构件。施工方法管理方面，能实时监测风险因素，监测混凝土施工、强度、振捣质量等，控制预制构件吊装，采集施工数据。环境监测方面，则通过传感器和有线或无线技术进行噪声、扬尘监控，远程视频采集，基坑变形监测等。

23.2　物联网技术与建筑工程施工安全管理

23.2.1　物联网技术在建筑工程施工安全管理中的应用

在当前的建筑工程施工安全管理工作中，物联网技术的应用主要体现在以下方面。

1. 限制现场工作人员进入危险区域

传统安全管理工作中，监理人员难以全面检测施工情况，手段不足。物联网技术能精准识别施工危险区域，定位施工人员。若人员进入危险区，机器即发送警报，保障人员安全，防止事故。

2. 深入检查施工材料质量

施工材料影响建筑工程的牢固性、安全性与稳定性。物联网技术中的 RFID 系统能细化施工材料质量检测，确保材料质量满足施工需求。合理运用物联网技术，可建立工程信息安全管理平台，系统化检测控制材料供应情况。现有监控系统已能掌握材料信息，实现智能化、安全化、自动化监管控制。

23.2.2 物联网技术在建筑工程施工安全管理中应用的系统建设

1. 考勤管理功能

在安全管理系统中，施工现场人员佩戴电子标签，包含个人信息、工种及部门。出入口设置读卡器读取进出时间并上传至服务器，形成考勤表。管理人员可随时查看考勤信息，统计劳动力数量，编制更新劳动力计划。

2. 定位管理功能

电子标签在施工现场可被读卡器读取，管理人员通过系统掌握人员实时位置及工作时长。可在人员密集区加强安全管理，调整工作力量部署，确保危险区域应对自如。

3. 设备与材料进出场监控功能

为大型设备与大宗材料贴上电子标签，监控进出场。读取器记录设备材料进场时间、出场记录及使用时长。租赁设备可快速计算租赁费用，自有设备可编制检修计划。材料监控帮助管理人员掌握材料数量与时间，及时修正计划，控制应用情况，避免浪费。

4. 危险源监测功能

在危险区域布置传感器与电子标签，实时监测危险源。如高大模板区域监测脚手架与模板应力，基坑边缘监测环境数值。发现超标时及时警报，提醒管理人员处理，优化资源配置与施工方案，消除初期危险，防止扩散导致事故。

5. 及时把控施工构件损伤程度并维护

运用物联网 RFID 功能扫描施工材料与建筑构件，明确损伤程度。损伤严重时联系供应商更换，并提醒质量标准。损坏材料与构件存在安全隐患，需加强管理。

6. 警报功能

警报功能基于实时施工环境检测。入口读卡器对无卡强行进入者发出警报。现场传感器在危险源变化时发送警报，提醒附近人员撤离，防止人员伤亡，降低事故概率。

23.3 BIM 技术与物联网技术的结合应用

5G 商用化将推动生产组织、资源配置和管理服务的变革，加速基础设施数字化发展。5G 技术开启"万物互联"时代，实现终端设备共享交互，促进智能建造设备全连接。BIM 与物联网融合的综合管理系统，可克服 BIM 应用瓶颈，发挥物联网感知执行和 BIM 信息处理决策优势，打通虚拟现实接口，实现数字化现场操作和管理，达成智能化建造。

23.3.1 BIM＋物联网综合管理系统的基本架构和系统搭建

综合管理系统由感知层、控制处理层、应用层三层构成，层间通过网络传输数据。感知层通过物联网设备实时采集施工现场环境及状态信息，形成动态监测记录，为 BIM 模型提供实时数据。控制处理层由 BIM 综合管理平台组成，分析感知层数据，向应用层发送控制指令。应用层由智能施工人员、机械和机器人组成，执行施工任务并反馈状态至感知层，形成闭环。

为实现综合管理系统的功能需求，基于系统的基本架构，将重点搭建以下 3 个平台系统。

1. "可插拔"式集成应用的数据输入平台

以前端感知和终端应用设备为数据载体，搭建信息交互通道，将感知层设备接入统一数据平台，建立标准化数据，提供可插拔式信息交互集成平台。

2. 基于 AI、大数据、云处理技术的数据处理系统平台

为核心部分，利用 AI、大数据和云处理技术对 BIM 和感知层数据进行判断、分析、决策处理，并将方案推送至智能终端实施。数据处理向感知层和处理层延伸，进行预判断和预处理，筛选精确信息流上传至中心。在应用层，植入智能算法，实时判断现场情况，调整工作状态。

3. 基于数字化运行的智能操作终端

构建以建造机器人为代表的智能操作终端体系，适应智能化、无人化发展趋势，替代简单重复劳动力，提高工作质量，避免安全隐患，按照控制处理层指令完成实施过程。

23.3.2　BIM 技术与物联网技术在工程管理中的现状

BIM 技术广泛应用于多个工程领域，可大幅提升工程管理效率与质量。它可以实现设计信息共享，提高施工准确性，模拟施工流程，减少错误。在建筑使用过程中，BIM 模型优化使用周期，使维护更精准高效。物联网技术也助力工程管理，实现精细化管理，实时监测设备状态，减少停机时间和磨损，追踪维修时间，保障设备安全运行。同时，物联网可以监测气象环境等因素变化，实现远程控制和管理，全程智能化、数字化管理，提高整体效益。

23.3.3　工程管理与 BIM 技术＋物联网技术融合的设计思路

对于工程管理项目运行的全寿命周期来看，主要包括前期策划、勘察阶段、设计阶段、施工阶段和运维阶段几个环节，具体涉及的工作内容如图 23-2 所示。基于 BIM 和物联网的信息流集成的工程管理实践，可以涉及以下几个单位，如图 23-3 所示。

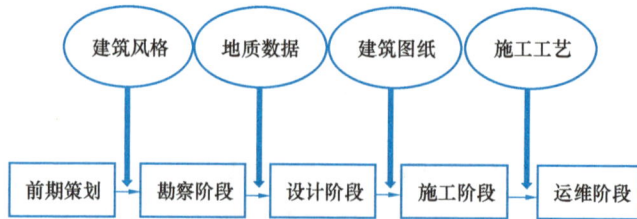

图 23-2　工程管理全寿命周期信息流示意图

23.3.4　关键技术分析

将基于 BIM 技术和物联网技术相结合的工程管理系统构建进行分析阐述，涉及的关键技术从系统层级中进行介绍，系统层级主要包括信息获取层、网络传输层、存储与应用层及信息复用层，具体内容如下。

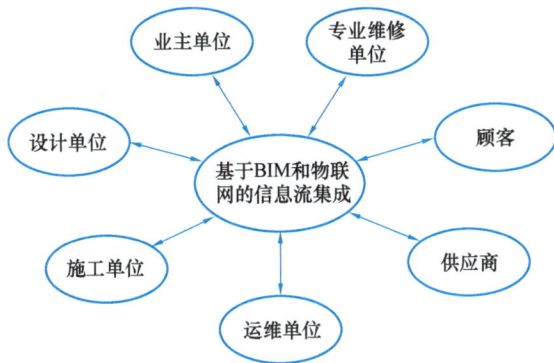

图 23-3　基于 BIM 技术和物联网技术的工程管理相关方信息流

1. 信息获取层

BIM 技术主要利用 BIM 建模技术，来源于工程竣工和设计部门交付的模型，常用软件为 Revit，可进行优化，如轻量化设计。物联网技术通过信息感知获取数据，涉及条码、RFID、网关技术及传感网等。物体识别是关键，RFID 技术无接触、耐用、精准度高，但成本高；二维码技术价格低廉，两者结合价值高。

2. 网络传输层

无线传感器网络是物联网技术的关键，特点为低能耗、低宽带、低成本、可自我恢复。无线通信技术包括无线局域网、蓝牙、红外及 ZigBee 无线网络拓扑结构。ZigBee 能耗低、存储空间大、扩展能力强，兼具树状和网状结构优势，可实现多终端节点传输和通信，方便协调管控。该结构还支持与信息获取层联动控制，完成信息读取和传输，前景广阔。通过图 23-4 和图 23-5 可了解无线网络拓扑结构和信息传递过程。

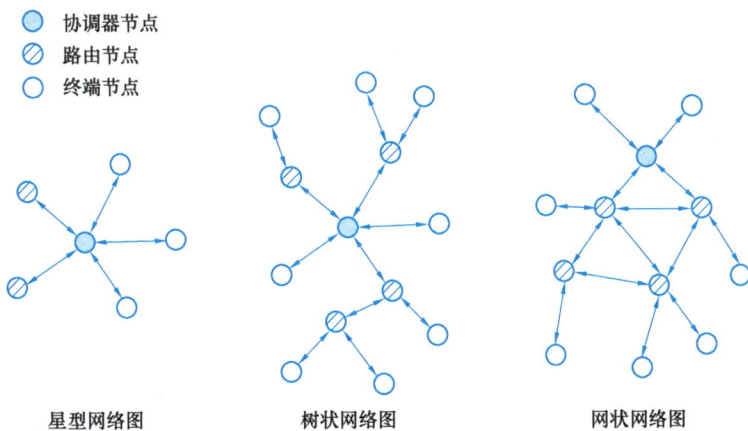

图 23-4　常见无线网络拓扑结构示意图

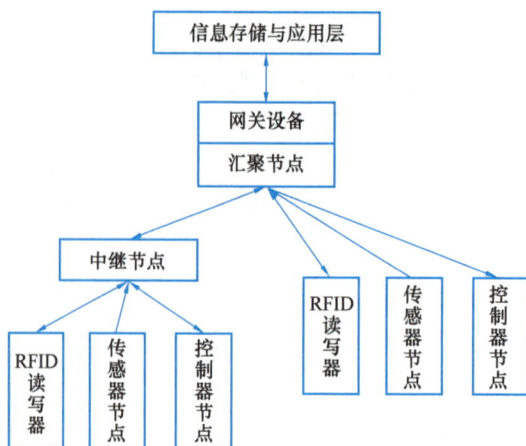

图 23-5　基于 ZigBee 无线网络拓扑技术的信息传递

3. 存储与应用层

该层处理并保存数据，是 BIM 和物联网技术结合的关键，以数据库技术为支撑，构建三维可视化模型，实现自动控制和人机交互。通过 BIM 模型确定建筑物空间位置，对内部设备和功能分区进行细节划分和备注，搭建完整数据库。能耗管理是重要环节，利用数据分析预判设备运行能耗和总负荷，决定设备启停状态，降低能源和运行管理成本。人工干预必不可少，操作人员需具备科学素养和专业能力，及时提供专业策略，准确把控调控条件和阈值。

4. 信息复用层

信息复用层是连接底层数据与上层应用的关键枢纽，核心在于实现数据的标准化管理与高效共享。它通过清洗、转换来自 ERP、IoT 等多源异构数据，建立统一数据模型，打破系统间的数据孤岛。同时，将整合后的数据封装为 API 接口、报表等标准化服务，供营销、风控等多场景复用，避免重复开发。信息复用层采用分层架构，涵盖数据集成工具、存储建模、API 管理平台等组件，支持 RESTful 接口协议与元数据管理，确保数据语义一致与安全可控。典型应用于企业数据中台、政务共享平台等场景，助力数据从"孤岛"向"资产"转化，为数字化转型提供底层动能。

课 后 习 题

23-1　如何基于物联网进行数据交换和通信？

23-2　如何利用物联网技术进行安全管理？

23-3　物联网在智能建造中的安全性问题如何保障？

23-4　物联网在装配式智能建造的应用有哪些？简单论述物联网与装配式智能建造的相互影响与促进作用。

23-5　在智能建造中，物联网技术与 BIM 技术可以如何结合使用？

23-6　在智能建造中，如何平衡物联网设备的成本和效益，以确保项目的可持续性？

第 24 章　数字孪生技术与智能建造

24.1　数字孪生技术的概念及发展

24.1.1　数字孪生的概念与特点

数字孪生（Digital Twin）正成为多方关注的焦点，指物理产品在数字化空间的虚拟映射，通过集成多学科、多尺度、多物理量实现仿真模拟，反映物理对象全生命周期。该技术以高度仿真的动态模型模拟物理实体状态和行为，提高研发和制造精度效率。不同企业和项目对数字孪生的理解和应用各有侧重。数字孪生的核心概念包括：物理与数字世界的映射、动态映射、逻辑行为流程映射、双向映射关系及全生命周期同步。如表 24-1 所示，从五个维度分析，各维度特征适合不同需求，研究使用者应明确目标方向，有针对性地利用与探索。

数字孪生五维特征描述 表 24-1

序号	部分认识	理想特征	维度
1	① 数字孪生是三维模型 ② 数字孪生是物理实体的 ③ 数字孪生是虚拟样机	多：多维（几何、物理、行为、规则）、多时空、多尺度 动：动态、演化、交互 真：高保真、高可靠、高精度	模型
2	① 数字孪生是数据/大数据 ② 数字孪生是产品全生命周期管理 ③ 数字孪生是数字线程（Digital Thread） ④ 数字孪生是数字影子（Digital Shadow）	全：全要素、全业务、全流程、全生命周期 融：虚实融、多源融、异构融 时：更新实时、交互实时、响应实时	数据
3	① 数字孪生是物联平台 ② 数字孪生是工业互联网平台	双：双向连接、双向交互、双向驱动 跨：跨协议、跨接口、跨平台	连接
4	① 数字孪生是仿真 ② 数字孪生是虚拟验证 ③ 数字孪生是可视化	双驱动：模型驱动＋数据驱动 多功能：仿真验证、可视化、管控、预测、优化控制等	服务/功能
5	① 数字孪生是纯数字化表达或虚体 ② 数字孪生与实体无关	异：模型因对象而异，数据因特征而异，服务、功能因需求而异	物理

24.1.2　数字孪生的发展历程

数字孪生技术的快速发展，在无形中已经融入我们的生活中，并起到了越来越重要的作用。20 世纪 60 年代就产生了数字孪生的雏形，1961～1972 年，在阿波罗项目中美国国家航空航天局（NASA）为实际飞行器制造了一个"数字孪生"飞行器。通过对数字孪生相关文献的查阅，将数字孪生技术的发展历程分为三个阶段，即 2003～2010 年为萌芽期，2011～2014 年为起步期，2015 年至今为成长期。

1. 萌芽期

2003 年，美国密歇根大学 Grieves 教授提出"与物理产品等价的虚拟数字化表达"概念，指出数字模型可映射物理实体性能。随后，数字孪生技术崭露头角，并于 2003～2010 年间被称作"镜像空间模型"等，最初应用于航天飞行器的维护和性能预测。

2. 起步期

2011 年，Grieves 教授正式提出"数字孪生"，由物理实体、虚拟产品及连接数据三部分组成，引入虚拟空间数字化表达，实现真实与虚拟实时交互。同年，美国 NASA 提出数字孪生体概念，2012 年明确定义，为技术发展带来新契机。美国空军研究实验室随后引入数字孪生体解决飞行器性能评估与寿命预测问题，2012 年提出"机体数字孪生体"概念，高精度仿真模拟现实机体。

3. 成长期

2015 年以来，数字孪生技术从飞行器领域拓展至其他领域。2017 年，西门子股份有限公司发布数字孪生应用模型，美国参数技术公司推出基于数字孪生的物联网解决方案，多家国际企业获益。同期，中国也在探索数字孪生技术，应用于制造业等，研究航空发动机模型、数字孪生车间建模与系统架构。未来，随着信息技术发展，数字孪生技术与产业生态有望迎来爆发期，与新型应用场景更紧密结合。

24.2　数字孪生的应用

24.2.1　数字孪生的发展趋势

数字孪生技术架构如图 24-1 所示，分为物理层、数据层、模型层、功能层，各层相互关联，物理层提供感知数据给模型层，模型层提供仿真数据给物理层，数据层负责数据

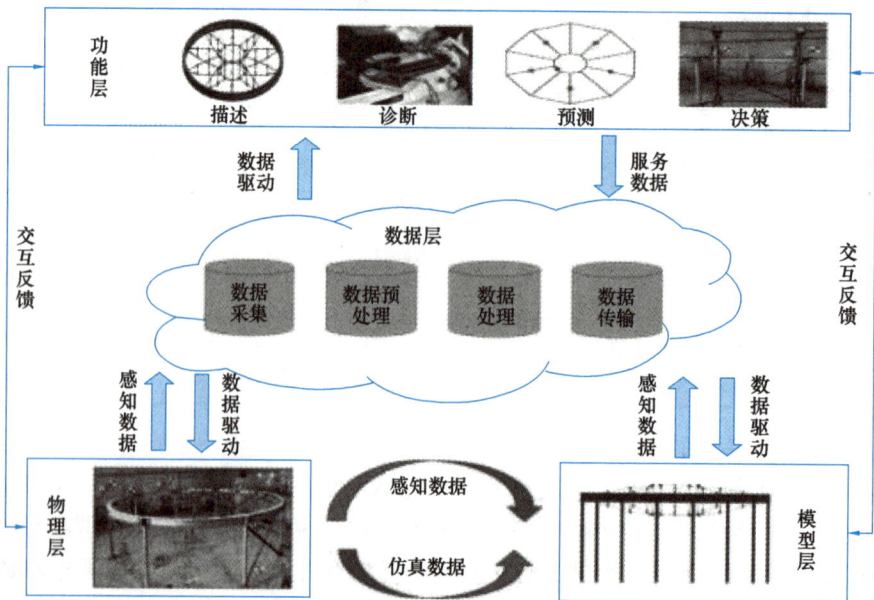

图 24-1　数字孪生技术架构

采集、传输、预处理和分析，实现产品描述、诊断、预测和决策。未来，数字孪生将融入更多领域，成为数字社会的方法论，推动社会治理和工业生产数字化转型。数字孪生是信息化发展的必然结果，成为解构、描述物理世界的新型工具，其推广是长期过程。数字孪生＝数据＋模型＋软件，我国需突破数据采集、模型积累、软件开发等瓶颈，树立典型模式和样板。

24.2.2 数字孪生在智能建造中的应用

数字孪生作为实现智能建造的关键前提和使能技术之一，能够实现建筑工程的全物理空间映射、全生命期动态建模、全过程实时信息交互、全阶段反馈控制。智能建造通过设计与管理实现动态配置，升级施工方式，提升建筑数字化与信息化水平，数字孪生技术引入"数字化镜像"再现建造过程，虚实融合与交互反馈实质为数据传递，如图 24-2 所示。

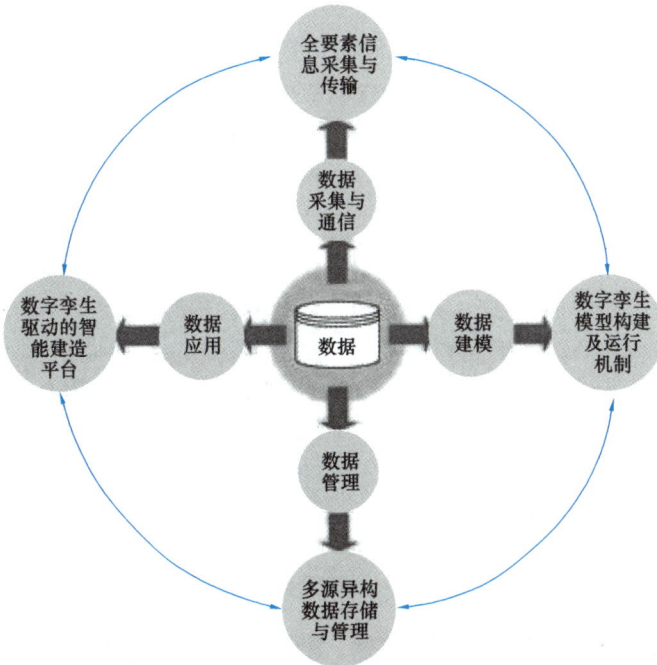

图 24-2　数字孪生应用于智能建造的关键问题

在智能建造中，设计阶段、施工阶段与运维阶段均需提高精细化水平，实现全生命周期的实时优化控制。数据作为关键载体，在智能建造中运用数字孪生技术需解决数据采集与通信、建模、管理和应用四大问题。

为解决这些问题，提出利用物理和虚拟模型的信息采集、预处理、挖掘和融合方法，全面监控生产要素。基于数字孪生的智能建造框架包括物理空间、虚拟空间、信息处理层、系统层四部分。物理空间提供数据并传送至虚拟空间，虚拟空间完成真实映射，实现实时反馈控制。大数据平台处理数据，提供决策依据。系统平台依靠虚拟空间支撑和信息层能力，进行建筑工程数字孪生的决策与调控。

24.3　数字孪生在复杂大体量项目智能建造的应用

24.3.1　案例背景

该项目为国家重点项目，属当地标志工程，含 7.5km 道路、3.6km 立交桥及多种功能型结构，含装配式、钢筋混凝土等大型建筑。项目体量大、结构复杂且交叉，紧邻多施工标段，对管理、协调及智能建造推行要求高。

24.3.2　BIM 在智能建造中的初步应用

BIM 技术用于解决项目问题，建立施工模型，推演关键技术方案，3D 模拟复杂结构工艺，实现可视化虚拟施工与安全交底。模拟重难点工艺，推演验证方案合理性。多专业软件建模，实现管线碰撞模拟、算量、钢筋翻样及平面布置。

24.3.3　深化模型与数字孪生平台

在基础 BIM 模型上深化并与无人机倾斜摄影模型融合，构建多方协作、动态管理的数字孪生平台（图 24-3、图 24-4）。该平台根据项目需求融入环境监测、实名制管理等服务，改造施工设备，增加传感器，实时采集数据，在虚拟平台控制施工情况。引入智能分析软件，精确分析压浆密实度等（表 24-2），精细化管理压实质量（表 24-3）。通过增加功能模块，实现智能建造。

图 24-3　BIM 精确模型与实景模型

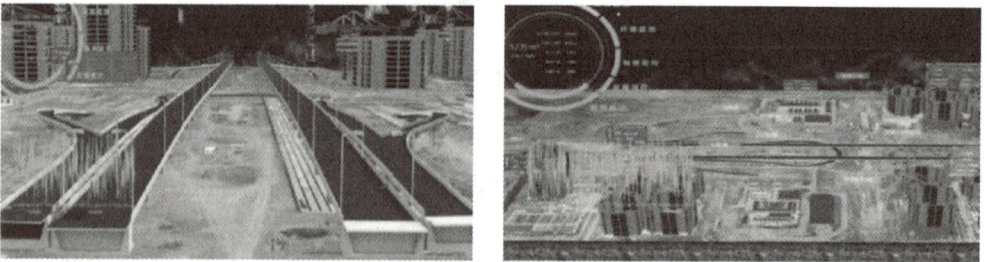

图 24-4　融合倾斜摄影模型建立数字孪生平台

部分软件配置表　　　　　　　　　　　　　　　　　　　　　　　　表 24-2

序号	主要功能实现	软件名称	制造厂家	备注
1	多专业 BIM 建模	Revit2021	Autodesk	
2	实景三维建模	ContextCapture4.3	Bentley	

序号	主要功能实现	软件名称	制造厂家	备注
3	施工方案模拟与工艺仿真	Naviswords2016	Autodesk	
4	BIM模型轻量化	3DViewStation2020	Kisters	
5	BIM模型渲染、烘焙	3DSMAX2019	Autodesk	采用 V-Ray 渲染器
6	CFD（计算流体动力学）仿真分析	Fluent 2020R1	Ansys	
7	BIM+智慧建造数字孪生平台	工业物联网操作系统	四川建科旗云科技有限公司	包括实时历史数据

部分设备硬件配置表　　　　　　　　　　　　表 24-3

序号	设备名称	制造厂家	备注
1	计算机服务器/专业图形工作站（Precision3240）	戴尔 DELL	
2	精密传感器（振动、压力、温度、加速度、电磁流量计）	无锡北微传感科技有限公司	
3	落球式回弹模量测试仪、孔道灌浆密实度质量检测仪	四川升拓检测技术股份有限公司	
4	平板电脑	联想 Lenovo	驾驶舱内导航
5	精灵 Phantom4 Pro 无人机	深圳市大疆创新科技有限公司	实景三维建模

课 后 习 题

24-1　请阐述数字孪生技术的内涵。

24-2　请简述数字孪生如何提高施工效率和质量。

24-3　请简述数字孪生在智能建造中的作用。

24-4　请分析数字孪生技术在智能建造中的优势和局限性。

24-5　根据数字孪生在智能建造中的应用案例，论述数字孪生如何推动建筑业的转型升级和可持续发展。

第 25 章 云计算技术与智能建造

25.1 云计算技术的发展及基本架构

现阶段所讲的云计算技术，其定义基于两种形式。宏观角度来看，云技术是大数据信息发展的必然产物，更好地诠释了计算机网络的资源发展形式，云技术主要应用于商业发展。从微观上来讲，经过专家研究普遍发现该技术的线性特征，有较大的发展空间，并不属于传统形式的分布系统应用模式。在实际的应用中，云技术处理问题相对较为简单，通过服务器远程操纵，完成任务的处理和计算工作。

25.1.1 云计算技术的发展

随着社会的发展，云技术应用范围愈发广泛，在处理器的发展、虚拟产业、网络通信应用等都有涉足。从技术的应用形式看，主要特性为：服务模式标准化、资源管理动态化、技术架构弹性化、成本结构按需化。在云环境下，网络应用不断地得到提升，随着网络用户需求不断地增加，数据中心的传统网络框架不能满足需求，这就需要不断改进网络技术的效果，软件定义网络（Software Defined Network，SDN）技术的出现解决了这项问题，控制效果得到了提升。

25.1.2 云计算技术的基本架构

云系统计算功能依托软硬件系统、平台服务和软件技术。智能技术下，云技术平台为各行业提供优质服务。需根据服务对象选平台，加强用户与平台互动，SDN 架构推动互联网发展（图 25-1），用户关注服务效果，软硬件应用主要在用户端和平台端。云技术提升计算准确性和信息存储功能，能短时间内处理大量信息，提供定制化服务。

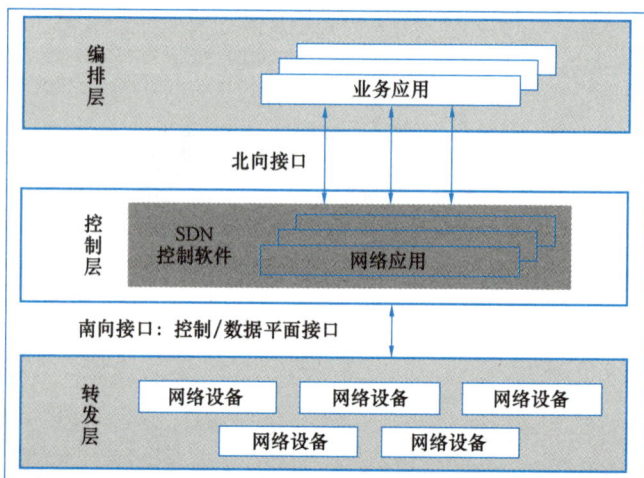

图 25-1　SDN 架构图

25.2　云计算技术在智慧城市建设中的特点

基于云计算、5G、大数据、AI 等技术，各领域实现融通和资源共享，推动城市数字化、管理智能化，提升城市运营和管理水平。智慧城市作为城市治理、民生服务、产业创新的重要驱动，云计算为其提供了技术支撑。

（1）促进产业资源整合，提高信息资源利用效率。云计算技术应用于智慧城市，促进产业协调与共同发展。无论城市周边还是中心区域，云计算都能有效整合产业资源，优化城市资源配置，为城市发展提供便利和技术支持。同时，它节省管理成本，实现产业间信息资源的有效传递和互通。

（2）促进数据管理的水平，提高数据信息的安全性。应用云计算技术于城市智能化建设，能大幅降低数据管理成本，提升信息安全。云计算作为数据基础，能高效计算、储存、整理信息，提高处理效率和质量。同时，云计算匹配安全资源池，保障数据安全。云技术与城市智能化结合，满足信息化需求，提升城市运转效率，体现智能化便捷性。

（3）促进城市建设，促进信息技术与实体经济融合发展。云计算技术凭大规模算力、存储等技术优势，整合智慧城市软硬件资源，实现"云网安融合"，促进信息技术与实体经济融合，协调新型科技应用，推动城市智能化发展。

25.3　云计算技术与智慧城市建设的融合

25.3.1　交通运输服务体系的应用

智慧交通是新型智慧城市的核心，解决城市交通拥堵等难点问题至关重要。基于云计算的交通"数字大脑"整合交通运输行业数据，打造应用场景，提高城市交通智能化水平，服务百姓。云计算技术为管理者提供未来道路规划建设决策，助力交通运输管理、运输服务及顶层规划。同时，云计算技术帮助道路施工单位完善施工管理体系，避免风险，防止损失。智慧交通的建设，是城市智能化建设的必经之路，满足未来城市发展需要。

25.3.2　建筑施工领域应用

施工现场设备智慧管理通过安装智能控制系统并利用大数据技术搜集设备运行数据，结合 BIM 技术建立三维模型，及时预警设备异常，提高施工质量。施工材料智慧管理则运用大数据技术建立采购体系，结合 BIM 技术和交互式顺序目标规划算法（Interactive Sequential Goal Programming，ISGP）优化材料存储方案，降低材料浪费和采购成本，提高施工效率。安全是建筑施工的重点，施工现场安全智慧管理利用智慧化方式整合数据，跟踪管理安全隐患，利用大数据技术对施工环境进行监督，上传数据至系统，确保管理人员和政府部门掌握真实情况，实现针对性管理，充分发挥大数据和云计算技术的作用。

25.3.3　公共服务体系的应用

群众享受高质量的政务、治安、生活和居家服务的诉求越来越高。

（1）它解决了资源和数据共享难题，支撑高效服务型政府建设，加速一网通办，提升政务服务精准化、个性化和智能化。

（2）助力打造市域治理综合管理体系，满足治安管理、城市管理等多方面需求，为平安城市建设提供智能化、信息化支撑。

（3）推进文化旅游融合发展，提升行业监管、公众体验及营销能力，满足人民美好生活需要。

（4）构建集政府管理、物业服务、商圈便民服务于一体的信息技术平台，解决群众对社区管理、公共服务等需求，提升居民获得感、归属感和幸福感。

（5）在停车管理中，云计算技术建立自动化停车服务平台，实时处理数据，展示车流量，整合停车场内部信息，实现可视化管理，同时利用定位系统快速找车、定位空余车位，提升车辆服务管理水平。此外，城市外部公共车位管理也借助视频数据技术实现有效控制。

25.4 基于物联网、云计算技术的智慧停车平台

25.4.1 系统架构

为解决停车难问题，设计基于物联网、云计算和移动应用技术的智慧停车平台至关重要。截至 2022 年 6 月，我国机动车保有量已达 4.08 亿辆，其中汽车 3.12 亿辆，停车需求持续上升，而停车位利用率不足，使得"停车难"成为城市发展的一大挑战。在智慧城市和智慧园区建设中，智慧停车平台成为重点课题。

基于物联网、云计算技术的智慧停车平台由五部分组成，分别是感知层、车场应用层、网络层、云平台层和展示层。系统架构如图 25-2 所示。

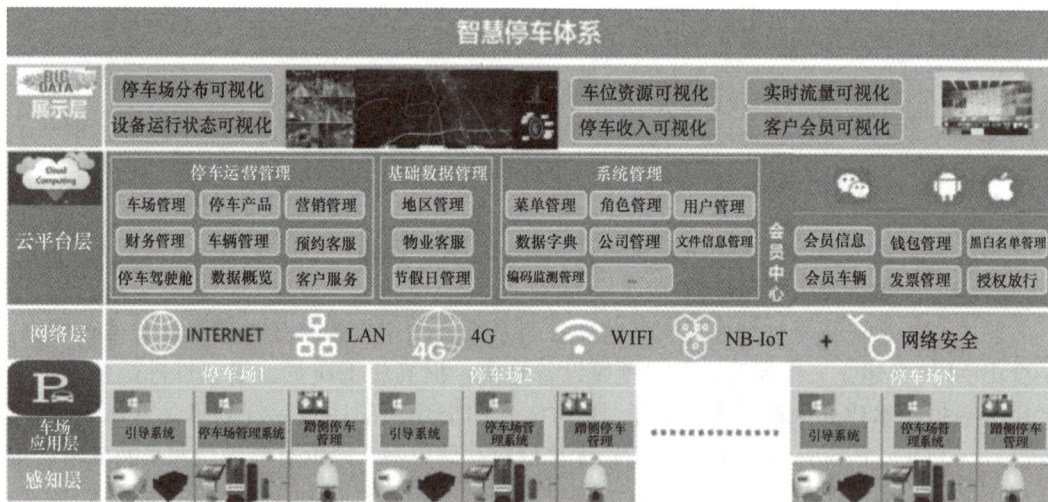

图 25-2　系统架构

感知层包含各类停车场设备，如车辆道闸、车牌识别摄像机等，为上层应用提供数据并接收控制指令。车场应用层管理各停车场系统，如车牌识别、车位引导等，确保停车流程顺畅。网络层包括互联网、局域网、窄带物联网、3G/4G/5G 等通信方式，实现停车场与云平台、设备间的通信。云平台层涵盖基础数据管理、停车运营管理、系统管理和会员中心等，提供全面的数据管理、运营支持和会员服务。展示层则实现停车场分布、车位资

源、实时流量等的可视化展示。

通过集中管控和运营多个停车场，智慧停车平台为运营方提供丰富的运营手段，确保高效运营和服务保障，有效缓解停车难问题，为城市发展和现代交通管理提供有力支持。

25.4.2　关键技术

1. 物联网融合实现无人值守

停车场出入口安装部署车牌识别摄像机、车辆道闸、停车机器人、监控摄像机，通过物联网技术将上述设备融合，实现前端和后台联动。包括远程查询停车订单、远程抬杆、现场一键呼叫与后台客服人员通话、现场扫码支付（正扫、反扫）、现金缴费、找零等应用场景。

2. 缴费方式多样

为方便车主缴费、减少场内拥堵，支持停车缴费方式和渠道多样化，包括场内扫码缴费（扫码后需输入车牌）、出入口扫码缴费（无需输入车牌）、自助缴费机缴费（微信、支付宝、现金）、出入口无人值守缴费（无需输入车牌，支持微信、支付宝、现金）、小程序缴费（提前绑定车牌，支持代人缴费）、管理端小程序收费（车场收费人员操作，支持微信、支付宝、现金）、ETC快速通道（ETC缴费）和无感支付等。

3. 反向寻车

对于车位数量较大的停车场，通过在车位上方安装车位视频摄像机，停车场安装蓝牙信标，制作停车场车位地图，实现反向寻车功能，集成于自助终端或小程序端，如图25-3所示。车位视频摄像机采集车位上车辆的车牌信息，蓝牙信标用于室内定位，通过定位引擎和导航引擎结合停车场地图，实现反向寻车功能。自助终端生成从自助终端到车位的轨迹图，用户通过拍照记录，根据轨迹图片寻找车辆，小程序端则实现用户所在位置与停车位的实时导航。

图 25-3　反向寻车

4. 管理策略

多车场管理。通过平台实现多车场管理，含信息维护、远程值守、远程抬杆及无人值守机器人设备管理等功能。

营销管理。涵盖停车产品与优惠活动管理。停车产品含全天和分时段包月，均可设固定有效期或即买即生效。产品可平台创建发布，小程序提交材料，平台审核。优惠活动含折扣券、代金券、小时减免券，设使用门槛，发布时定有效期、数量、适用范围。优惠券可指定车牌或二维码领取，活动形式多样，如小程序结算优惠、首绑车牌领券、短包车位优惠等。

财务管理。账务管理主要是对订单进行核对，形成订单记录与对应收益统计的对账报表，以及停车发票的开具和办理。

车辆管理是在车辆维度对车辆信息的维护。包括车辆出入场信息、在场车辆信息、离场车辆信息以及车辆异常出入记录等。

预约管理。针对特定停车场，平台、小程序和管理系统联动实现车场和车位预约。预约停车场可设固定数量或比例车位，小程序端预约并可选收费，未按时到达可取消。车位预约需安装管理设备，通过系统与设备联动实现。

用户端小程序。服务消费端客户，设计绑定车牌、车位预约、车场导航、反向寻车、缴停车费、代人缴费、产品购买、配置优惠券、开具发票、订单记录查询等功能。

管理端小程序。服务车场管理人员，尤其在车场运行负载高时支持停车订单查询、扫码收费、现金收费等功能。便于提前收费，缓解车场内部拥堵。

25.4.3 应用效果

基于物联网、云计算技术的智慧停车平台，采用先进的自动化控制、物联网、移动应用、云计算等技术，实现对多个停车场进行集中管控和运营，支持多种停车产品、营销活动，支持与酒店、商场等综合体进行对接，可为消费端和企业端客户提供更人性化的停车服务。支持无人值守、远程管控等智能化应用，可有效减少运营方人力支出、节约人工成本。对于消费端客户，便于快速定位车场、预约车位、寻找车位，提升停车体验，同时也盘活停车资源。

智慧停车平台借助物联网、云计算、移动互联等技术对停车场统一运营和管控，对于市民，可快速寻找车场、车位，在提供便捷生活的同时，也盘活了城市停车资源。对于运营方，通过平台管控和运营多个停车场，实现财务统一，减少人力支出，提升效率和竞争力。对于政府，实现城市停车位统一管理，引导市民有序停车，缓解城市拥堵问题，同时也为城市停车政策制定提供准确的数据支持。

课 后 习 题

26-1 云计算技术的基本架构是什么，请简单绘制。

26-2 简述基于云计算技术的智能建造系统的工作原理和步骤。

26-3 云计算技术在智能建造中有什么优势？

26-4 云计算技术有哪些应用场景，在其中发挥什么样的作用？

26-5 请简述云计算技术如何与物联网技术结合，提高智能建造的效率和质量。

第 26 章 大数据及知识管理技术与智能建造

26.1 大数据在建筑行业中应用的现状

当今世界，数据因技术快速发展而稳步增长，公司处理的数据量已达 PB（存储信息的一个基本单位）级别，如谷歌每天处理超 24PB 数据，Facebook 每小时处理超 10 万张照片，2012 年每天增加的数据量达 2.5 万亿字节。这种增长为科学家提供了识别有用见解和知识的重要机会，数据的可访问性可改善各领域现状。建筑业也在经历数字革命，处理来自设施全生命周期的多学科数据。BIM 旨在捕获多维 CAD 信息，以支持多学科协作。BIM 数据庞大且复杂，包括 3D 几何编码、计算密集型信息等，整理在联合 BIM 模型中，并在设施使用寿命结束后持续存在。随着嵌入式设备和传感器的出现，设施在运营和维护阶段生成大量数据，BIM 数据积累推动建筑业进入大数据时代。

大数据具有三个定义属性：体积（TB、PB 级数据等）、多样性（文本、传感器、音频、视频等异构格式）和速度（连续数据流）。施工数据通常是大型、异构和动态的，包括设计数据、进度表、企业资源规划系统、财务数据等，格式多样，且动态特性源于传感器、RFID 和楼宇管理系统（BMS）等数据源的特性。利用这些数据优化施工运营是该行业创新的下一个前沿。理解大数据需区分大数据工程（BDE）和大数据分析（BDA）。BDE 涉及支持分析所需的数据存储和处理活动，包括分布式系统基础架构等技术堆栈。BDA 则关注提取知识以推动决策，发现大数据中的潜在模式并获得有用见解，通过数据驱动的决策改变行业未来，是竞争优势所在。

26.2 大数据及知识管理技术在智能建造领域的机遇

26.2.1 使用 BIM 的大数据

BIM 旨在彻底改变建筑业，但在建筑生命周期后期阶段的应用尚未充分开发。众多研究扩展了 BIM 的应用，如施工过程文档、功耗数据集成、地理信息系统数据集成、增强现实现场信息检索、空间冲突数据扩展、能效评估平台集成、社交互动设计审查、项目数据源集成、云设计探索、进度监控集成等。这些扩展增加了 BIM 内容的大小和范围，传统存储和处理系统面临挑战。BIM 的这种集成导致了 BIM 大数据的出现，证明了大数据在 BIM 领域的合理性（表 26-1）。

不同建筑业子领域的最新技术和潜在机会 表 26-1

建筑业子领域	技术发展水平	潜在的机会
资源和废物优化	建筑废物产生估算 废物产生基准 废物管理性能的比较分析	实现可持续发展的循环经济、绿色供应链和闭环供应链的 BIM 工具 使用开放标准的 BIM 集成材料数据库 用于废物数据管理的 BIM 集成关联数据

建筑业子领域	技术发展水平	潜在的机会
生成设计	Autodesk Dreamcatcher——一个原型系统来展示从抽象需求生成设计的想法的可行性	框架，利用大数据分析并行化算法的实时衍生式设计计算 大数据算法，以准确地减少设计空间 大数据支持衍生式设计工具
碰撞检测和分辨率	开发了支持 BIM 的方法来解决机械、电器、管道设计中的冲突，但是这些方法是耗时的	基于大数据分析的机械、电器、管道设计检查器，不仅使用规定性分析来识别冲突，而且还描述了解决冲突的最佳行动
性能预测	使用路面恶化预测的路面管理系统	大数据驱动的 BIM 系统，用于路面恶化预测
个性化服务	室内空气个性化，加热/冷却 家庭热调节器，行为能量适应	个性化的能源监测器，需要更少的用户输入来调节最佳的能源消耗
设备管理	基于 BIM 的室内本地化，通过大规模数据探索降低设施管理成本，通过 BIM 进行设施管理数据建模	基于大数据分析的 BIM 系统
视觉分析	4D BIM 可视化，能源用户分类，使用基于云的 BIM 系统进行设计可视化和探索	BIM 模型可视化大数据框架-视觉分析驱动的设计优化器，以减少能量和舒适性最大化
社交网络服务/分析系统	使用社交网络集成项目管理数据 BIM、RFID 和社交数据集成 基于 AR 的业务社交网络服务	使用大数据进行社交网络信息建模的 BIM 框架
能源管理和分析	能源模拟软件，能源管理系统，基于云的能源数据存储和处理，能源用户分类，IoT 框架的能源分析	基于 BIM 的开放能源数据持久性的大数据框架 大数据分析平台，以模拟和优化建筑的能源使用
大数据与 BIM	建筑设计 BIM 模型，GIS 数据 BIM 模型，BIM 开放平台，BIM 和 RFID，MapReduce 的 BIM 数据存储和处理	大数据支持符合 IFC 的 BIM 存储系统 用于 IoT 应用的 BIM 平台，连接 BIM 模型与外部来源的开放数据平台 大数据支持 BIM 处理平台以开发应用
针对智能建筑的大数据	用于测量和可视化建筑 CO_2 排放 用于建筑的消防系统 用于智能建筑的复杂事件处理	利用大数据构建个性化服务 移动应用程序来利用构建个性化服务
大数据与增强现实技术（AR）	BIM2MAR，一个集成 BIM、移动和 AR，基于 Web3D（在网页中实现虚拟现实的技术）的 BIM 和社交网络服务 AR 系统	BIM 大数据可视化探索系统 基于大数据和 AR 的虚拟场地探索 大数据和 AR 实现主动的争议识别和解决系统

26.2.2　增值服务

本节讨论广泛的非核心服务，这些服务可以从建筑行业的大数据新兴趋势中受益。

1. 衍生式设计

衍生式设计（GD）是建筑行业的另一种范式转变。该理念是根据设定的设计目标，如功能、材料、制造方法、性能和成本等，自动生成多种设计方案。衍生式设计工具运用复杂算法综合设计空间，并产生满足给定要求的设计方案，供设计师评估并选择。这一过程允许设计师通过调整目标和约束来重新生成设计，直至满意。衍生式设计的进步有望优化资源利用，减少浪费。

2. 冲突检测和解决

识别设计冲突是建筑模型的一个组成部分。理想情况下，应在施工阶段前进行，以确保有效的项目管理。传统的基于纸张的方法已被支持 BIM 的自动化方法取代，但这些方法仍不够高效和准确。现有的支持 BIM 的冲突解决方案繁琐且耗时，需要更多的研发才能实现高效的流程自动化。其中，知识管理和设计冲突识别是关键，而大数据技术可以通过其分布式和并行计算能力来增强知识表达和计算。

3. 性能预测

性能预测模型在建筑行业的各个领域得到了广泛的应用。特别是路面管理系统。这些模型使用大量变量及组合，开发过程中涉及复杂的计算分析。卡拉加等人的研究表明，这些系统需要精通计算的分析，而大数据技术可以在实时计算、模型开发和可视化领域提供帮助。

4. 可视化分析

可视化分析（VA）旨在结合自动推理和可视化来解决复杂的分析问题。BIM 的可视化功能是其被广泛采用的关键原因之一，但高维 BIM 模型的可视化具有挑战性。VA 对于 BIM 和大数据都是必不可少的，并提供复杂的技术来改善 BIM 和大数据可视化，以便更好地理解和解释。现有的软件在使用正确的工具和技术集可视化设计的所有尺寸（nD）方面非常具有竞争力，但还需要更先进的可视化方法来增强整体理解。

5. 个性化服务

个性化服务则根据用户的选择调整设施，用户有权控制服务的整体使用。这些系统根据用户行为等各种参数进行调整，输入可以是手动或自动的。如 SPOT＋系统使办公室工作人员能够个性化调节室内热舒适度，SPOT＋支持加热和冷却，具有显著的节能潜力。这些应用程序需要使用传感技术扫描周围环境生成大量数据，积累数据流并进行处理以实时生成可操作的见解，这也是大数据技术感兴趣的主题。为此，需要强大的大数据平台来支持现代建筑中各种个性化服务的需求。

26.2.3　设施管理

设施管理（FM）旨在整合组织流程，确保商定服务支持并提高主要活动有效性。运营和管理是设施管理的核心，贯穿建筑生命周期的大部分时间。设施管理活动如资产管理、预防性维护等费力且需技术支持，其中本地化信息至关重要。现代设施利用自动化和集成技术测量、监控、控制和优化建筑运营与维护，实现自适应实时控制。随着智能系统增加，更多数据将快速进入能源管理平台。Taneha 等人提出利用定位技术确定设施管理人员位置以支持活动。Ng 等人应用知识发现和数据挖掘降低维护成本。刘等人评估了

BIM 支持设施管理操作的能力，确定设施管理专业人员需求。Motamedi 等人指出设施管理系统面临搜索接口低效、信息交换接口不统一及数据处理能力不足等挑战，要求大数据技术应用。特别是在预测性维护中，大数据分析（BDA）能提前通知设备问题，使设施管理组织受益于降低运营成本、提高利润率和增强服务可用性。

26.2.4 应用大数据的其他新兴趋势

1. 使用 BIM 的大数据

建筑信息模型（BIM）旨在全面革新建筑业，通过额外数据层捕获建筑全生命周期信息，以优化建筑交付流程。尽管 BIM 被理论上视为建筑数据管理的标准，但其在实践中的全面应用尚待开发，特别是在建筑生命周期后期阶段。众多研究致力于扩展 BIM 的应用范围，封装不同类型数据。例如，Goedert 等人将 BIM 用于施工过程文档，蒋等人集成功耗数据，Yeh 等人利用增强现实进行现场信息检索，Wang 等人扩展空间冲突数据。这些扩展表明 BIM 模型内容日益丰富，传统存储处理系统面临挑战。因此，期待未来专业的大数据存储处理平台。

2. 云计算的大数据

云计算是互联网计算模式，允许用户按需访问可配置资源共享池，将数据存储和计算外包给第三方数据中心，无需单独购买许可证。它提供三种服务模式：基础架构即服务（IaaS）、平台即服务（PaaS）和软件即服务（SaaS）。在建筑行业中，云计算被广泛采用，支持在基于 BIM 的应用程序中集成任务。Hong 等人利用云计算构建能源管理系统，达斯等人提出基于云的 BIM 框架集成利益相关者交互，Zhang 等人利用私有云提供 BIM 服务。此外，Klinc 等人提出 SaaS 平台用于结构分析。

3. 物联网（IoT）大数据

互联网自问世以来持续不断发展，从计算机互联网演变为人互联网，并正面临新的范式转变。技术快速发展，设备小型化、功能增强，宽带连接成本降低且普及，引发连接设备激增，催生物联网趋势。物联网旨在将智能设备和对象融入互联网。这种物理与数字世界的融合带来了增长机会，广泛应用于物流、运输、资产跟踪、智能家居、智能建筑、能源、国防和农业。如 Elghamrawy 等人在施工监测中使用 RFID，Meadati 等人集成 RFID 与 3D BIM 文档，Wei 等人提出建筑能源监测框架等。物联网部署需大量传感器，建筑行业为其提供了丰富的用例，大数据成为关键。物联网与大数据互补，前者产生数据，后者在建筑领域实时存储分析数据。

4. 智能建筑的大数据

物联网的核心目标是将智能设备和对象纳入互联网，实现物理与数字世界的融合，这一融合为各行各业带来了新的发展机会。物联网在物流、运输、资产跟踪、智能家居、智能建筑、能源、国防和农业等领域得到了广泛应用。物联网的部署需要用到大量的传感器，而建筑行业为其提供了丰富的应用场景。在这个过程中，大数据扮演了至关重要的角色。物联网与大数据是相互补充的，物联网产生的大量数据需要由大数据技术在建筑领域进行实时的存储和分析。

5. 增强现实大数据

增强现实（AR）是虚拟现实的一个分支，它将计算机生成的虚拟对象叠加到现实世界场景中，创造混合世界，增强人类感知。在建筑领域，AR 可用于改进应用程序的可视化和模拟，如虚拟现场访问、争议解决和计划与竣工比较。为实现 AR 的广泛应用，需关注四大支柱：精确定位虚拟物体、自然用户界面、云计算和移动设备。BIM、移动技术和 AR 的结合正被探索，BIM2MAR 为集成提供指南，强调需要新的几何转换方法和室内定位技术。此外，基于 Web3D 的 AR 环境被开发，以集成 BIM、商业社交网络服务和云服务。AR 与大数据融合是趋势，先进的可视化方法，尤其是 AR 和 VR，是克服建筑大数据复杂性的关键，旨在更好地理解 BIM 大数据中的复杂结构和互联，优化设计。

26.3 建筑行业中的大数据应用相关的潜在陷阱

尽管大数据给这个行业中带来了机遇和好处，但一些具有挑战性的问题仍然令人担忧。本节讨论了其中的一些挑战，并提供了应对这些挑战的建议，以便在建筑业的各个领域成功实施和传播大数据技术。

26.3.1 数据安全、隐私和保护

这些问题中最突出的是数据安全、数据所有权和管理问题。为了克服这些挑战带来的障碍，一些研究提出并实施了安全措施，例如访问控制、入侵防御、拒绝服务（DoS）预防等。这些问题还需要在 BIM 相关施工数据的背景下进行更多研究，并且还需要在基础分析工作流程中采用适当的解决方案。

26.3.2 建筑行业数据集的数据质量

建筑行业以分散的数据管理实践而闻名。尽管 BIM 得到了积极的推广，但使用 BIM 的公司却很少。空值、误导性值、异常值、非标准化值等是行业数据的一些基本特征。由于数据管理实践不佳，生成高价值分析具有挑战性。高质量的数据是大数据项目成功的先决条件。据观察，在开始分析之前，分析项目通常需要大约 80％的时间清理嘈杂的数据集。因此，对于数据质量相关问题，建筑行业的大数据项目也应特别关注。否则，由此产生的见解可能会产生误导，进而导致行业内不愉快和悲观的感觉。

26.3.3 建筑业大数据的成本影响

每种技术都会产生成本，因此在建筑中引入大数据并非免费。公司需要建立数据中心并购买软件许可证，这可能是一项有吸引力的投资。此外，保持整个生态系统运行的熟练 IT 人员是另一个开销。因此，大数据不可避免地会产生巨大的成本影响。建筑业务被认为是低利润率的业务之一，在项目中引入如此昂贵的附加项目更有可能遭到反对，也难以辩护。然而，大数据有可能通过优化流程和降低公司通常因无数效率低下（如延误、诉讼等）而承担的风险来增强整体项目交付。非常乐观的是，只要使用正确的方法来使用大数据，建筑业可以从这项投资中获得巨额收入，就像其他行业所经历的那样。然而，大数据的确切成本影响很难量化，需要对在建设项目中使用大数据技术的成本效益分析进行更多研究。

26.3.4 大数据应用程序的互联网连接

为了实时监控项目现场活动，应支持项目现场（水坝、高速公路等）和集中式大数据存储库之间的即时数据传输。但是，项目网站的带宽通常较低，由于农村欠发达地区缺乏复杂的网络基础设施，需要扩展先进的无线传感器网络，以解决这些类型的大数据应用中的互联网连接问题。否则，对陈旧的离线数据的决策将无助于有效监控。

26.3.5 充分发挥大数据的潜力

大数据的有效性不能仅通过积累大量数据来衡量，更多是用例或工业问题决定这些技术的有用性。人们担心，如果设想的用例含糊不清，建筑业可能无法提取可访问的 BIM 大数据的全部价值。为此，研究人员或领域专家需要强调大数据主题的特定领域问题。这样，大数据作为一种技术就不会成为驱动力，而是行业本身将通过应用当代工具解决其热门问题来引领创新。此外，大数据不是灵丹妙药，它只是奠定了基础。熟练的专业人员和领域专家，拥有复杂的分析工作流程能力，对于获得整体收益同样必要。如果没有他们，应用程序可能会陷入产生太多信息的陷阱。

课 后 习 题

26-1 大数据的三个定义属性是如何在建筑数据中表现的？

26-2 大数据在建筑行业出现的技术有哪些？选一个并具体阐述。

26-3 简述建筑信息模型（BIM）在整个生命周期发挥的作用。

26-4 BIM 大数据在建筑领域哪些方面产生了影响，对应的最新技术有哪些？

26-5 大数据为建筑行业带来了哪些挑战？有什么应对建议？

第 27 章　5G 技术与智能建造

近年来，5G 技术在建筑行业的应用日益增多，许多公司如国际商业机器公司和英特尔公司已推出智能建筑，凸显 5G 的优势。然而，尽管已有小规模研究，但全面探索 5G 在建筑开发中实施的调查尚缺。分析性综述成为土木、建筑等领域研究的关键基础。5G 行业技术导向，需更深入了解建筑行业技术需求，以加速智能建筑创建。5G 发展受智能移动设备和通信技术推动，将带来新商机和工业应用，实现设备无缝协同。智慧城市的核心是物联网，产生大量复杂数据，需 AI、机器学习（ML）和深度强化学习（DRL）等高级技术分析，以提高决策准确性。增加训练数据可增强学习能力。阿拉姆和纽曼的研究显示，先进大数据分析方法在创建智慧城市中的应用显著增加。物联网、区块链、无人机、AI、ML 和 DRL 方法在 5G 时代创建智能城市具有广阔前景。

27.1　5G 技术在建筑业和基础设施中的应用

服务业已从依赖人工的服务 1.0 转向高效的互联网服务 2.0，现主要面向移动、无线和云技术的服务 3.0。未来阶段即服务 4.0，将提供无缝、端到端、预测需求的无摩擦服务，助力企业满足客户需求，保持竞争优势。创新技术将重复性任务自动化，提高生产力，同时以人为本的服务仍受欢迎。

智能家居、智能电网及智能能源使用正扩大影响力，智能建筑在改善城市基础设施、提高居民舒适度方面至关重要。智能管理系统能存储分析海量数据，增强能源管理，使建筑"智能"。物联网和大数据技术结合，因大量数据分析与自动学习而智能。5G 主导的泛在传感器网络是智慧城市基石，满足差异化需求，基于 5G 的智能边缘系统等技术实现协同智能（表 27-1）。

已开发技术在智能家居、建筑、城市、工业和基础设施中的应用　　　表 27-1

国家	建筑类型	主要用例	相关建筑系统
意大利	商务楼	物联网	面向最终用户的建筑维护应用
中国	医院	物联网	医院部门路线方向的乘员定位
新加坡	住宅楼	物联网	用于住宅建筑的智能电网（能源控制）系统
马来西亚	医院	AI	将 AI 用于药物发现应用
美国	医院	机器学习	Health Guard 平台，用于持续监控和比较连接设备的操作和身体状况
瑞典	智能工业	AI	预测性维护，大数据管理
芬兰	智能工厂	AI	该模型允许在多个网络域的业务参与者之间分配网络功能

27.2　智能建筑系统和5G通信技术

27.2.1　智能建筑的概念

智能建筑需要传统行业因素与新技术的结合。在智能建筑中，建筑施工过程中使用了最先进的通信和控制技术，以确保其舒适、方便、节能和环保，适合在内部工作或居住的人。我国研究人员将智能建筑定义为集成了先进的通信和技术系统（如自动监控设备），以最有效的方式组织信息资源并至少获得合理投资回报的建筑。这些建筑环保、舒适、高效和节能。在智能建筑领域已经看到了以下概述的发展模式。

（1）控制网络变得更加开放和标准化。鉴于工业以太网系统非常开放，它们已被用于各种领域。未来，现场总线技术可能与以太网技术非常相似。

（2）未来，更多无线通信技术的集成将在智能建筑中普及。无线局域网技术近年来发展迅速，因此，无线通信技术在智能建筑中的集成将在未来变得更加广泛。

（3）在宽带网络方面，视频传输技术将越来越多地应用于智能建筑。

（4）智能建筑中使用了几种不同的网络。为确保网络结构最优、功能不重复、投资成本低、资源集中、信息共享高效，系统集成和信息融合技术将成为研究的主要重点。

鉴于上述发展趋势，智能建筑的主要特征将是集成系统广度、智能深度、规模、环境保护能力和可持续性。

27.2.2　智能建筑的特点

智能建筑需要各种各样的设备、系统、执行器和传感器，所有这些设备、系统、执行器和传感器都必须相互连接并有效地协同工作。智能建筑的一个关键方面是可以在建筑物中安装可以远程控制的通信网络。例如，传感器将验证所有窗户是否在空调打开之前自动关闭。该传感器可能由温度变化触发。换句话说，传感器将触发空调以及之后空调和窗户之间的信息共享。在技术互操作性方面，用于控制空调和窗户的系统很可能由不同的制造商生产。因此，实施集成过程以确保可以自动控制和管理建筑物至关重要。

27.2.3　5G应用

1. 人工智能

调查显示，智能建筑管理中的人工智能将成为未来几年的必需品，提供5G技术，增强建筑适应性。智能建筑产生大量数据，需通过人工智能分析以获取价值。机器学习和深度学习技术有助于预测性和预防性决策。目前，智能楼宇管理系统能自动锁定和重新打开入口门。引入人工智能后，系统能在非工作时间自动开门应对紧急情况，并通过运动传感器通知紧急服务。智能建筑系统能预设温度控制，通过人工智能增强后，能实时监控天气预报和传感器信息，调整空调。虽然人工智能初期费用高，但随着系统连接增加，将产生更大成本节约和有利产出。

2. 机器学习

移动计算、通信技术和无线传感器的发展使城市现代化。智能传感器和数字设备已安装于道路、车辆和建筑中，促进机器对机器通信，形成物联网，增强城市容量。智能环境涵盖智能建筑、精准农业等领域。机器学习（ML）使计算机根据数据反应，解决无法专门编程的问题。机器学习在建筑行业尤为重要，如预测居民行为和能源需求，需从数据中学习解决方案。机器学习在智能建筑等领域的应用成为多学科研究重点。

3. 机器人

当代房地产开发中，新材料、方法和策略优化效率与成本，智能建筑融合远程控制和访问技术，可多组运营。建造时考虑未来，能远程控制和互连。物联网概念普及，如智能LED灯泡、扬声器等产品，连接家庭互联网，简化导航，成为家庭人工智能支柱。建筑施工中机器人技术改变传统方法，或带来许多新机会，改变建筑设计和建造方式。

4. 视频和图像分析

随着监控高清摄像机的普及和智能视频分析技术的成熟和完善，越来越多的行业对智能视频分析的要求越来越高。应用场景比以往任何时候都更广泛、更详细。针对智能视频分析在监控中的一些常用功能，我们从智能建筑方面提出了智能分析的一些场景的应用。视频分析涉及图像处理、跟踪技术、模式识别、人工智能、数字信号处理（DSP）等诸多领域。主要智能分析产品集中在前端和后端类别。前端智能是将一些视频分析算法移植到摄像头中，在摄像头内实现实时视频分析和巡检。

5. 预测性维护

从根本上说，智能建筑提供了对其环境和运营的更高级别的控制。在设施管理方面，维护从加强控制中受益匪浅。在维护策略中实现最佳平衡是一项复杂的任务。例如，虽然仓促更换仍然可行的部件会被视为财务和时间浪费，但在零件损坏之前不更换零件可能会导致建筑物内的关键操作或流程延迟或不适。因此，智能建筑内的预测性维护提供了对维护过程的增强控制，从而促进平衡，减少浪费和昂贵的延误或中断。一种可用于显著降低公共、工业和商业区域运营成本的高效维护技术是预测性的。这个过程错综复杂，主要由数据驱动，并试图预测公司资产的未来状态。它要求使用机器对所有组件进行状态监控，并将收集的数据与其他信息管理系统完全集成。在数字化和大数据科学时代，智能监控和预测性维护系统的未来看起来非常有前途。

6. 流量分析

城市化带来诸多挑战，如交通管理问题，导致道路延误和安全隐患。交通管理不善多由动态数据解释不足引起。边缘云数据分析服务可为城市化问题提供实时智能解决方案。通过预测交通流入，调整交通相位时间，消除十字路口拥堵。智能导航分配交通至替代路线，提高道路安全。基线分类器结合J48（一种决策树算法）决策树预测流量。边缘计算增强车辆导航系统，实现实时最佳流量负载平衡，提高道路安全性。研究表明，智能导航系统能改善交通负载平衡和道路安全。

7. 数字孪生

智能房地产解决方案架构融合智能原则，通过物联网传感器收集实时数据，输入数字孪生模型，预测建筑性能。Willow等软件执行数据集成、管理和分析。数字建筑利用动态地理空间智能，生成住宅区交通和活动模式模型，辅助设计决策。人工智能应用程序支持设计脚本，实现设计突破。数据可与其他建筑集成，改进后续设计，满足客户需求，最大化空间。传感器集成与分析将优化建筑运营，超越数字孪生技术当前功能。

8. 安全和安保

智能建筑的功能涉及许多不同的系统，因此还必须实施有效的安全和安保措施。智能建筑供应商强调了安装有效的消防安全、家庭入侵和门禁系统的重要性，并将其定义为智能建筑最重要的特征。安全解决方案必须随着智能技术的发展而发展，确保建筑系统的安全并为居民提供最佳体验。最有效的安全系统与其他建筑系统协同工作，产生远远超过单个部件价值的综合价值。通过将重要的安全系统与其他建筑系统集成，可以降低风险，最大限度地提高建筑生产力和效率。必须协调不同的业务系统以创建节能建筑。尽管如此，这可能是一项具有挑战性的任务。整合全设施系统有几个好处，包括优化系统、软件和网络基础设施，降低与技术相关的成本，吸引和留住工人、租户，加强通信，提高生产力，以及开发具有足够灵活性的强大基础设施，以适应未来技术发展和不断变化的通信需求。

27.3　5G 技术对智能建造的意义

（1）先进技术的发展及其融入日常生活的各种元素，为提高建筑社区和城市的服务绩效创造了机会。

（2）简要研究了在智慧城市中使用的 AI、机器学习和 DRL 技术以及使用 5G 技术进行高度改进等示例。

（3）随着一系列技术的引入，中国支持智慧城市 5G 技术。满足公众对建筑物内舒适度、能源效率、环保和智能等方面的要求正成为当务之急。此外，在未来，智能建筑在大型建筑的背景下将变得更加重要。

（4）中国应将 5G 通信技术应用于智能建筑，以实现最具成本效益的系统。从本质上讲，目标是以尽可能低的投资实现最大的性能。

（5）低层机构建筑和学校有可能首先实现零能耗或正能量目标。

（6）中国承诺到 2030 年实现碳达峰，在减少碳足迹以缓解气候变化方面发挥着重要作用。

课 后 习 题

27-1　5G 技术在建筑业和基础设施中有哪些应用？

27-2　简述 5G 通信技术给智能建筑带来的好处。

27-3　讨论 5G 通信技术在智能建筑领域的未来发展模式。基于这些发展模式，智能建筑的主要特征有哪些？

27-4　讨论智能建筑中可以支持物联网的服务以及使用它们的好处。

27-5　简述 5G 技术对智能建造的意义。

第 28 章　区块链技术与智能建造

建筑、工程、施工及运营行业常被视作低效且分散，而区块链技术或为行业转型带来新契机。区块链作为分布式系统，能在无需信任第三方的情况下处理交易，其不可篡改性确保了交易的可信度与可追溯性。通过智能合约，区块链能降低管理成本、提升效率并减小风险。因此，区块链在该行业潜力巨大。区块链已引起包括建筑、工程、施工及运营在内的多行业关注，能显著提升业务流程效率、透明度及责任感，贯穿项目全生命周期。它能提供安全透明的设计协作平台，促进信息交流；解决预制供应链中的信息共享、追溯性及透明度问题；助力建筑质量管理，推动分包商自动支付系统实施。然而，尽管学者对此有所研究，但行业发展仍显分散。

28.1　区块链技术在建筑行业的现状

28.1.1　什么是区块链

从科技层面来看，区块链涉及数学、密码学、互联网和计算机编程等很多科学技术问题，从应用视角来看，区块链作为一种分布式账本技术，是一个共享数据库。与传统的中心化数据库相比，区块链具有去中心化、时序数据、集体维护、可编程和安全可信等特点，奠定了坚实的"信任"基础，特别适合构建可编程的货币系统、金融系统乃至宏观社会系统，根据开放程度将区块链分为公有链、联盟链、私有链。区块链层次化技术结构如图 28-1 所示。

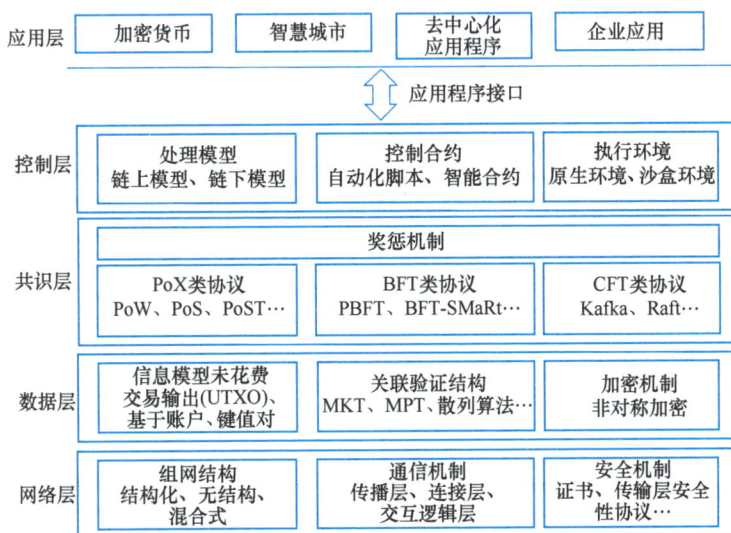

图 28-1　区块链层次化技术结构

28.1.2 区块链的发展历史

自比特币问世以来，比特币的底层技术——区块链技术也在不断地发展，目前区块链的发展可分为 3 个阶段。

1. 区块链 1.0

区块链 1.0 阶段也可以被称为可编程货币阶段，区块链使互不信任的人在没有权威机构介入的情况下，可以直接使用比特币进行支付。比特币以及随后出现的莱特币、狗狗币、以太币等电子货币的出现，使得数字货币价值得以在互联网上流通，而去中心化、跨国支付、随时交易等特点使数字货币对传统金融造成了强烈的冲击。

2. 区块链 2.0

区块链 2.0 阶段可以被称为可编程金融阶段。受比特币交易的启发，人们开始尝试将区块链应用到包括股票、清算、私募股权等其他金融领域。2015 年，花旗银行、德意志银行、汇丰银行等多家金融机构和监管成员依托 R3 公司发布的区块链平台 Corda 组成了 R3 区块链联盟。2015 年 10 月，纳斯达克在 Money20/20 大会上宣布上线用于私有股权交易的区块链平台——Linq，避免了人工清算可能带来的错误，同时大大减小了人力成本。2015 年 10 月，Ripple 公司提出跨链协议——Interledger，该协议旨在打造全球统一的支付标准，简化跨境支付流程。数字人民币（e-CNY）是中国人民银行用区块链技术发行的数字货币。区块链技术的应用使金融行业有希望摆脱人工清算、复杂流程、标准不统一等带来的低效和高成本，使传统金融行业发生颠覆性改变。

3. 区块链 3.0

区块链 3.0 为可编程社会阶段，正被应用于匿名投票、供应链、物联网等多个领域，将对未来互联网和社会产生巨大影响。技术发展需要时间，区块链目前处于初级阶段，虽前景广阔，但技术成熟度与商业落地模式尚待完善。当前行业重点在于概念验证与市场教育。区块链技术成熟将依赖于政府监管、法律及行业标准的出台。

28.1.3 区块链在建筑工程行业应用现状

目前，英国、中国、澳大利亚和美国是研究区块链的领先国家，"智能合约""BIM"是最常见的关键词，说明 BIM 与区块链的整合是建筑工程行业关注的焦点。此外，施工合同管理、施工供应链管理、施工自动化、信息管理、项目参与方管理和信息技术集成也是区块链行业的研究热点。

1. 区块链在项目生命周期内不同阶段应用研究

区块链研究中最活跃的阶段是工程阶段和施工阶段，主要观点如下。

（1）区块链支持的智能合同是解决建设项目中期支付问题的有效方法，尤其是工程和建设阶段支付安全性。（2）区块链的应用有助于加强建设工程质量可追溯性。（3）BIM、物联网和区块链在建筑工程行业的集成，可以在整个项目生命周期中管理和存储虚拟与真实的对象和数据。（4）区块链在建筑行业信息流管理中有较大潜力，在设计、投标、施工和维护阶段起着至关重要的作用。

2. 合同管理

合同管理是区块链研究中的一个关键场景，主要观点如下。

（1）在概念性的论证上，区块链和智能合同在建筑行业存在很多潜在应用，智能合同可以简化建筑合同流程。此外，智能合同的好处是减少文书工作、即时支付、担保支付、降低交易成本，以及增加合作伙伴之间的信任。（2）在智能合同安全支付方面，建筑业的业务失败往往会导致项目付款被扣留或拒绝，通过区块链技术和智能合约，可以缓解这个问题，使建设项目的合同管理和支付更加简单、透明和自动。还可以集成实用的先进技术（如智能传感器、数据库、BIM、区块链和智能合同），以解决分包商的支付安全问题。（3）基于分布式区块链的框架，可以自动执行与临时支付相关的条款和条件，并透明、安全地在项目级共享支付记录。智能合同支付安全系统，通过运行在分布式区块链上的自动计算机协议来消除或减少建筑行业的支付问题。

3. 供应链管理

区块链与建设供应链的结合是比较活跃的领域，主要观点如下。

（1）区块链可应用于从设计到材料采购阶段，合并和建设供应链管理的所有阶段。（2）构建基于 BIM 的区块链和智能合同系统，可以从设计阶段到运营阶段验证模型中的每一种材料和组件配置，从而促进建筑材料的实时跟踪，从数据源提供历史记录。（3）区块链的使用可以扩大客户在建设供应链中的价值，提高流程的透明度，加强服务网络。（4）基于区块链的预制供应链信息管理框架，在预制供应链中实现自动化的信息共享、可追溯性和透明度。（5）基于区块链的分层架构与物联网技术深度融合，构建建筑环境中预制建筑质量全生命周期可信追溯系统，通过智能合约、动态数据管理及跨链互操作设计，实现高效质量管控与标准化实施指导。（6）可以为供应链管理中的数据跟踪、合同签订和资源转移提供解决方案。

4. 信息管理

在信息管理上，区块链在建设项目信息管理过程中发挥了关键作用，特别是建设质量信息，主要观点如下。

（1）区块链可以在建筑生命周期的所有阶段提供可靠的信息管理基础设施。（2）在施工阶段，区块链可以提高施工日志的可靠性和可信度，提高完成任务的数量，做好材料记录。（3）在设施维护阶段，区块链的主要潜力在于隐私敏感传感器数据的安全存储。（4）区块链在信息流管理中有一定的潜力，区块链技术可以与施工合同相结合，以支持不同阶段的执行，以及对信息共享、服务可追溯性和涉众协作的支持。（5）集成 BIM、区块链、物联网和智能合同的框架，创建一个生态系统，鼓励数字化和改进可追溯性，以增强信息管理。（6）建设项目中的质量信息管理。

5. 项目参与方管理

区块链对项目参与方之间协作有一定的影响，主要观点如下。

（1）区块链可以使项目参与方加强协作和透明地运作，提高合作效率，并使项目交付更加确定。（2）项目参与方更关注区块链和智能合同在建设领域的应用。区块链智能合同采用模型，能够分析项目参与方在建筑行业中用基于区块链的智能合同的需求，财务成本、便利条件、信任和准备程度以及其他因素会影响感知的有用性和感知的易用性。（3）效率、信任、公平、安全、透明度、问责制、合规和标准化是建筑供应链中关于区块链和基于智能合同的解决方案的主要利益相关者关注的问题。（4）目前很多项目参与方都认可区块链和智能合同在建筑行业中的潜力，对自动化的全面实现持怀疑态度。

28.2 BIM 和区块链整合应用的案例

28.2.1 基于区块链的 BIM 图纸多人协同创作系统

如图 28-2 所示，基于区块链的 BIM 图纸多人协同创作系统采用链上链下协同的存储方式，使用区块链和数据库分别存储 BIM 图纸创作过程中每次创作后的 BIM 图纸信息以及完整 BIM 图纸，利用区块链去中心化、可追溯和防篡改的特性保证 BIM 图纸的版本清晰，并为以后的版权划分提供依据，而且提升了 BIM 图纸信息数据的安全性。

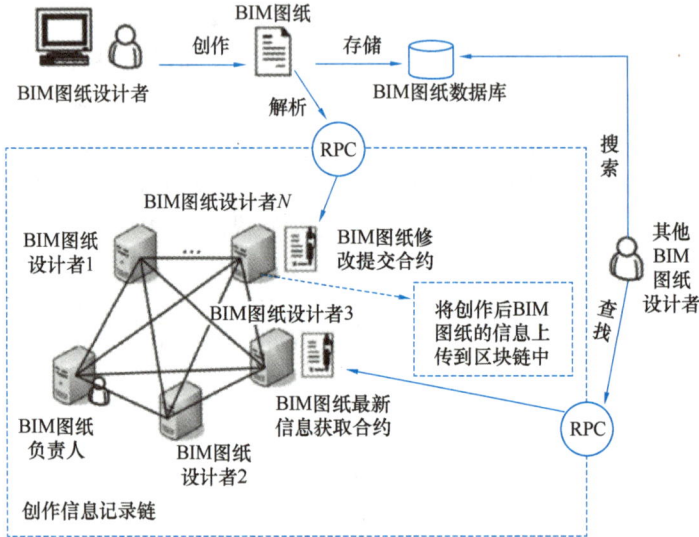

图 28-2　基于区块链的 BIM 图纸多人协同创作系统

28.2.2 面向水利工程的 BIM＋区块链的应用模式与实现

BIM 技术和区块链技术的技术融合框架，设计出的基于 BIM 技术及区块链技术的水利工程管理系统，通过信息化的技术手段确保工程的建设质量及安全溯源。如图 28-3 所示。

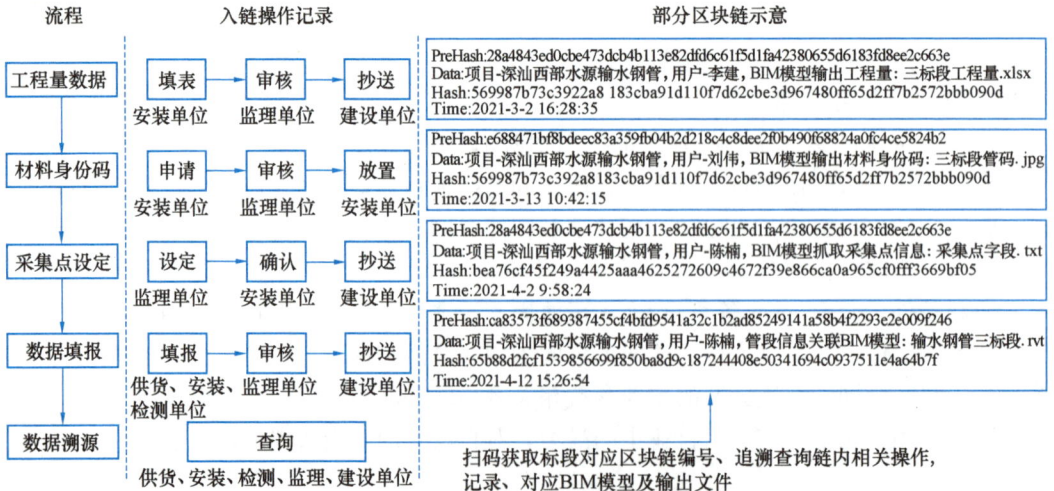

图 28-3　输水钢管 BIM 与区块链数据关联示意图

其中 BIM 为水利工程管理的基础，为系统提供信息依据；区块链则是工程数据溯源的保证，记录水利工程建设过程中的所有数据及操作记录。

28.2.3 基于区块链的 BIM 信息管理平台生态圈构建

基于区块链技术构建多信息主体参与的 BIM 信息管理平台生态圈，可解决 BIM 在建筑业推行中的瓶颈问题，促进建筑业的转型升级（图 28-4、图 28-5）。

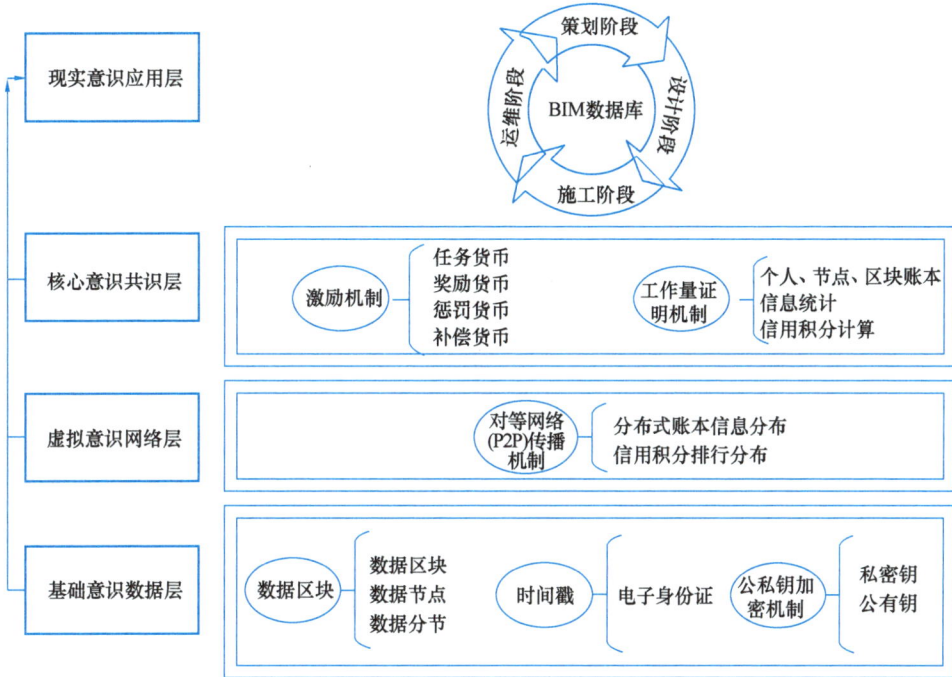

图 28-4　基于区块链的 BIM 信息管理平台架构

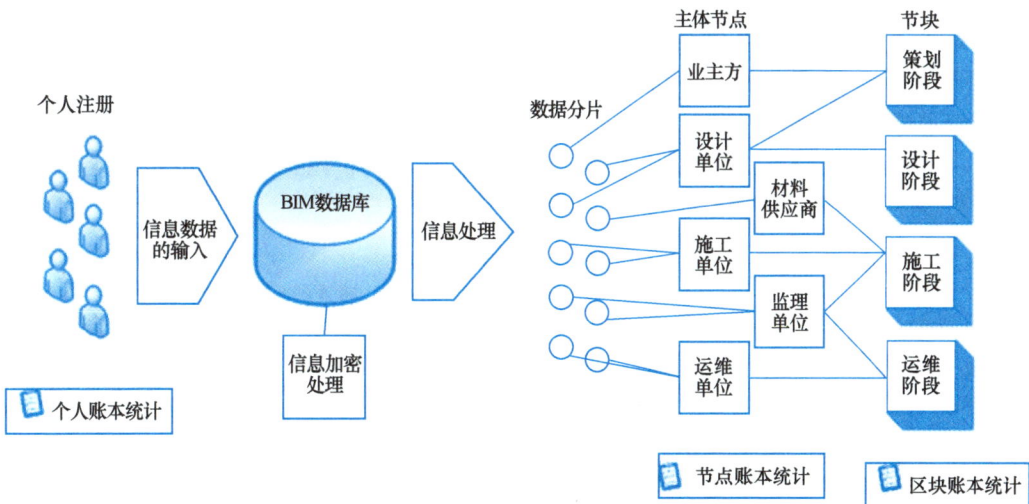

图 28-5　项目信息数据区块的创建过程

28.3 区块链技术在建筑行业研究的未来方向

28.3.1 区块链和智能合约的应用

目前，区块链在建筑、工程、施工、运营行业的战略应用研究不足。尽管有研究指出建筑、工程、施工行业应用区块链的挑战，但该主题需进一步实证研究，并扩展到对项目生命周期影响最大的运营阶段。障碍与推动因素间的联系仍不明确，未来研究需调查相关管理方法和技术要求。此外，应从利益相关者管理角度探索区块链应用，促进各方积极参与和合作网络建设。所有关键利益相关者需接受区块链带来的新工作流程和实践。引入新治理模型后，短期内采用区块链应用可能更具挑战性。因此，未来需深入实证分析，检查区块链采用所需的管理行动，特别是识别项目交付过程中的影响、调节因素，以及组织间协作层面的问题。

28.3.2 业务流程管理

区块链在管理采购流程中可增强协作与透明度，简化供应链，但构建可持续采购框架的方法尚待探索。未来研究应聚焦于区块链如何实现数字信任、供需管理、客户订单保密及组织间数据交换。当前研究多为概念层面，缺乏实证案例验证区块链在采购及供应链绩效上的效果。信息管理方面，区块链研究多集中于信息共享与施工质量管理，全面集成于项目全生命周期的研究不足。为实现建筑、工程、施工、运营行业的全链接，应探索区块链在项目各阶段信息管理的整合及其对流程的影响，特别是在 ISO 19650 框架下。利益相关者管理上，以往研究未充分考虑区块链平台中利益相关者的动态关系网络。因此，需探索利益相关者的动态关系网络，以促进未来数字化工作环境中的有效合作。

28.3.3 区块链和其他技术的整合

区块链与 BIM、物联网等技术集成，可能为建筑、工程、施工、运营行业带来新功能。然而，目前相关研究多处于理论或概念验证阶段，需更多案例研究来验证集成技术的可靠性。除 BIM 和物联网外，增强现实、虚拟现实、云计算、大数据、数字孪生等新兴技术也有潜力与区块链集成。在集成过程中，区块链平台选择至关重要。以太坊和 Hyperledger 虽为主流，但其他平台可能提供不同功能，需考虑互操作性和技术要求。同时，隐私和安全挑战也不容忽视，需确保技术集成时的安全性和隐私性。未来，随着技术不断发展，区块链与其他技术的集成将为建筑、工程、施工、运营行业带来更多创新机遇，但也需面对更多挑战，需持续研究和完善。

课 后 习 题

28-1 简述什么是区块链。它可以应用于建筑工程哪些方面？

28-2 概述区块链在建造中的优势。

28-3 区块链广泛应用于项目生命周期的哪几个阶段？

28-4 合同管理是区块链研究中的一个关键场景，请简述智能合同的好处。

28-5 区块链可以如何与建设供应链管理结合？

28-6 简述区块链在建设项目信息管理过程中的作用。

第 29 章　人工智能技术与智能建造

建筑业面临众多增长阻碍，生产力低下，是世界上数字化程度最低的行业之一。行业抵制变革的文化悠久，缺乏数字化且过度依赖手动操作，导致项目管理复杂且乏味。此外，建筑业数字专业知识和技术应用不足，与成本效率低下、项目延误、质量差、决策失误以及生产力、健康和安全表现不佳等问题密切相关。在当前劳动力短缺和可持续基础设施需求增加的背景下，建筑业必须迅速接受数字化并提升技术能力。本章主要围绕以下三个问题讨论：（1）人工智能在建筑行业的应用领域；（2）人工智能在建筑业应用的未来机会；（3）建筑业采用人工智能的挑战。

29.1　人工智能及其子领域概述

开发智能机器的想法源于哲学、小说、想象力、计算机科学和工程发明。艾伦·图灵的智能测试是人工智能领域转折点，超越了传统神学立场和数学结论。如今，智能机器凭借大数据和计算机处理能力快速发展，在多个领域超越人类。图 29-1 概述了 AI 的类型、组件和子字段。

有三种类型的人工智能，即狭义人工智能（ANI）、通用人工智能（AGI）和人工超级智能（ASI）。ANI，也被称为弱人工智能，它是一种人工智能形式，其中机器在特定领域表现出智能，例如下棋、销售预测、电影建议、语言翻译和天气预报。AGI，也被称为强 AI，关注的是使机器与人类处于同一水平。根据卡西奥·潘纳钦（Cassio Pennachin）的说法，它指的是制造可以解决不同领域的一系列复杂问题的机器，自主控制自己，有自己的想法、担忧、感觉、优势、劣势和性格。这仍然是人工智能的一个主要目标，但事实证明它很难实现且难以捉摸。人工超级智能（ASI）关注的是构建在多个领域超越人类能力的机器。

如图 29-1 所示，AI 的主要组成部分是：学习、知识表达与推理、感知、规划、行动、通信。一些研究还将其中一些组件归类为与人类感官相比可以由人工智能执行的任务。要了解人工智能在建筑行业的现状，有必要确定人工智能的主要子领域。总的来说，人工智能在工业领域的应用进步催生了人工智能的各种知名子领域，包括机器学习、计算机视觉、自然语言处理、基于知识的系统、优化、机器人技术、自动计划和调度。下面介绍每个子领域的内涵。

29.1.1　机器学习

机器学习涉及计算机程序的设计和使用，从经验或过去的数据中学习，以便使用统计技术进行建模、控制或预测，而无需明确编程。机器学习方法包括：（1）监督机器学习，这涉及研究机器如何根据它们从标记数据集（即输入和期望的输出配对）中学到的内容做出决策，它分为分类和回归。（2）无监督机器学习，这涉及使机器学习在未标记数据集中

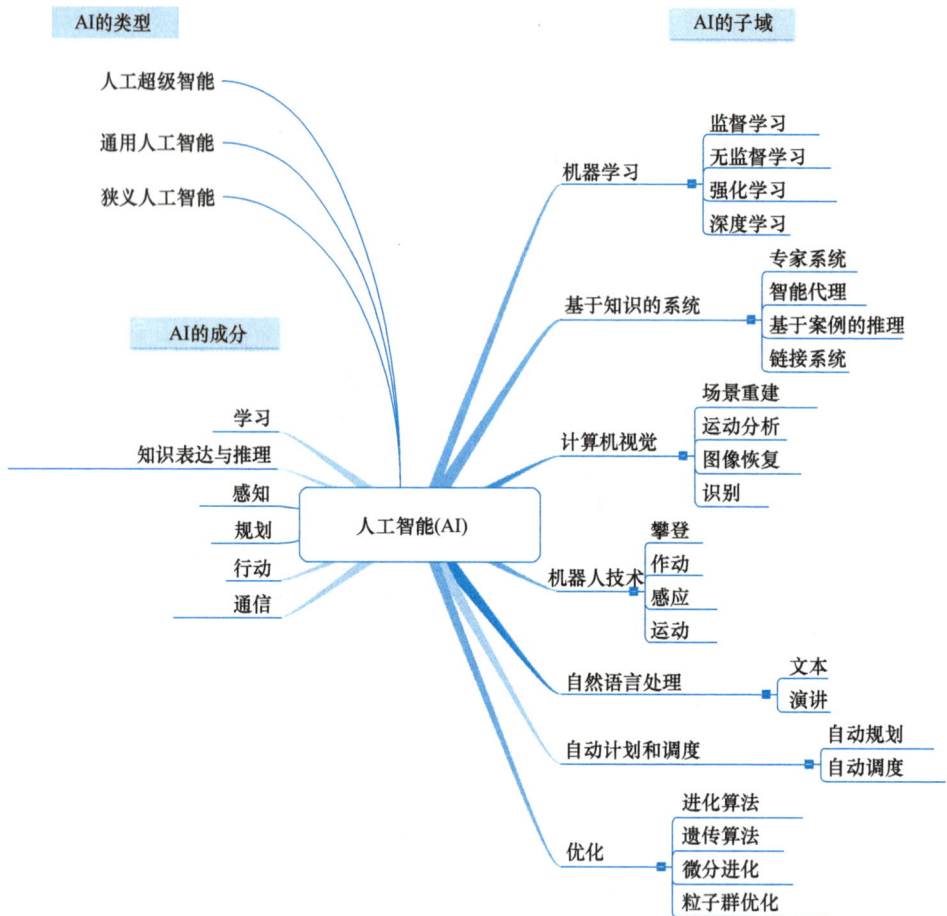

AI的类型
- 人工超级智能
- 通用人工智能
- 狭义人工智能

AI的成分
- 学习
- 知识表达与推理
- 感知
- 规划
- 行动
- 通信

人工智能(AI)

AI的子域
- 机器学习
  - 监督学习
  - 无监督学习
  - 强化学习
  - 深度学习
- 基于知识的系统
  - 专家系统
  - 智能代理
  - 基于案例的推理
  - 链接系统
- 计算机视觉
  - 场景重建
  - 运动分析
  - 图像恢复
  - 识别
- 机器人技术
  - 攀登
  - 作动
  - 感应
  - 运动
- 自然语言处理
  - 文本
  - 演讲
- 自动计划和调度
  - 自动规划
  - 自动调度
- 优化
  - 进化算法
  - 遗传算法
  - 微分进化
  - 粒子群优化

图 29-1　AI 的类型、组件和子领域

的基本结构，它分为聚类和降维技术。（3）强化学习（RL），这被定义为"学习从情况到行动的映射，以便最大化标量奖励或强化信号"，它是一种计算方法，涉及从与环境交互的结果中学习。（4）深度学习，这是当前机器学习的技术，已被证明比传统的机器学习技术提供更准确的预测。

29.1.2　计算机视觉和机器人

计算机视觉是一个多学科领域，涉及人类视觉系统的人工模拟。为了实现使机器模仿人类智能的最终目标，计算机视觉寻求通过适当的设备捕获图像来实现对数字和多维图像的高度理解，使用最先进的算法处理它们，并分析图像以促进决策。机器人是在现实世界中进行物理活动的高度自动化设备。机器人是一项跨学科的工程活动，涉及机器人的设计、制造、操作和维护以及其他模仿人类物理行为的计算机动作。机器人用于高度专业化的任务，采取最适合其使用的形状，不一定是人形形状，它们使用传感器和执行器与环境相互作用。机器人中的大多数学习问题是强化机器学习问题。

29.1.3　规划和调度

规划是人工智能的一个子领域，涉及通过根据预期结果仔细选择和排序行动，使智能系统能够实现预期目标或目的。调度涉及根据总可用资源选择计划以及分配实现预期目标所需的时间和资源。正在采用规划和调度技术为复杂的应用程序提供解决方案，以更好地满足问题约束和用户需求。由于复杂性、成本和耗时，规划用于其收益大于成本的情况。用于规划和调度的常见启发式算法包括搜索技术、优化技术和遗传算法。

29.1.4 基于知识的系统

基于知识的系统（KBS）是人工智能分支，涉及基于现有知识的机器决策，由知识库、推理引擎和用户界面组成。知识库存储领域专家知识、案例或经验，提高访问和交互生产力效率。KBS推论得出启发式、灵活透明的结论，必要时提供逻辑。KBS分为四种：（1）专家系统，模仿人类决策解决特定问题；（2）基于案例的推理（CBR）系统，用旧案例解释新情况，需专业知识案例；（3）智能辅导系统，用AI技术辅助教学内容、对象和方式；（4）智能用户界面和链接系统的数据库管理系统，由AI驱动，超文本处理系统允许轻松遍历信息网络，便于作者链接段落和参考文献。KBS通过这些系统在不同领域提高决策效率和准确性。

29.1.5 自然语言处理和优化

自然语言处理（NLP）是人工智能子领域，旨在创建模仿人类语言能力的计算模型，已应用于机器翻译、文本处理、摘要、用户界面、多语言和跨语言信息检索、语音识别和专家系统等领域。NLP任务包括词性标记、分块、命名实体识别和语义角色标记。优化是在给定约束下做出最佳决策或选择的过程，旨在找到给定问题的最佳解决方案。随着20世纪50年代人工智能诞生，进化算法（EA）作为新型元启发式算法家族出现。近期进化算化家族的算法包括进化策略（ES）、进化规划（EP）、遗传算法（GA）、差分进化（DE）和粒子群优化（PSO）。

29.2 人工智能在建筑行业的最新应用和未来机遇

表29-1列出了人工智能在建筑行业中的已确定应用领域、最新技术以及增加采用人工智能的未来潜在机会。表29-1，确定了十四个子领域，这些子领域具有相关的最新应用和建筑特定问题的潜在机会。在价值驱动的服务下，描述了子领域，如估算和调度、施工现场分析、创造就业机会、人工智能和BIM与其他工业4.0工具（如物联网）的集成等。

人工智能在建筑行业的最新和潜在机会　　　　　　　　　　　　　　表29-1

建筑业子领域	最先进的技术	潜在机会
资源和废物优化	用于废物管理和收集的数据分析；基于BIM的建筑废物量化三维模型	人工智能驱动的整体废物分析工具
价值驱动型服务		
估算和调度	用于成本和时间估算的BIM	用于成本和时间估算的深度学习
施工现场分析	建筑工地项目控制；施工性能分析；工地布局规划	基于BIM的人工智能驱动的施工现场分析；用于网站信息的人工智能聊天机器人

建筑业子领域	最先进的技术	潜在机会
创造就业机会	BIM 工作和能力；绿色工作；机器人自动化对工作的影响	施工自动化工具开发人员；系统培训师；系统测试仪
价值驱动型服务、使用工业 4.0 工具的人工智能和 BIM		
人工智能与物联网	智能建筑能源监测；用于预制建筑的物联网 BIM 平台；用于建筑工地安全警告的物联网	人工智能驱动的物联网平台；面向物联网的人工智能 BIM
人工智能与智慧城市（SC）	智能家居能耗管理；使用传感器的智慧城市发展和城市规划；智能建筑基础设施的元数据模式；使用 BIM 和 CIS 的城市能源管理	人工智能驱动的建筑环境分析；可互操作的楼宇管理系统（BMS）
增强现实的人工智能	使用 BIM、AR 和基于本体的数据收集进行缺陷管理；基于移动的虚拟现实和增强现实用于健康和安全教育；AR 在建筑中的应用领域	人工智能视觉探索系统；基于人工智能和 AR 的虚拟站点探索计划与按计划建造的人工智能
人工智能和区块链	RFID 与区块链相结合用于材料物流；集成物联网、区块链和 BIM 以管理建筑生命周期数据；复合材料行业中区块链驱动的制造供应链	人工智能和区块链
人工智能和量子计算（QC）	量子计算	人工智能解决方案的 QC 优化；质量控制和人工智能驱动的 BIM 数据
供应链管理	风险监控系统移动供应链；用于改善供应链沟通的流程规范语言	建筑供应链管理；供应链的人工智能聊天机器人
健康与安全分析	坠落危险识别和预防；施工安全和监控的可穿戴技术；传感器技术与 BIM 集成以提高安全性	用于预测健康和安全分析的深度学习；用于监控、可视化、通知和行动的整体健康和安全管理工具
施工合同管理	使用价值包装系统进行施工合同管理；用于建筑工程数据库管理的区块链技术和加密货币	人工智能驱动的施工合同分析；区块链驱动的整体建筑管理
语音用户界面	语音辅助输入；建筑量估算系统；集成语音识别和手势控制进行增强现实交互以增强设计实践	人工智能驱动的语音用户界面，用于设计现场和非现场施工活动
建筑财务审计系统	用于建筑造价管理的 5D BIM 解决方案；基于区块链的 BIM 修改审计大数据模型	人工智能驱动的建筑财务审计系统

29.3　人工智能在建筑行业应用的挑战

29.3.1　文化问题和可解释的人工智能

因施工风险高、成本大，小错误影响大，建筑业数字化程度低，应用新技术缓慢。传统方法因可靠性受青睐，创新技术虽潜力大但应用慢。建筑工地独特多变，需快速学习和适应的人工智能，且需在不同项目或现场使用并全面测试，以获得建筑商信任，可能需结合区块链技术提高透明度和信任度。此外，多数机器学习系统采用黑盒方法，不解释决策原因，难以建立信任。建筑从业人员需了解系统决策过程，使用可解释的人工智能（XAI）生成可解释模型，使人类能理解、信任和管理系统。XAI的流行方法包括局部可解释模型不可知解释（LIME）和逐层相关性传播（LRP）。总体而言，建筑行业在采用创新技术方面面临挑战。

29.3.2　安全

人工智能虽能提升安全性并检测入侵，但也成为黑客攻击、网络犯罪和隐私泄漏的主要目标，对经济财政影响巨大。施工小错误会导致质量、成本和时间问题，影响整个项目计划，且可能危害建筑工人安全，引发致命事故。例如，计算机视觉系统可能被欺骗，误标高空作业工人。使用人工智能控制流程或增强工人活动需确保安全无误，采取缓解策略，如对抗性机器学习，该技术针对对抗对手，源于安全防御需求，是被设计来抵御高级攻击的算法。此领域需进一步研究，特别是计算机视觉和机器人在建筑研究中的应用。总之，人工智能在建筑领域的应用需谨慎，确保安全。

29.3.3　人才短缺和初始成本高

目前，全球缺乏具备必要技能的人工智能工程师，以引领各行各业的快速发展。让具有建筑行业经验的人工智能工程师构建旨在解决行业中许多问题的定制解决方案是相当困难的。这可以通过政府在科学、技术、工程、数学教育上投入更多资源来缓解。此外，还需要建筑专家与人工智能领域的研究人员和行业专家合作，融合想法并诞生真正满足建筑行业需求的创新。人工智能驱动解决方案在建筑行业的好处是无可争辩的。然而，投资此类人工智能解决方案（例如机器人）所需的初始成本通常非常高。还需要考虑此类解决方案的维护要求。对于构成建筑行业大部分的包商和小公司来说，这可能是负担不起的。因此，对于企业来说，确定这些技术的成本节约和投资回报率以确定是否投资非常重要。此外，随着这些技术在建筑业中越来越被接受和普及，预计价格将会下降，使小公司能够负担得起。

29.4　Chat GPT 在建设工程施工领域的应用与展望

本节以 Chat GPT（Chat Generative Pre-trained Transformer）作为大模型代表讨论生成式预训练模型在建设工程施工领域的应用与展望。大模型，通常指的是拥有巨大参数量的机器学习模型。这些模型基于预训练方式，通过自然语言处理理解和学习人类语言，以人机对话方式，完成信息检索、机器翻译、文本摘要、代码编写等内容生成任务，Open AI 的 GPT 系列模型是生成式预训练模型的典范。Chat GPT 是 Open AI 推出的基于 Transformer 神经网络架构的 GPT-3.5 模型（2022 年），具有语言理解和文本生成能力，通过连接大量真实对话语料库训练，能与人类进行几乎无异的聊天交流，并能撰写邮件、视频脚本、文案、翻译、代码等。Chat GPT 对建筑行业影响深远，可提供建筑设计、工程管理、安全措施、维护保养等方面的智能化解决方案，并支持智慧建筑运营和维护、安全管理。对于设计人员，Chat GPT 并非新事物，AutoCAD、Rhino、Adobe CS、Maya、Revit 等设计软件已应用多年，成为设计人员的必备工具。但这些软件仅具备辅助功能，未完全实现人工智能。人工智能的图像生成工具在语言理解和图像创建方面取得突破，结合两者可通过理解语言来创建图像，速度远超人类，将比人类更擅长制作图像。

1.Chat GPT 可以对建筑行业全产业链各个环节提供智能化解决方案

数字化技术已深入建筑设计、施工管理和维护保养等领域。Chat GPT 作为新型人工智能技术，为建筑行业转型和升级提供了新方向。首先，Chat GPT 能为建筑设计提供智能化方案，协助建筑师、设计师和工程师利用 BIM 技术，在虚拟三维模型中协同工作，提高设计精度和效率，降低成本和风险。其次，Chat GPT 对施工管理也有积极影响，能为工程管理者提供智能化建议和意见，预测材料、人力资源需求，提高施工效率和质量，并通过数据分析和机器学习识别风险和危险因素，提升工程安全性。最后，Chat GPT 还能为建筑行业提供智能化维护和保养方案，为维护人员提供维修周期、材料等方面的建议，确保建筑物长期稳定运行。总之，Chat GPT 算法在建筑行业的应用前景广阔，有助于推动行业进一步发展和升级。

2.Chat GPT 可以对智慧建筑运营，及建筑物的维护、安全管理等提供支持

在智慧建筑运营中，Chat GPT 通过数据分析提供预测和决策建议，提升经济效益，降低能耗。其语言处理、图像识别等技术为建筑维护、安全管理、故障诊断提供支持，保障智慧建筑正常运营。Chat GPT 能显著提升智慧建筑品质，包括技术水平、管理水平、安全水平、节能水平和服务水平。如采用智能家居、智能安防等技术，实现自动化管理，采用智能门禁、智能监控等提高安全性，采用智能照明、智能空调等降低能耗，以及采用智能客服、智能导览等服务。Chat GPT 还能助力智慧建筑资产运营方提高营收。通过能效管理、物业管理、工程管理和客户服务等方面的智能化，提高能源效率、物业运营效率、工程效率和客户满意度，降低相关成本，增加营收。综上所述，Chat GPT 的加持将进一步推动建筑行业的数字化、智能化和现代化，为智慧建筑的发展注入新动力。

课 后 习 题

29-1　与传统建造相比，人工智能技术带来了什么竞争优势?

29-2　人工智能在建筑行业的应用领域有哪些?

29-3　写出人工智能在工业领域的应用进步催生的各种人工智能子领域。

29-4　人工智能在建筑业应用的未来前景有哪些?

29-5　建筑业采用人工智能的挑战有哪些?

第 30 章　3D 打印技术与智能建造

30.1　3D 打印技术在工程建筑领域的应用

近年来，3D 打印技术正引领全球数字化革命，基于智能化、数字化、信息化技术的发展，改造传统制造系统，实现个性化制造和快速市场反应。这项技术起源于 19 世纪中期，学名"增材制造"，直到 20 世纪 80 年代才出现成熟方案。3D 打印以金属、陶瓷、塑料等实体材料生产，区别于传统打印的纸张和墨水。随着"绿色建筑"等理念在建筑领域的普及，3D 打印技术满足了建筑领域的需求，指引了产业发展方向。3D 打印技术在建筑领域的应用主要分为建筑设计和工程施工两个阶段。建筑设计阶段，设计师可直接将虚拟模型打印为实体建筑模型；工程施工阶段，则利用 3D 打印技术快速建造建筑，节省能耗，推进城市化进程。随着信息资源共享和国际接轨，建筑设计要求日益复杂，3D 打印技术成为建筑领域不可或缺的新工具。

在建筑材料的创新利用上，3D 打印技术也展现出巨大潜力。南京大学建筑规划设计研究院有限公司的钟华颖指出，建筑师正从材料角度认知固废回收利用，从单纯性能走向建筑美学，甚至性能与美学的结合。这种变化不仅限于建筑领域，整个建造领域都在发生变革。三维打印塑形技术在建筑行业中的应用，如三维打印模具、混凝土灌入后脱模的建造方法，是材料使用的新诠释，从性能到应用都有突破。这种体系转变促进了固废回收利用和新产业提升。清华大学建筑学院徐卫国教授则举例机器人 3D 打印混凝土建造技术，这是数字建筑设计与机器人自控系统的结合，适用于新农村住宅、经济房等场景。其技术优势包括打印设备尺寸小、造价低、易于运输和维护、适应性强、可打印多种形态的产品，以及开放性的软件系统。这些优势将极大地推动建筑产业竞争，促进建筑产业的智能化和可持续发展。

实验成果为实际应用提供理论依据，而实际应用过程中出现的新问题，也将激励研究人员的进一步开发。虽然我国对于 3D 打印建造的研究起步较晚，但经过近几年的发展，目前国内对于 3D 打印建造在实际应用方面的进展，已经基本与国外先进国家齐头并进。

自 2014 年起，3D 打印技术在建筑领域的应用迅速崛起。在美国明尼苏达州，安德烈·卢金科（Andrey Rudenko）团队利用单头打印机器和轮廓工艺，成功打印了一座占地约 15m² 的中世纪城堡模型，部分构件在现场吊装完成。同年，盈创建筑科技（上海）有限公司在上海打印了 10 幢建筑，用作办公用房。2015 年，盈创建筑科技（上海）有限公司再次突破，建造了当年世界最高的 3D 混凝土打印建筑，通过工厂预制和现场装配，两周内即告竣工，并加入了钢筋以确保安全。菲律宾的 Lewis Yakich 团队也利用 3D 打印技术，耗时 100h 打印出一座占地面积约 131m² 的别墅式酒店，内部设施完备。同年，ApisCor 公司在俄罗斯仅用 24h 现场打印了一个 38m² 的可居住房屋，采用聚氨酯和玻璃纤维等材料增强保温和坚固性。盈创建筑科技（上海）有限公司还接受了迪拜政府的委托，19天内打印了一座跨度9.6m、占地超200m²的办公建筑，并通过了安全检测。

2017年，丹麦哥本哈根港口出现了一个近50m²的3D打印微型办公酒店。此后，3D混凝土打印房屋如雨后春笋般涌现，多家公司开始打印房屋墙体等非承重结构。南京嘉翼精密机器制造股份有限公司利用3D混凝土技术打印了一间污水处理设备用房，先在工厂打印构件，再搬运至现场装配。法国布依格集团与南特大学合作，完成了近100m²的3D打印住房项目，打印机能打印多种材料，构成建筑的结构层、模架层和保温层。美国得克萨斯州创业公司ICON在48h内打印了一座约32.5m²的房子，包括客厅、卧室等。欧盟的两家公司合作在米兰打印了"3D Housing 05"原型房屋，并亮相于设计展。此外，3D打印技术还用于建造承重结构。2018年底，清华大学建筑学院团队在上海完成了一条长26.3m、宽3.6m的3D打印混凝土步行桥，采用单拱结构，分块预制，现场吊装完成。2019年，河北工业大学团队也采用装配式混凝土3D打印技术，建造了一座缩小比例的赵州桥。这些案例展示了3D打印技术在建筑领域的广泛应用和巨大潜力。

3D打印建造技术正朝着更大规模、更快速度和更高精度的目标快速发展。2019年底，中国建筑技术中心与中国建筑第二工程局有限公司华南分公司联手，在龙川产业园成功打印出世界首例原位3D打印双层建筑，高7.2m，面积230m²，用时不到60h。2020年，清华大学徐卫国团队研发出3D混凝土打印房屋体系及移动打印平台，并在实验基地为中国驻肯尼亚大使馆打印了一座约40m²的热带地区低收入住房样板房。2020年底，徐卫国团队在河北农村实地打印了一座85m²的农宅，包含起居室、卧室等，连屋顶也采用3D打印，实现了打印技术的又一突破。2021年，美国ICON公司打印了一座约353m²的3D打印结构训练军营（图30-1a），可容纳72人，计划用于边境战乱地区的人道主义援助。此外，荷兰埃因霍芬理工大学打印了一座94m²的单层住宅，形状独特，与自然环境高度契合，能源性能优异。德国Mense-Korte Ingenieure＋Architekten事务所则打印了一座160m²的两层居住建筑，采用多层墙体结构，打印速度高达1m/s，为当前最快。在2021年威尼斯建筑双年展上，英国扎哈·哈迪德建筑事务所（Zaha Hadid Architects）牵头设计了一座16m×12m的人行天桥（图30-1b），由3D打印预制混凝土板组装而成，无需钢筋或黏合剂加固，展现了3D打印技术的无限可能。

图30-1　3D打印产品实物图
（a）美国3D打印训练军营；（b）威尼斯建筑双年展3D打印人行天桥

目前3D打印技术还没有完全普及于市场，因为受到其本身的技术成熟度和3D打印机的价格、可操作性的限制，以及政策、知识产权不完善的制约。虽还没有被广泛应用，但已经存在了一些3D打印技术的直接产品和建筑物，并且3D打印机已经逐渐进入了我国的市场。3D打印技术已经从一个概念转型成为具体的、有实际意义的技术力量。

30.2　3D打印建造的技术优势与对工程管理的影响

30.2.1　3D打印建造的技术优势

1. 生产速度快

与传统施工相比，3D打印建造技术拥有更快的速度和更简化的工作流。一般来说，传统施工的工作流在建筑师根据需求进行方案设计后，还要进行扩初设计，并根据供应商报价采购材料和各种构件，再根据现场施工要求进行施工图绘制，最后才施工和装配。而对于3D打印建造技术，设计师进行方案设计后，可以直接将模型转化为打印文件，随后实际打印、交付，大大缩短了建设周期，可以减少50％～90％的施工成本。

2. 材料环保

目前3D打印建造房屋的主要打印"油墨"为各种环保混凝土材料，骨料包括工业制造产生的机器砂、石头废料等回收利用材料。打印制作过程比较简洁，只需要搅拌混凝土，没有熔融、烧制、电焊等重型工业过程，不会产生有毒污染物质，且操作空间要求不大，对场地造成的破坏小。使用3D打印技术将增加建筑物的可持续性。通过该建造技术，房屋可以根据材料的生命周期被建造，建筑材料的环境可持续性可以被有效评估及控制。

3. 建设成本低

3D打印建造是直接将材料逐层挤出，堆积形成造型，因此不需要花费额外的成本制作模板，大大降低了建造成本。传统的建造工艺一般为等材制造或减材制造，普遍会有材料损耗较多的问题，而3D打印建造很好地解决了材料浪费的问题，层层挤出的"油墨"全部用于形体建造，材料利用率接近100％。对于3D混凝土打印建造，由于材料利用率高且混凝土价格低廉，建设成本可以控制在很低的范围内。

4. 节省劳动力

目前我国的青壮年人口数量已经出现逐年下降趋势，有研究表明，未来我国的劳动力数量将持续减少，劳动力价格将会越来越高昂，因此节省建造活动中的劳动力是降低成本的重要因素。3D打印建造主要是由建筑设计师在计算机中设计形体，之后传输给机器人施工，目前人力虽然没有完全被替代，但现场工人的需求量已大量减少，且都是较为简单轻松的工作，没有重体力工作。

30.2.2　3D打印技术对工程管理的影响

1. 3D打印技术对工程项目前期策划的影响

传统项目的前期策划主要包括项目的构思、目标以及可行性研究，3D打印技术的出现，主要是对可行性研究的框架和内容产生了影响。由于3D打印技术已经颠覆了传统的施工技术，主要依赖于3D打印机及其"油墨"的作用。所以，在厂址选择上，不仅要考虑原材料市场的运输情况、项目的特点等，还要考虑打印机的运输、维护，打印"油墨"对气候环境的要求以及"油墨"制作的地点和过程。对项目的财务评价指标的一些参数也会产生影响，比如投资回收期等。

2. 3D打印技术对工程项目招标投标过程的影响

传统施工过程一般是业主对建筑设计进行招标，与设计单位签订合同，进行建筑的设计和概算编制，然后通过招标选择施工方，进行项目的建造。由于3D打印技术的出现，设计-建造（DB）交付模式则显得更加实用。3D打印过程主要经历三维建模、切片处理和完成打印三个过程，并且从实践上来看，三维建模的时间要远超过其他两个阶段，并且建模和切片处理紧密相连，如果仍然采用传统的交付模式，则会增加更多的沟通和组织成本，降低整体的效率。另一方面，由于技术的改变，投标方主体也有可能会发生一些改变，一些大型的3D打印机制造商会更多地参与到项目中来，为整个建造过程提供相应的技术支持。

3. 3D打印技术对工程项目进度管理的影响

毫无疑问的是，3D打印技术对于缩短工期有着重要的意义。传统的对于工程项目进度的控制主要体现在施工阶段，用甘特图或时标网络图等来表示整个工程的进度计划。而3D打印技术由于其更倾向于设计与打印施工一体化，所以整个工程的进度控制则更倾向于对前期的设计过程控制。由于通过前期建模以及3D模型的打印分析，能够及时与业主进行沟通，减少后期打印施工过程中的业主需求改变和设计变更，更有利于缩短工期。据研究，3D打印技术能缩短70%左右的工期。

4. 3D打印技术对工程项目成本管理的影响

传统工程项目的成本管理主要经历了成本预测、成本计划、成本控制、成本核算分析以及成本考核几个阶段。在进行成本预测和成本计划编制时，3D打印技术会改变整个成本预测和计划的内容。比如传统的费用组成中，措施项目费包括脚手架工程、模板工程、安全文明施工费等项目。而3D打印技术的应用不需要脚手架和模板支撑，所以这些不列入计费项目。而且在施工过程中，由于其过程非常短暂（正如前面案例中提到的），10栋建筑只需要24h，并且过程中环保、节材，所以，不需要进行现场临时设施的建设，能相应地减少一些安全文明施工费，降低人工费用的支出。据估计，3D打印建筑能够节约建筑材料30%左右，节约人工50%左右，这不仅为投资商提供了新的机遇，而且能够为解决住房需求提供新的思路。

30.3 建筑3D打印材料性能

30.3.1 常态化环境下3D打印材料

1. 胶凝材料

建筑3D打印胶凝材料主要以无机材料为主，水泥、水玻璃、专用石膏材料、地聚合物等都可用于打印，也有以环氧树脂为代表的有机材料。目前，最为常见的建筑3D打印胶凝材料为水泥。普通硅酸盐水泥在强度，凝结时间等方面可能无法达到3D打印的要求，需在此基础上作进一步的研究，如改变水泥组成中的矿物组成、熟料的细度等。研究者选取其他种类的水泥进行研究发现如采用硫铝酸盐水泥或者铝酸盐改性硅酸盐水泥等可获得更快的凝结时间和更好的早期强度等，复合型水泥也存在相关研究，经外加剂改性后可制备成3D打印混凝土，改性后的打印混凝土凝结时间在40~50min，2h的抗压强度可超过 15MPa 且后期强度发展稳定，打印效果最佳。基于环保与性能等理念，地聚合物有望部分取代传统水泥。

2. 骨料

受施工工艺的影响，建筑 3D 打印的骨料选取难以避免以下问题：骨料粒径过大，堵塞喷嘴；骨料粒径过小，包裹骨料所需浆体的比表面积大，浆体多，水化速率快，单位时间水化热高，将会导致混凝土各项性能的恶化。对于细骨料的研究而言，早期以天然砂（河砂、湖砂和海砂等）为主，现如今更多地与固废利用联系一起。以沙漠砂为细骨料进行 3D 打印，打印样品的抗压强度达到 62.05MPa，导热系数达到 1.069W/(m·K)，试样的抗弯强度、维氏硬度、断裂韧性和热膨胀系数均达到常规工艺试样的水平。3D 打印混凝土中添加粗骨料具有胶凝材料消耗低、碳足迹少、节约成本、减少收缩等显著优势，且与无粗骨料相比，增加的粗骨料比例使抗压强度更高，最高可达 65MPa。

3. 纤维材料

建筑 3D 打印中所使用的增强纤维既有传统的钢纤维、碳纤维、玻璃纤维和玄武岩纤维，也有以聚乙烯、聚丙烯、聚乙烯醇等为代表的聚合物纤维。钢纤维可有效提高砂浆复合材料的拉伸和弯曲能力，并具有抗冲击性和抗疲劳性，但缺点是容易生锈，价格相对较高。碳纤维具有重量轻、强度高、耐高温、耐腐蚀、耐疲劳等特点，但韧性差，抗冲击性不足。玻璃纤维具有良好的耐腐蚀性和隔热性，但其耐碱性和耐磨性较差。用有机合成聚合物纤维替代传统纤维可以有效降低成本，进一步提高 3D 打印砂浆的性能。

4. 矿物掺合料

在建筑 3D 打印中较为常用的矿物掺合料主要有粉煤灰、粒化高炉矿渣粉、硅灰及钢渣粉，且满足国家现行的相关规定。值得注意的是，以碱活化砖废粉替代部分粉煤灰进行打印试验，试验表明随其掺量的增加，3D 打印混合料的流动性能和凝结时间得到改善，且当掺入高达 10% 的砖废粉时，可提高硬化性能。

30.3.2 特殊环境下的 3D 打印

1. 水下环境

水下 3D 打印相较于地面 3D 打印，需要更大的输出量以确保打印质量，且其可建造性更佳。水下打印的层压试样密度和抗压强度略低于地面试样，但层间黏结强度因水分影响小而略胜一筹。研究指出，水胶比、矿粉比和砂胶比的增长均会降低成型混凝土的抗压强度，其中水胶比影响最大。絮凝剂掺量对材料强度影响最小，最佳掺量约为 2%，以平衡强度。同时，3D 打印材料的流动度受多种因素影响，保持在 165～190mm 范围内可确保良好的可挤出性。然而，海洋环境的复杂性远超实验室条件，如海水侵蚀和浪潮作用等，使得建筑 3D 打印技术在海洋工程领域的应用仍面临诸多挑战，需进一步突破。

2. 地外环境

美国国家航空航天局（NASA）和欧洲航天局（ESA）宣布，他们希望确保在 2040年之前人类在月球或火星上的所谓栖息地永久居住的可能性。而在太空探索中使用建筑 3D 打印技术建造基地能减少从地球运载建筑材料的量，达到就地取材的经济目的，并且能减少劳动力的使用，为太空探索提供便捷。基于月球、火星环境及现有土壤成分的研究，以地聚合物复合材料进行 3D 打印栖息地具有巨大的潜力。

30.4　3D打印混凝土工艺和应用

30.4.1　3D打印混凝土工艺

3D打印是依据预先设定的三维模型，通过"离散-堆积"的原理，将材料按照一定的方式逐层累积，最终成型所需构件的一种加工技术。因其具有高度自动化、可定制化、生产流程短等优势，受到了国内外广泛关注并快速发展。特别是金属3D打印技术与材料的进步，使3D打印构件快速应用到航空航天、生物医疗等领域。例如，航空发动机燃油喷嘴、载人飞船返回舱防热大底框架结构、人工膝盖、骨小梁多孔髋臼杯等。近年来，3D技术在工程建筑领域的应用也越来越广泛，其主要成型材料为混凝土，故也称为3D打印混凝土（3D Concrete Printing，3D CP）。

根据国家标准《增材制造　术语》GB/T 35351—2017，增材制造技术主要分为粘结剂喷射、定向能量沉积、材料挤出、材料喷射、粉末床熔融、薄材叠层以及立体光固化等七大类。基于混凝土材料的特性，3D打印混凝土主要采用材料挤出（Material extrusion）和材料喷射（Material jetting）两种工艺。图30-2（a）为基于材料挤出工艺的3D打印混凝土装置，将混凝土材料 施加一定的压力通过喷嘴挤出，成型一层材料。等前一层材料固化后，进行下一层材料成型，通过逐层累积的方式加工成最终的结构。图30-2（b）为近年来出现的一种基于混凝土喷射工艺的3D打印混凝土实验装置。该方法利用高压气体将混凝土喷射到基体上，随着喷射时间的延长材料逐步累积。利用机器人手臂控制材料沉积路径成型最终构件。

(a)　　　　　　　　　　　　　(b)

图30-2　适用于混凝土材料的增材制造工艺

（a）基于材料挤出工艺的3D打印混凝土装置；（b）基于混凝土喷射工艺的3D打印混凝土实验装置

30.4.2　3D打印混凝土技术在各领域的应用

1. 3D打印混凝土技术在建筑领域的应用

3D打印混凝土的主要优势是自动化程度高，减少人工需求，不需要模板，成型效率高，受几何结构限制小，可以建设复杂结构的建筑物。荷兰埃因霍芬理工大学与Rohaco公司合作最早在2015年设计并制造了可以实际工程应用的3D打印混凝土机。如图30-3（a）所示，由机身框架、送料装置以及可移动打印头组成，最大成型尺寸可达11m长、5m宽、4m高。随后在2016年利用该设备打印了一座实验性3D打印建筑，一座2m高的亭子（图30-3b）。

图 30-3　3D打印混凝土机

（a）3D打印混凝土设备；（b）打印成型的亭子

　　目前，3D打印混凝土技术主要应用于建造模块化装配式建筑，即利用3D打印技术建造不同的模块，然后将模块运送到现场进行装配。图30-4（a）是利用3D打印混凝土技术建造的迪拜"未来办公室"，是世界上第一座利用3D打印建造的办公建筑。图30-4（b）为利用3D打印混凝土技术建造的疫情隔离房，在工厂打印完成后运送到现场即可直接使用。采用创新性的材料及工艺，单个隔离房（约10m²）仅需要2h即可打印完成，极大地提高了建造效率。

图 30-4　利用3D打印混凝土技术建造的房屋

（a）3D打印混凝土技术建造的迪拜"未来办公室"；（b）3D打印混凝土技术建造的疫情隔离房

2. 3D打印混凝土技术在交通运输领域的应用

　　除了建造房屋外，3D打印混凝土技术还被应用到其他建筑领域。图30-5（a）为清华

图 30-5　3D打印混凝土技术在不同领域的应用

（a）人行桥；（b）航道整治工程二级护岸

大学在上海宝山区建造的一座人行桥。该桥总长 26.3m，宽 3.6m，采用两个 3D 打印机同时工作，仅需要 450h 即建造完成。图 30-5(b) 为利用 3D 打印混凝土技术建造的苏申外港线（江苏段）航道整治工程二级护岸。基于 3D 打印特性，通过设计使护岸与河道有机结合。护坡整体呈梯形，并在墙体留有生态空洞，可以满足水生物栖息。采用模块化设计，模块在工厂打印成型，随后运送到工地安装，极大地减少了现场工程量以及对河岸生态的影响。

课 后 习 题

30-1　简述 3D 打印技术的定义与其要解决的根本问题。

30-2　3D 打印技术在建筑阶段中的应用内容有哪些？

30-3　3D 打印建造技术的优势是什么？

30-4　简述 3D 打印技术对工程项目前期策划的影响。

30-5　简述 3D 打印技术对工程项目招标投标过程的影响。

第 31 章　智能建造中的生物医学技术

31.1　智能建筑中人体运动预测

31.1.1　智能建筑中人体运动预测的定义与发展

智能建造趋势下，理解和预测人体运动对实施智能自主系统至关重要。人体运动预测（HMP）基于历史运动或领先指标预测未来行动，是各学科科学进步的基础，尤其在建筑行业的人机交互中。预测人体运动是实现更安全工作场所的基石。在建筑领域，HMP 用于智能系统设计，如原位工人运动预测可降低跌倒风险，关键事件伤害预防可通过人体运动模拟实现。此外，人体运动轨迹预测有助于解决智能系统与人类在协同构建任务中的交互问题。这些应用表明，HMP 在智能建造中扮演着重要角色，优化人机交互效率，预防伤害，推动工作场所安全与效率的提升，图 31-1 为人机协同操作结构示意图。

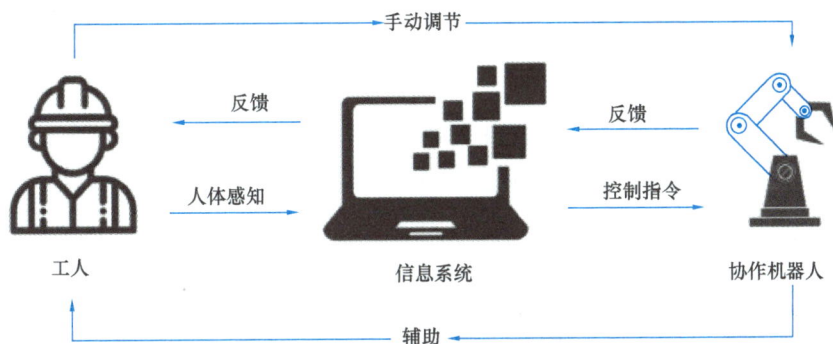

图 31-1　人机协同操作结构示意图

HMP 面临人体运动方式和背景多样性的挑战，本章关注个人在室内外环境中的运动和导航及工作场所的身体运动。过去二十年，HMP 方法从数据来源到建模方法均有实质性增强，深化了对人类运动和意图的理解。动作捕捉、图像数据、生理信号和神经功能数据被用作数据来源，建模方法也从物理方法发展到深度学习模型。人与环境关系在塑造运动意图中的作用得到更多证据支持，人体工程学特征被量化以增强预测鲁棒性。同时，某些认知过程在动作前被测量以预测运动意图，测试心理学框架用于解释决策-意图-运动-反馈循环。HMP 社区快速增长，推动多学科科学和工程发现。HMP 方法和模型呈现多层次、多维知识结构，吸引广泛学科学者参与。建议根据使用的人类信息类别将 HMP 方法分为三级：基于粒子的特征、身体信息和决策上下文信息，分别对应将人建模为点、考虑生物力学和生理生化信息以及人类运动决策过程。

31.1.2　基于单点运动学的预测（SPK）

HMP 中最早且流行的范式是基于单点运动学的建模方法（SPK），使用基于粒子的人类信息预测人体运动，将人类建模为粒子，依据物理定律。SPK 侧重于根据历史运动轨迹和动量数据预测人体轨迹趋势，但忽略了内部人体工程学机制。它依赖统计建模和机器学习（ML）方法进行时空分析和预测。近年来，SPK 模型也开始考虑人与空间、人与人相互作用预测人类运动。由于时空建模方法的多样性和机器学习进展，目标跟踪和自动控制领域已开发大量 SPK 模型，应用于自动驾驶、机器人和异常拥挤行为检测。尽管 SPK 是最古老的 HMP 范式之一，但精确预测仍需对人类智能体过去运动、社会互动、场景环境约束和人类行为随机性进行强有力推理。学者们借用机器学习和行为文献中的方法，如聚类和社会力量建模。新兴深度学习方法，如卷积神经网络（CNN）、递归神经网络（RNN）、长短期记忆（LSTM）、门控递归单元（GRU）和生成对抗网络（GAN），为解决 SPK 中的数据稀缺问题提供了希望。这些方法的复杂性和全面性有助于审查和分类人类信息的第一级。我们发现以下分类也与该研究领域的发展时间线一致：（1）轨迹分类；（2）社会力量方法；（3）时间序列深度学习；（4）生成式深度学习。此外，文献中经常使用两种流行的人体轨迹数据集来评估 HMP 方法，即 ETH 和UCY。ETH 数据集包含两个场景，分别为 ETH 和 HOTEL。UCY 数据集包含三个场景，分别为 ZARA1、ZARA2 和 UCY。以下两个指标通常用于量化预测结果的准确性：平均位移误差（ADE），用于测量轨迹的所有估计点和真实点的均方误差（MSE）；最终位移误差（FDE），用于测量预测期结束时预测的最终目的地与真实最终目的地之间的距离。

1. 轨迹分类

无监督机器学习因易于采用且对数据要求低，在早期 HMP 中得到了测试。聚类分析是代表性方法，通过分组数据，使组内数据相似度高于组间，有助于预测人体运动、识别轨迹相似性，降低预测维度或区分不良行为。聚类方法可分为 50 大类，包括基于空间、时变、分区和组、不确定轨迹、语义轨迹聚类。空间和时间信息是轨迹的基本特征，空间维度聚类直观发现移动物体活动，时间信息分析随时间变化的运动物体空间信息。分区和组聚类能以较低成本分区轨迹子模式，同时保留原始轨迹特征。不确定轨迹聚类处理物体位置在离散时间更新的不确定性。语义轨迹聚类整合背景地理信息和运动物体特征到轨迹中，弥补现有方法仅关注轨迹几何属性的不足。路网约束数据和自由空间无约束数据是运动目标轨迹数据的两类，但多数方法和文献未考虑内部人体工程学机制，将运动物体视为点。移动物体周围的空间位置、时间戳和环境是聚类方法的关键信息。

2. 社会力量方法

聚类方法在人体运动数据清晰且规则简单时有效，但现实世界中人类运动更为复杂，因此提出了基于社会力量的方法。该方法不仅将人类视为独立移动物体，还能对人类互动进行建模。手工制作的特征用于克服特定问题，如遮挡、比例和照明变化，需在准确性和计算效率间权衡。社会力量方法使用这些特征和成本函数模拟交互作用和约束，从现实世界人群数据集中学习力函数参数。人类具有阅读他人行为的能力，社会力量在行人数据集、监控系统、自动驾驶等领域取得可观结果。其他方法如连续介质动力学、离散选择框架等也与社会力量方法结合，模拟人与人相互作用。特征工程将原始数据转换为更好表示潜在问题的特征，提高模型准确性。这些模型大多根据特定场景的相对距离和规则提供手工制作的特征，旨在实现平滑运动路径，来处理离散化相关问题。

3. 时间序列深度学习

SPK 作为时间序列预测，学者们研究深度学习方法以改进性能。递归神经网络结合长短期记忆网络，解决了梯度消失和爆炸问题，保留了长期依赖性，成功学习时间序列，如历史轨迹预测未来行人轨迹，应用于机器人和智能人体跟踪系统。然而，时间序列深度学习方法缺乏高层次时空结构，仅建模彼此靠近的人之间的交互，避免立即碰撞，未模拟拥挤场景中人与人互动，也未预测遥远未来的互动。这些方法大多仅利用局部交互，无法高效建模场景中所有人之间的交互，导致长期预测准确性不足。

4. 生成式深度学习

深度学习最新进展为 SPK 解决数据稀缺问题提供了有希望的方案。数据驱动方法通过最小化重建损失预测人类确定性轨迹，但人类行为具有随机性。生成式深度学习方法更能处理这种随机性，如变分自动编码器和生成对抗网络（GANs）。GANs 通过生成模型和判别模型间的最小最大博弈训练，克服了概率计算和行为推理的困难，能近似社会可接受的运动轨迹，在生成多个社会可接受轨迹的任务中表现出色。社会注意力模型和场景语义分割模型则通过注意力机制和时空图处理智能体间社会互动的异质性。建筑机械姿势变化可能引发现场安全问题。这些研究将人编码为高语义特征，包括视觉外观、身体运动和与环境的互动，依赖类似视觉提示。这些研究表明，GANs 不仅能预测更远的未来交互，还能模拟拥挤场景中人与人之间的互动，为 SPK 提供了更全面的解决方案。

31.1.3 人体工程学、生理学和认知预测（EPC）

尽管 SPK 方法取得了进步，但由于缺乏有关决策点的状态信息，例如一个人何时、为什么会前进，因此仍然存在紧迫的挑战。由于缺乏人类信息，SPK 很难预测人类的意图。运动的更高粒度和因果关系被忽略了。因此，人类如何以及为什么有他们的运动尚不清楚。HMP 的性能不足以满足建筑中智能系统应用的要求，例如建筑工作场所人机协作中的防撞。为了解决这个问题，在 HMP 中需要考虑各种人类信息。这种水平的身体信息包括人体工程学和生理信息。首先，人体工程学方法可以根据微妙的身体导向特征来捕捉运动的起始点和关键运动学点，从而提供有关人类何时移动的信息。其次，生理学方法可以探索用于预测运动意图近期状态变化的主要生理信号，这有助于模拟运动如何开始。最后，认知方法可以更进一步，将高级认知和决策数据纳入对运动早期意图的预测中。综上所述，有必要考虑人体运动的更深层次驱动因素。基于 EPC 的 HMP 方法在固有的分析方法方面有很大差异。根据具体的预测指标，它们可能涉及经典的人体工程学模型、统计推断和机器学习。

1. 基于人体工程学的建模

人体工程学方法基于精细的身体导向数据，捕捉人体运动的启动和关键运动学特征。通常需要动作捕捉技术来检查关键身体部件（如关节、手臂、腰部和脚部）的有限运动集，图 31-2 为人体骨骼点信息获取示意图。动作捕捉的信息为人体工程学建模和人体运动预测提供了丰富的信息。

1) 经典人体工程学模型

经典的人体工程学模型旨在通过数字人体建模和模拟来预测人体运动，其中包含人体的生物力学表示以及计算算法。在建筑方面，人体运动的生物力学模拟和预测可以解决工人遭受的严重职业伤害问题。运动预测有两种方法，即基于数据的模型和基于物理的方

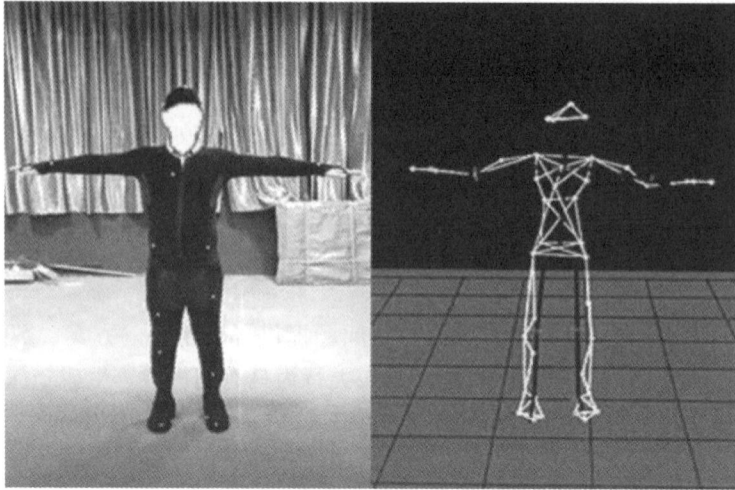

图 31-2　人体骨骼点信息获取示意图

法。第一种方法使用从动作捕捉实验中收集的人体测量数据和运动数据来预测人体运动。该方法涉及函数回归和数据驱动模型。第二种方法使用数学模型（例如，基于动力学的模型或基于优化的模型）根据生物力学和运动学数据预测人体运动。

2）人体工程学特征的统计推断

根据一系列行为实验，人们主要通过观察他人眼睛的凝视和他人头部的运动作为行为线索来判断他人的意图。通过添加这些行为线索，可以使意图预测更加准确。这激发了许多研究，旨在通过建立统计模型来预测人类的运动意图，这些模型根据某些统计特征对不同类型的数据进行分类。

支持向量机（SVM）在基于运动捕捉和图像运动轮廓数据的 HMP 中表现优异，能轻松扩展到多类分类，广泛应用于计算机视觉中的步行方向估计、行走意图和运动预测。标准化的 SVM 与隐马尔可夫模型（HMM）结合，可根据行人姿态和关节位置、位移，判断其是否愿进入道路。SVM 还用于识别建筑工人笨拙动作，保护工人免受累积性创伤障碍，解决了识别资源消耗大、过程复杂的问题，且构造张量能高效集成异构数据源。高斯处理动力学模型（GPDM）用于影像信息的 HMP，实现潜在空间到观测空间的非线性映射和平滑预测。此外，还有使用无监督数据分割方法，根据带或不带标签的运动捕捉、肌电图和加速度计数据，自动将人体运动数据分割为不同动作的其他统计推断方法。

2. 基于生理学的预测

基于生理学的预测方法通过解释人类的生物信号来预测人体运动。由于人体运动由肌肉控制，肌电图（EMG）信号包含关节角度、关节扭矩和肌肉力量等信息，是广泛应用于人体运动意图预测的生物信号之一。肌电图信号有两种类型，包括通过放置在目标肌肉上方皮肤表面的电极采集的表面肌电图（sEMG），以及通过插入肌肉的针头或电线检测的肌内肌电图（imEMG）。两类肌电信号在测量运动分类精度方面没有显著差异，因此下文不再对这两类信号进行区分。图 31-3 展示了一种通过肌电手环和加速度腕带结合的信号采集设备。

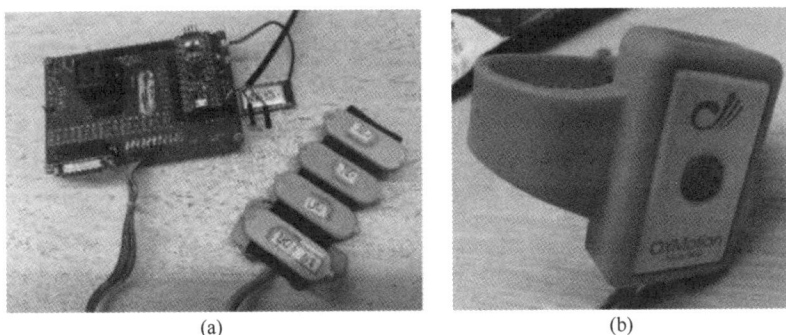

(a)   (b)

图 31-3　信号采集设备

（a）肌电手环设备；（b）三轴加速度腕带设备

　　现有的基于肌电图的 HMP 方法主要分为模式识别和连续运动预测。模式识别常用方法包括贝叶斯网络、聚类分析和神经网络。隐含狄利克雷分布（LDA）作为贝叶斯网络的特例，是 HMP 与肌电图的常用方法，能识别多种上肢运动。状态空间模型则用于估计手臂力和运动，以控制外骨骼。K-means 聚类方法探讨肩肌电图活动与不同握手姿势和手臂方向在假体应用上的关系。神经网络方法能识别多种手腕运动，并应用于无创肌电图计算机接口、手部任务预测及机器人假肢控制。结合决策理论和上下文信息的贝叶斯与神经网络方法，可提高分类准确性。为解决 EMG 信号模式识别系统数量有限的问题，开发了自适应神经模糊推理系统。当前研究关注如何用最少信号通道实现实时预测和更高准确性。但基于模式识别的肌电图仅能实现离散运动预测，与自然流畅运动不同。因此，探索基于 HMP 的连续 EMG 信号成为新的研究方向。

　　3. 基于认知的预测

　　与基于人体工程学和生理学模型的 HMP 不同，依赖于神经功能数据和相应认知理论的 HMP 研究较少。脑电图可以提供有关人类如何思考以及他们是否决定发起运动的更多信息。运动意向与至少两种皮质活动有关，包括运动相关皮层电位（Movement Related Cortical Potential，MRCP）以及感觉运动皮层和辅助运动皮层上的事件相关不同步。因此，可以使用运动前脑电图对运动模式进行分类，实现对人体运动意图的在线预测。同时，认知理论可以通过理解人类的思想和决策过程来解释人类行为。它提供了更深入的理解，了解如何在人类运动发生之前很久就预测它们。

　　人们已经努力利用脑电图数据进行人体运动决策预测。采用独立成分分析（ICA）、功率谱密度估计（PSD）和支持向量机（SVM）相结合的方法，通过单次脑电图预测人体运动。支持向量机（SVM）、马氏线性距离（MLD）分类器、基于遗传算法的 MLD 分类器和决策树分类器均用于 HMP。最近，一些研究试图基于认知框架预测人类运动意图。这些方法解决了没有认知理论的方法没有决策或任务规划能力的问题，从而严重限制了 HMP 的潜在能力。综上所述，认知理论关注的是人体运动背后的运动控制、规划和决策方面，力求回答人体运动的"原因"。认知理论的采用显示出提高预测人体运动准确性的巨大潜力。

31.2 脑电图在建筑中的应用

31.2.1 脑电图技术在建筑施工中实践可行性

建筑业是高风险行业，工人常暴露于不安全环境。动态工作场所和建筑任务性质多样，建筑工人安全风险大。澳大利亚数据显示，建筑业劳动力占比 9%，但工作相关死亡人数占比 12%，类似情况也存在于其他国家。因此，加强建筑业健康和安全至关重要。近年来，可穿戴技术，特别是脑电图，在改善职业健康与安全方面备受关注。脑电图记录皮质神经元电活动，技术进步使其变得微型、轻量、低功耗、无线且低成本，便于部署于不同领域。脑电图不仅用于临床、精神病学、心理和神经科学研究，还应用于脑机接口、神经营销、游戏、神经人体工程学、神经美学、交通和运动员表现评估。

在建筑行业，神经建筑学和神经城市主义利用脑电图和移动脑电图增强建筑环境特征。心理状态影响人类行为，外部现象通过心理因素作用于人类，脑电图技术可用于研究工作场所对建筑工人的心理、生理影响，以改善建筑项目的健康和安全。脑电图作为结构研究工具，直接且经济高效地测量高时间分辨率的神经活动，且移动性强，适合建筑工地使用。相比功能性磁共振成像、正电子发射断层扫描和脑磁图等技术，脑电图在实验室和现场研究方面具有优势。总之，脑电图技术在建筑领域具有广阔应用前景，可用于改善建筑工人的健康和安全。

1. 脑电活动

大脑是大脑解剖结构中最大的部分，有四个主要区域，即额叶、颞叶、顶叶和枕叶。这些裂片由数十亿个神经元组成，这些神经元传递信息，导致其膜上的电压在毫秒内发生变化。产生的电信号是不同频率的混合，每个频率都与大脑的特定状态相关。这些频率分为 $\delta(0.5\sim3.5\text{Hz})$、$\theta(4\sim7\text{Hz})$、$\alpha(8\sim12\text{Hz})$、$\beta(13\sim30\text{Hz})$ 和伽马（$>30\text{Hz}$）频段，图 31-4 为各波段的脑电波形图。

2. 脑电电极

脑电图通过金属传感器（电极）记录大脑电活动，由于信号低电压，需使用放大器增强。电极根据与头皮间的导体分为湿电极、干电极、有源电极和无源电极。湿电极使用氯化银导电凝胶增强与头皮的连接；干电极则使用金属片作为导体；有源电极在电极与头皮间立即放大信号，减少噪声；无源电极则通过简单方法改善信号质量。美国脑电图学会（现更名为美国临床神经生理学会）提出 10-20 系统，定义并命名电极在头皮上的位置，如 Fp（额极）、F（额）、C（中央）、P（顶叶）、O（枕部）和 T（颞部）。电极数量因实验而异，但关键是均匀分布。市场上有多种电极和耳机供科学研究使用，随着神经科学发展，移动耳机数量增加。移动、无线和轻量级耳机适合结构研究，具有合理电极数量。

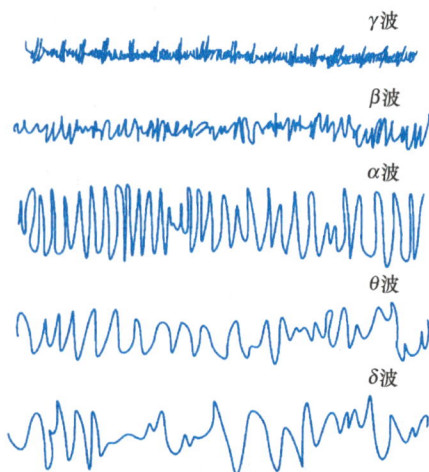

图 31-4 各波段的脑电波形图

无需过多准备即可获得高质量信号的电极是施工现场试验的首选。这些电极和耳机的发展，为脑电图研究提供了更多选择和便利。

31.2.2　脑电图技术在建筑施工中实践

从技术上讲，脑电图在建筑行业的采用与合适的信号处理框架的出现及其在实践中的准确性和有效性有关。信号处理方法在建筑领域的脑电图相关研究中很少受到关注，特别是在现场应用中。值得注意的是，脑电图被用于安全目的而不是生产力。任务工作负载分配、疲劳检测、注意力、警惕性和危险意识、压力识别、情绪状态和效价水平等是基于脑电图的施工实践中的主要关注主题。

1. 任务工作负载分配

任务工作量对员工的幸福感和生产力都起着至关重要的作用。建筑领域脑电图研究的主要重点之一是评估工人的脑力劳动量。例如，通过时频分析研究应用脑电图评估危害（例如，工人从高处坠落、不安全行为）的潜力。可以对不同建筑活动的心理需求进行定量评估，信号模式通过心理负荷明确区分所研究任务。在此类研究中，脑力劳动量与施工任务相关的风险水平相关。一种方法是测量从工人大脑传输的脑电图信号，作为评估其工作记忆的替代指标。脑电图和基于时间频率的分析已被用于识别易受伤害的工人。与此一致，建筑学者开发了一种新的框架来评估任务工作量，使用脑电图作为监测工人精神和记忆状况的定量系统。最近的一项研究更进一步，分析脑电信号可以评估任务工作量，以改善任务分配不当的情况。

2. 疲劳检测

及早发现建筑工人的疲劳可以降低事故率。脑电图已被研究作为评估工人疲劳程度的手段。疲劳水平是根据单一类型信号或组合多种类型信号的指标的变化来确定的。感兴趣的信号是 α、β 和 γ 波段信号的下降，不同信号的比率变化可能表明工人疲劳。信号处理阶段采用数据分类器，例如基于支持向量机（SVM）的算法。疲劳识别的复杂性导致将脑电图与测量工人生理状态的设备结合使用。皮肤温度和心率结合脑电波信号，可以了解身体和精神疲劳。然而，这些因素是相互关联的，因此，研究人员已经开始研究这种相互关系。疲劳是一种复杂的现象，本质上是累积的，因此，需要对建筑工人的表现进行较长时间的研究。这给在建筑工地使用脑电图带来了实际挑战。

3. 注意力、警惕性和危险意识

试图调查建筑工人注意力和警惕程度的脑电图出版物有限，但近年来一直在增加。其核心目的是衡量工人对现场风险和危害的看法和反应。移动脑电图系统用于识别具有不同人口背景的工人在风险易发的情况下执行任务时的不同警戒水平。此类检查依赖于收集不同的脑电图信号，主要来自 14 个通道。然而，很可能需要一个预处理阶段来清除数据集中的伪影，例如眨眼。在此过程中，通常使用频带滤波器。试验范式可以设置为事件相关单位或基于频率的分析。在预处理阶段，可以应用带通滤波器（1～60Hz）、陷波滤波器（50Hz）和独立分量分析（ICA），同时可以使用快速傅里叶变换（FFT）、稀疏快速傅里叶变换（SFFT）、小波数据包分解（WPD）和 SVM 算法对信号特征进行提取和分类。

4. 压力识别

已经进行了几项研究，通过移动脑电图评估建筑工人的压力水平。他们都使用了 14 通道现成的移动脑电图设备。然而，应力识别的有效性在很大程度上取决于伪影去除和数据分类阶段。这些需要采用复杂的计算分析方法来确保结果的准确性。一项示范性研究提出了一种基于脑电图的压力识别框架，该框架采用两种深度神经网络算法，即全连接深度神经网络（FCDNN）和深度卷积神经网络（CNN）对信号进行分类并确定压力水平。使用14通道脑电图设备从86名在危险和非危险条件下执行任务的受试者收集数据，然后执行带通滤波器和ICA等伪影去除方法。为了对应力水平进行分类和测量，使用MATLAB中的神经网络工具箱应用了FCDNN算法，其准确率为5.77%。主成分分析已被用于降低信号属性的维度。此外，还可以应用固定窗口和滑动窗口来提取时域和频域特征。根据正面不对称性收集信号，并在MATLAB中对收集的数据进行分析。预处理阶段采用主成分分析，应用的后处理算法有K近邻、支持向量机、随机森林和人工神经网络。

5. 情绪状态和效价水平

关于使用脑电图评估情绪状态和效价水平，可以确定两项研究。一是在安全实践中使用移动脑电图设备，并试图测量工作场所建筑工人的效价水平。二是使用具有14个通道的移动脑电图传感器获得数据，只研究来自Af3、F3、Af4和F4的信号。应用带通滤波器和ICA分别清除外在伪影和固有伪影。在处理阶段，计算频段的平均功率谱密度，并根据功率谱特征采用额叶脑电图不对称性来测量情绪水平。

课 后 习 题

31-1　基于单点运动学的预测（SPK）的方法包括哪些？

31-2　简述人体工程学、生理学和认知预测（EPC）方式。

31-3　简述脑电图技术在建筑施工中实践可行性。

31-4　工人检测算法和工作人员姿态估计算法分别解决什么问题？

参 考 文 献

[1] 牛伟蕊,王彬武. 关于发展智能建造的国际经验启示[J]. 建筑经济,2022,43(05):10-16.

[2] 杜修力,刘占省,赵研,等. 智能建造概论[M]. 北京:中国建筑工业出版社,2021.

[3] 尤志嘉,郑莲琼,冯凌俊. 智能建造系统基础理论与体系结构[J]. 土木工程与管理学报,2021,38 (02):105-111+118.

[4] 马智亮. 智能建造应用热点及发展趋势[J]. 建筑技术,2022,53(09):1250-1254.

[5] 马智亮,蔡诗瑶. 基于BIM的建筑施工智能化[J]. 施工技术,2018,47(06):70-72+83.

[6] 郭彩霞,赵诗雨,刘占省,等. 面向"一流专业"建设的智能建造课程体系发展探索[J]. 建筑技术, 2022,53(09):1262-1266.

[7] 孙庆巍,高辉,张童,等. 新工科背景下智能建造专业课程体系研究与构建[J]. 高教学刊,2023,9 (02):118-121.

[8] 张子容. "新工科"背景下高职类智能建造复合型人才培养模式研究——以建造机器人专业方向为 例[J]. 中文科技期刊数据库(文摘版)教育,2022(5):3.

[9] 郭鑫焱. 机电一体化技术在智能建造中的应用分析[J]. 居舍,2022(18):173-176.

[10] MISHRA M,LOURENO P B,RAMANA G V. Structural health monitoring of civil engineering structures by using the internet of things:a review[J]. Journal of Building Engineering,2022,48.

[11] SIVASURIYAN A,VIJAYAN D S,WOJCIECH G,et al. Practical implementation of structural health monitoring in multi-story buildings[J]. Buildings,2021,11(6).

[12] MOSTAFA K,HEGAZY T. Review of image-based analysis and applications in construction[J]. Automation in construction,2021,122(Feb.):103516. 1- 103516. 14.

[13] PANERU S,JEELANI I. Computer vision applications in construction:current state,opportunities & challenges[J]. Automation in construction,2021,132(Dec.):103940. 1-103940. 17.

[14] 毛方儒,王磊. 三维激光扫描测量技术[J]. 宇航计测技术,2005(02):1-6.

[15] 谢宏全,谷风云. 地面三维激光扫描技术与应用[M]. 武汉:武汉大学出版社,2016.

[16] OTERO R,LAGUELA S,GARRIDO I,et al. Mobile indoor mapping technologies:a review[J]. Automation in construction,2020,120(Dec.):103399. 1-103399. 10.

[17] 杨必胜,梁福逊,黄荣刚. 三维激光扫描点云数据处理研究进展、挑战与趋势[J]. 测绘学报, 2017,46(10):1509-1516.

[18] 全广军,康习军,张朝辉. 无人机及其测绘技术新探索[M]. 长春:吉林科学技术出版社,2019.

[19] 崔鸿菁. 工程测绘中无人机遥感测绘技术的作用及应用分析[J]. 测绘与勘探,2022,4(4): 121-123.

[20] 刘元李. 浅析无人机遥感测绘技术在工程测绘中的应用[J]. 科技创新与应用,2017(01):292.

[21] NWAOGU J M,YANG Y,CHAN A P C,et al. Application of drones in the architecture,engi- neering,and construction（AEC）industry[J]. Automation in construction,2023,150(Jun.): 104827. 1-104827. 19.

[22] 宋彦,彭科. 城市空间分析GIS应用指南[J]. 城市规划学刊,2015(04):124.

[23] 孙晓瑜. 地理信息系统在城市规划测绘中的应用探讨[J]. 前卫,2020(9):0019-0021.

[24] 杨汉尘. 城市规划测绘中地理信息系统的应用探讨[J]. 科技创新导报,2017,14(25):134+136.

[25] 宋小冬. 地理信息系统在城市规划中应用的若干问题及探讨[J]. 城市规划汇刊, 1995(02): 18-22 +64.

[26] 张莹莹. 装配式建筑全生命周期中结构构件追踪定位技术研究[M]. 南京: 东南大学出版社, 2020.

[27] 张婷婷. BIM+GIS 融合技术在园区项目建设中的应用研究[J]. 科学技术创新, 2023(17): 75-79.

[28] 张学堃, 罗云山. 数字孪生在智能建造中的应用探究与实践[J]. 重庆建筑, 2021, 20(S1): 73-76.

[29] 蔡荣峰. 云计算技术背景下医院信息系统建设研究[J]. 数字通信世界, 2023(07): 16-18+21.

[30] ABIOYE S, OYEDELE L O, AKANBI L, et al. Artificial intelligence in the construction industry: a review of present status, opportunities and future challenges[J]. Journal of Building Engineering, 2021, 44.

[31] PRABHAKARAN A, MAHAMADU A M, MAHDJOUBI L. Understanding the challenges of immersive technology use in the architecture and construction industry: a systematic review[J]. Automation in Construction, 2022, 137(May.): 104228.1-104228.18.

[32] RAO A S, RADANOVIC M, LIU Y, et al. Real-time monitoring of construction sites: sensors, methods, and applications [J]. Automation in Construction, 2022, 136 (Apr.): 104099.1-104099.22.

[33] 徐兴声. 智能建筑的发展与可持续发展方向[J]. 建筑学报, 1997(06): 20-22+65.

[34] 尹伯悦, 赖明, 谢飞鸿. 绿色建筑与智能建筑在世界和我国的发展与应用状况[J]. 建筑技术, 2006(10): 733-735.

[35] 徐兴声. 智能建筑系统集成技术[J]. 建筑学报, 1992(06): 54-59.

[36] 王娜, 沈国民. 智能建筑概论[M]. 北京: 中国建筑工业出版社, 2010.

[37] 华东建筑设计研究院. 智能建筑设计技术[M]. 2版. 北京: 同济大学出版社, 2002.

[38] 黄正东, 郭雪清, 王光华, 等. 医院建筑智能化系统的设计与实施[J]. 医疗卫生装备, 2009, 30 (03): 102-104.

[39] 郑建程, 戴利华. 中国科学院图书馆新馆的建筑智能化系统[J]. 大学图书馆学报, 2000(06): 16-20.

[40] 程大章, 张俊, 姜平, 等. 建筑智能化过程中的节能探讨[J]. 智能建筑与城市信息, 2007(04): 19-24.

[41] 王汝懋. 普天大厦建筑智能化工程全过程造价控制研究[D]. 西安: 西安建筑科技大学, 2012.

[42] 易新明. 现代项目管理在建筑智能化系统工程中的应用研究[J]. 山东工业技术, 2015(11): 14.

[43] GUO B H W, ZOU Y, FANG Y H, et al. Computer vision technologies for safety science and management in construction: a critical review and future research directions[J]. Safety science, 2021, 135(1).

[44] GONG J, CALDAS C H. Computer vision-based video interpretation model for automated productivity analysis of construction operations[J]. Journal of Computing in Civil Engineering, 2010, 24 (3): 252-263.

[45] POPPY W. Driving forces and status of automation and robotics in construction in Europe[J]. Automation in Construction, 1994, 2(4): 281-289.

[46] HAAS C T, KIM Y S. Automation in infrastructure construction[J]. Construction Innovation, 2002, 2(3): 191-210.

[47] VH P，KNSL K，HEIKKIL R，et al．Use of 3-D product models in construction process automation[J]．Automation in Construction，1997，6(2)：69-76．

[48] BERNOLD L E．Automation and robotics in construction：a challenge and a chance for an industry in transition[J]．International Journal of Project Management，1987，5(3)：155-160．

[49] 杨建军．基于 OPC 技术建筑自动化管理系统的设计[J]．工程设计 CAD 与智能建筑，2000(12)：58-59．

[50] 江亿，姜子炎．以培养工程实践能力为目标的建筑自动化教学[J]．暖通空调，2011，41(05)：32-35．

[51] 周成．绿色建筑理念下的建筑自动化技术应用设计[D]．青岛：青岛理工大学，2015．

[52] 邹平吉．计算机控制技术在智能建筑自动化应用系统中的作用分析[J]．中国建材科技，2015，24(06)：126-127．

[53] 徐湘湘．绿色建筑理念下的建筑自动化技术应用[J]．住宅与房地产，2016(36)：167．

[54] 于考勤．智能建筑自动化系统定风量温度、风阀序列分段控制[J]．甘肃科技纵横，2010，39(06)：60-62．

[55] ZAVADSKAS E K．Automation and robotics in construction：international research and achievements[J]．Automation in Construction，2010，19(3)：286-290．

[56] FAGHIHI V，NEJAT A，Reinschmidt K F，et al．Automation in construction scheduling：a review of the literature[J]．International Journal of Advanced Manufacturing Technology，2015，81(9)：1845-1856．

[57] MARTENS B．Automation in construction：special issue eCAADe'97[J]．Automation in Construction，2000，9(4)：331-332．

[58] OKE A，ALIU J，FADAMIRO P O, et al．Attaining digital transformation in construction：an appraisal of the awareness and usage of automation techniques[J]．Journal of Building Engineering，2023，67.

[59] ESPINOSA P，PAVIA J M．Automation in regional economic synthetic index construction with uncertainty measurement[J]．Forecasting，2023，5(2)：424-442．

[60] FU Y，XU C，ZHANG L，et al．Control，coordination，and adaptation functions in construction contracts：a machine-coding model [J]．Automation in construction，2023，152（Aug.）：104890.1-104890.12．

[61] YOU K，ZHOU C，DING L．Deep learning technology for construction machinery and robotics[J]．Automation in construction，2023，150(Jun.)：104852.1-104852.19．

[62] 张少军，虞健．新信息技术对智能建筑及延伸拓展领域发展的影响分析[J]．绿色建造与智能建筑，2023(02)：61-64＋84．

[63] 高力．建筑电气技术在智能建筑中的作用探究[J]．科技与创新，2022(18)：120-122．

[64] 丁研．新工科背景下智能建筑课程创新思考与实践[J]．高等建筑教育，2023，32(03)：56-62．

[65] 陶发财．一种用于智能建筑能耗监测的集成电路设备：CN202222613155.5[P]．2023-05-09．

[66] 应健．电气自动化技术在智能建筑电气工程中的运用分析[J]．科技视界，2023(05)：67-70．

[67] 孙永升，周晶靖，张学斌，等．一种应用于智能建筑安全防护管理的门禁设备：CN202222928900.5[P]．2023-01-20[2023-12-07]．

[68] 常远．智能建筑 BIM 模型的制作方法，系统，介质及制作设备：CN202010250978.9[P]．2020-07-28[2023-12-07]．

［69］ 许树栋. BIM 技术在钢结构智能建筑技术中的应用［J］. 智慧中国，2023(04)：86-87.

［70］ 巩媛媛. 基于 BIM 技术的智能建筑工程施工管理研究［J］. 大众文摘，2023(4)：0147-0149.

［71］ 王荣. 大型综合体智能建筑槽盒施工关键技术研究［J］. 陕西建筑，2023(7)：147-150.

［72］ 王兴刚. 智能建筑中电气工程及其自动化技术的应用分析［J］. 智能城市应用，2023，6(1)：67-69.